"十四五"职业教育国家规划教材

"十三五"职业教育国家规划教材

职业院校工业机器人技术专业新形态教材

自动化生产线安装、调试和维护技术

第 2 版

主　编　梁　亮　梁玉文
副主编　朴圣艮　高　岩　马莹莹
　　　　高艳春
参　编　张立娟　钱海月　刘宝生
　　　　牛彩雯　李　萌

机械工业出版社

本书作为"职业院校工业机器人技术专业新形态教材"之一，通过 7 个项目介绍了自动化生产线的必备知识和技能，主要内容包括自动化生产线供料单元设计与调试、自动化生产线加工单元设计与调试、自动化生产线装配单元设计与调试、自动化生产线分拣单元设计与调试、自动化生产线输送单元设计与调试、自动化生产线全线运行与设计、实战项目演练。

本书还采用了微课视频讲解的全新教学模式，读者通过扫描书中的小程序码可观看相应的教学视频。

本书既可作为职业院校和技工院校自动化、工业机器人、机电一体化专业的教材，也可作为电气技术人员的参考用书。

图书在版编目（CIP）数据

自动化生产线安装、调试和维护技术 / 梁亮，梁玉文主编. -- 2 版. -- 北京：机械工业出版社，2025.6（2025.11 重印）.（"十四五"职业教育国家规划教材）（"十三五"职业教育国家规划教材）（职业院校工业机器人技术专业新形态教材）. -- ISBN 978-7-111-78369-5

Ⅰ. TP278

中国国家版本馆 CIP 数据核字第 2025YZ5238 号

机械工业出版社（北京市百万庄大街 22 号　邮政编码 100037）
策划编辑：王振国　　　　　　　　　责任编辑：王振国　关晓飞
责任校对：赵　童　杨　霞　景　飞　封面设计：张　静
责任印制：邓　博
北京中科印刷有限公司印刷
2025 年 11 月第 2 版第 3 次印刷
184mm×260mm · 13.5 印张 · 372 千字
标准书号：ISBN 978-7-111-78369-5
定价：49.80 元

电话服务　　　　　　　　　　网络服务
客服电话：010-88361066　　机　工　官　网：www.cmpbook.com
　　　　　010-88379833　　机　工　官　博：weibo.com/cmp1952
　　　　　010-68326294　　金　书　网：www.golden-book.com
封底无防伪标均为盗版　　机工教育服务网：www.cmpedu.com

关于"十四五"职业教育
国家规划教材的出版说明

为贯彻落实《中共中央关于认真学习宣传贯彻党的二十大精神的决定》《习近平新时代中国特色社会主义思想进课程教材指南》《职业院校教材管理办法》等文件精神，机械工业出版社与教材编写团队一道，认真执行思政内容进教材、进课堂、进头脑要求，尊重教育规律，遵循学科特点，对教材内容进行了更新，着力落实以下要求：

1. 提升教材铸魂育人功能，培育、践行社会主义核心价值观，教育引导学生树立共产主义远大理想和中国特色社会主义共同理想，坚定"四个自信"，厚植爱国主义情怀，把爱国情、强国志、报国行自觉融入建设社会主义现代化强国、实现中华民族伟大复兴的奋斗之中。同时，弘扬中华优秀传统文化，深入开展宪法法治教育。

2. 注重科学思维方法训练和科学伦理教育，培养学生探索未知、追求真理、勇攀科学高峰的责任感和使命感；强化学生工程伦理教育，培养学生精益求精的大国工匠精神，激发学生科技报国的家国情怀和使命担当。加快构建中国特色哲学社会科学学科体系、学术体系、话语体系。帮助学生了解相关专业和行业领域的国家战略、法律法规和相关政策，引导学生深入社会实践、关注现实问题，培育学生经世济民、诚信服务、德法兼修的职业素养。

3. 教育引导学生深刻理解并自觉实践各行业的职业精神、职业规范，增强职业责任感，培养遵纪守法、爱岗敬业、无私奉献、诚实守信、公道办事、开拓创新的职业品格和行为习惯。

在此基础上，及时更新教材知识内容，体现产业发展的新技术、新工艺、新规范、新标准。加强教材数字化建设，丰富配套资源，形成可听、可视、可练、可互动的融媒体教材。

教材建设需要各方的共同努力，也欢迎相关教材使用院校的师生及时反馈意见和建议，我们将认真组织力量进行研究，在后续重印及再版时吸纳改进，不断推动高质量教材出版。

机械工业出版社

前言

党的二十大报告指出："坚持把发展经济的着力点放在实体经济上，推进新型工业化，加快建设制造强国、质量强国、航天强国、交通强国、网络强国、数字中国。"

自动化生产线安装、调试和维护技术涵盖了机械基础、液压与气动技术、传感器技术、电机驱动技术、变频器技术、PLC 技术、工业网络与组态技术等，综合性非常强。本书全面贯彻党的二十大精神，坚持以立德树人为根本任务，将职业素养、劳动精神、工匠精神、爱国情怀等素质教育元素融入书中，创新教学模式，改革教学方法，遵循高素质技术技能人才成长规律，以自动化企业的实际工作岗位人才需求为依据，重点突出体现"以学生为中心"的教育理念。

本书第 1 版自 2017 年出版以来，累计印刷 16 次，销售量达 2 万余册，受到师生广泛好评。为落实党的二十大精神，推进文化自信自强，践行社会主义核心价值观，编写团队在认真总结多年来使用经验的基础上，对本书进行了修订，紧跟"工学结合""产教融合"职业教育改革精神的要求，本书内容充分融入新技术、新规范，实现内容创新，起到了示范作用。

一、教材修订过程

1. 多方协同

为了紧追职业教育改革精神，实时反映新技术和职业教育要求接轨，并考虑到本书后续的建设，在修订过程中实行以老带新，对编写人员的分工进行了更换与调整，增加了 3 名教学一线骨干教师参加本书的修订工作，编写人员由自动化生产线安装与调试课程教学能力大赛获奖人员和历年参加或指导学生参加自动化生产线安装与调试技能大赛的老师构成。

2. 广泛调研

为使本书能与岗位要求紧密相连、贴近岗位的实际情况，提升适应性和实用性，本书编写人员选自不同地域职业院校的骨干教师，他们都具有丰富的一线教学和实践经验；还通过调研、信息反馈、教改研讨等多方合作形式，与企业密切联系，调研企业岗位需求。

3. 项目引导

本书编写人员积极参加项目建设，积极探讨自动化生产线安装与调试课程教学改革，积极促进课程和教材建设。主编单位近年将"自动化生产线安装与调试"课程立项为一流核心课程建设，在课程和教材建设与开发工作中积累了一定经验。本书还被评为吉林省职业教育优质教材。

二、教材修订特色

1. 融入课程素质教育

在本书中优化了素质教育元素，更好地培育学生的爱国主义精神、职业道德和工匠精神；通过在教学中弘扬严谨认真、精益求精、追求完美的工匠精神，让新时代的青年做到对职业有规划、对未来有憧憬。每个项目都新增了课前导语，通过引入古代科技雏形、现代先进技术、我国著名的大国工匠和身边人的事迹，对学生进行工匠精神和家国情怀的教育，引导学生树立正确的价值观和人生观，培养学生具有为国家强盛而奋斗的家国情怀，最终实现其个人价值。

2. 共享数字资源平台

为便于教学与学生自主学习，在智慧树平台中创建了配套的在线开放课程资源，包含微课、章节测试、试卷等，方便学生自主学习与测试；也为教师教学创建 SPOC 平台提供教学资源。

3. 植入信息技术

本书为项目的重难知识点提供了讲解视频，通过手机扫码即可听讲解、看演示和动画，为学生自主学习提供了方便。

4. 强化课后知识巩固

在每个项目学习结束，还提供了该项目的知识图谱，详细列出项目学习内容；在思考提升中给出了重点知识点的练习，为技能竞赛和创新创业大赛搭建了学习平台。

梁亮主要负责统稿、体例设计及项目 5 的编写，梁玉文主要负责数字化教学资源规划和录制内容的确定及项目 4 的编写，朴圣艮负责项目 6 和项目 7 的编写及本书中用到的工程文件等，高岩负责项目 1 的编写及教学目标归纳等，马莹莹负责项目 3 的编写及课程录制，高艳春负责项目 2 的编写及思考提升部分的整理，张立娟、钱海月、刘宝生、牛彩雯、李萌主要负责文稿核校、知识图谱整理、课前导语编写、课程资源录制等工作。

本书配套的在线开放课程资源的网址是：https://coursehome.zhihuishu.com/courseHome/1000095212/293235/23#teachTeam。

鉴于时间仓促和编者水平有限，书中难免存在疏漏和不足之处，敬请广大读者批评指正。

编　者

目录

项目1

自动化生产线供料单元设计与调试

【课前导语】

指南车——人类传感器的雏形

指南车又称为司南车，是中国古代用来指示方向的一种装置。它与指南针利用地磁效应的工作原理不同，它不用磁性。指南车是利用齿轮传动来指明方向的一种简单机械装置。其工作原理是，靠人力来带动两轮的指南车行走，从而带动指南车内的木制齿轮转动，利用指南车转向时两个车轮的差动，带动指南车上的指向木人向相反方向转动相同的角度，使指南车上的指向木人指示方向不变，即不论指南车转向何方，指向木人的手始终指向指南车出发时设定的指示方向，实现"车虽回运而手常指南"。指南车的发明较早，据说西周时就已经出现，但历史典籍中最早的确切记载是，三国时期的马钧是第一个成功制造指南车的人。

【知识目标】

➢ 了解自动化生产线的组成及作用。
➢ 熟悉供料单元的结构及工作过程。
➢ 掌握光电开关、磁性开关等检测元件的工作原理、结构及应用。
➢ 掌握气动执行元件的工作原理、结构及应用。
➢ 熟练掌握电气线路连接的方法与规则。

【能力目标】

➢ 能够正确组装供料单元的机械部分。
➢ 能够正确安装光电开关、磁性开关等检测元件并接线调试。
➢ 能够绘制供料单元气动回路的工作原理图，并正确安装和调试气动元件。
➢ 能够设计供料单元的电气接线图，并正确连接线路。
➢ 能够编写供料单元的PLC控制程序，并进行下载与调试。

【素养目标】

➢ 培养学生的沟通能力和团队意识。
➢ 培养学生的劳动精神。

1

1.1　项目准备

任务1　认识自动化生产线

　　自动化生产线是在流水线的基础上逐渐发展起来的，已成为现代制造业中不可或缺的一个重要角色，以其高效、精准和可靠的优势，为工厂带来了革命性的变革。自动化生产线在制造业中发挥着举足轻重的作用。首先，自动化生产线可以提高生产效率。通过电机驱动技术和自动化设备，生产线可以连续运行，大大减少了人力并缩短了生产的时间。其次，自动化生产线有助于降低成本。自动化的生产方式可以减少人工成本，同时还可以降低产品的不良率，减少废品和返工率，从而降低生产成本。最后，自动化生产线对于提高产品质量有着显著的效果。通过高精度的传感器和严格的生产流程，自动化生产线可以有效提高产品的稳定性和一致性。

自动化生产线介绍

　　自动化生产线的技术原理主要包括电机驱动技术、传感器技术、气动技术、PLC技术、人机界面组态技术等。电机驱动技术是实现自动化生产线的重要手段，可以完成各种复杂的生产任务。传感器技术则用于实时监测生产过程中的各项参数，如温度、压力、位置等，确保生产过程中的各项指标符合要求。PLC技术则是整个自动化生产线的核心，通过对生产线的各种信息进行实时处理和监控，实现生产线的智能化和高效化。气动技术则是实现能量的转换，将气动能量转化为机械能，它可以直接作用于受控对象，起到"手"和"脚"的作用，与控制器结合后，能够完成对受控对象的控制任务，如自动化生产线上的板料控制、拆卸自动化等。

　　自动化生产线在许多领域都有着广泛的应用，如汽车制造、电子制造和机械制造等。在汽车制造领域，自动化生产线可以实现车身焊接、涂装和装配等流程的高度自动化。在电子制造领域，自动化生产线可以完成精密元器件的贴片、焊接和组装等任务。在机械制造领域，自动化生产线则可以实现各种复杂零件的加工和装配。

　　未来，自动化生产线将会朝着更智能、更互联的方向发展。人工智能技术的不断进步将会为自动化生产线带来更多的可能性。通过深度学习和机器学习技术，自动化生产线将能够自我学习和自我优化，不断提高生产效率和产品质量。此外，随着工业互联网的普及，自动化生产线将能够实现更广泛的互联互通，实现生产数据的实时共享和协同制造。本书以YL-335B型自动化生产线实训装置为例进行介绍。

1. YL-335B型自动化生产线实训装置的结构

　　YL-335B型自动化生产线实训装置由安装在铝合金导轨式实训台上的供料单元、加工单元、装配单元、分拣单元和输送单元5个工作单元组成，如图1-1所示。各工作单元均设置一台PLC承担其控制任务，各PLC之间通过PROFINET通信实现互联，构成分布式的控制单元。

　　其中，每个工作单元都可自成一个独立的单元，同时也是一个完整的机电一体化系统。各单元的执行机构基本上以气动执行机构为主，而输送单元的机械手装置则采用伺服电机（本书中电动机皆简称为电机）驱动、精准定位的位置控制，分拣单元的传送带驱动则采用以变频器驱动三相异步电机的交流传动装置。

　　该实训装置中应用了多种类型的传感器，分别用于判断物体运动的位置、物体通过时的状态、物体的颜色及材质等。

　　该实训装置采用MCGSTPC系列触摸屏作为人机界面。在整机运行时，控制各单元运行的

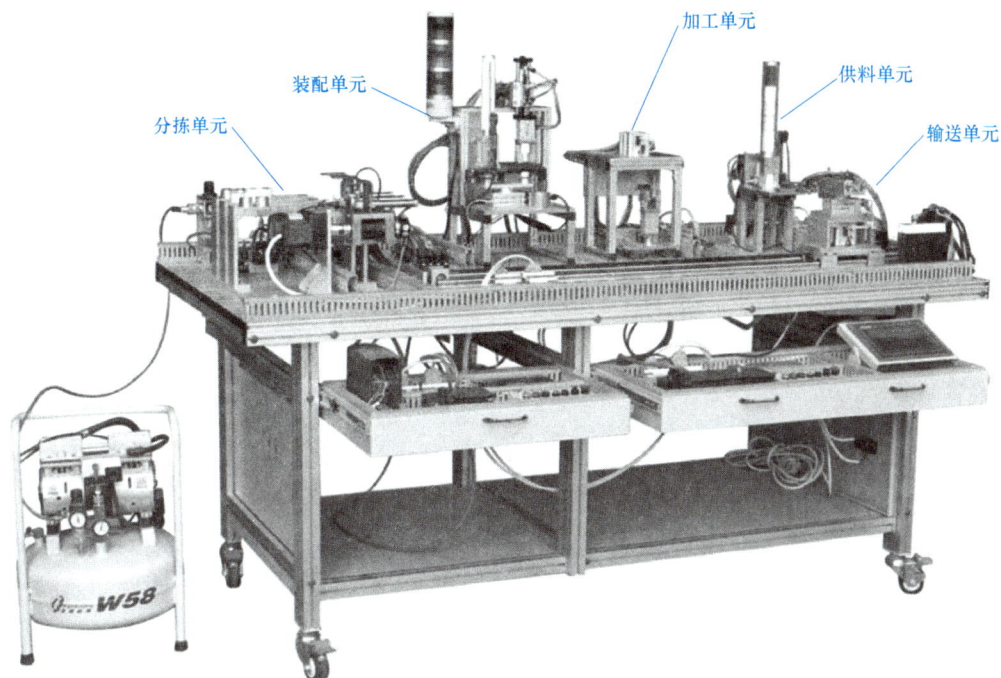

图 1-1 YL-335B 型自动化生产线实训装置

主令信号（复位、起动、停止等）通过触摸屏人机界面给出。同时，人机界面也显示各单元运行中的各种状态信息。

其外部供电电源采用三相五线制（AC 380V/220V），供电电源模块一次回路的原理图如图 1-2 所示。总电源开关选用 DZ47LE-C25/3P+N 型三相四线漏电开关，系统中的各主要负载通过断路器单独供电。其中，变频器电源通过 DZ47C16/3P 型三相断路器供电；各工作单元的 PLC 均采用 DZ47C5/2P 型单相断路器供电。此外，系统配置了两台直流 24V、6A 的开关稳

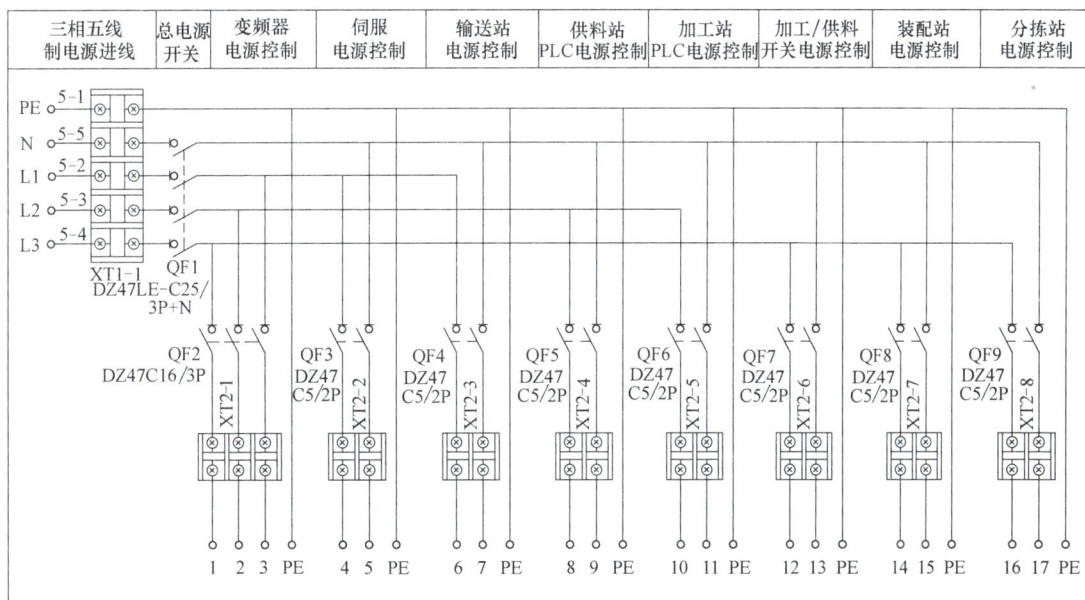

图 1-2 供电电源模块一次回路的原理图

压电源，其中一台电源用作供料、加工、分拣单元的直流电源，另一台电源用作输送单元的直流电源。

2. YL-335B 型自动化生产线实训装置的功能

YL-335B 型自动化生产线的工作过程：将供料单元料仓内的工件送往加工单元的物料台，完成加工操作后，把加工好的工件送往装配单元的物料台，然后把装配单元料仓内不同颜色的小圆柱工件嵌入到物料台上的工件中，完成装配后的成品送往分拣单元，分拣单元根据工件的材质和颜色进行分拣。

供料单元的基本功能是按照需要将放置在料仓中待加工的工件自动送出到物料台上，以便输送单元的抓取机械手装置将工件抓取送往其他工作单元。

加工单元的基本功能是把该单元物料台上的工件送到加工机构下面，完成一次冲压加工动作，然后再将工件送回到物料台上，由输送单元的抓取机械手装置取出。

自动化生产线实训装置

装配单元的基本功能是将该单元料仓内的黑色或白色小圆柱工件嵌入到已加工的工件中，实现装配过程。

分拣单元的基本功能是将上一单元送来的已加工、装配的工件进行分拣，使不同颜色、材质的工件从不同的料槽分流。

输送单元的基本功能是抓取机械手精准定位到指定的物料台，并在该物料台上抓取工件，把抓取到的工件输送到指定位置然后放下。

任务 2 认识供料单元的结构

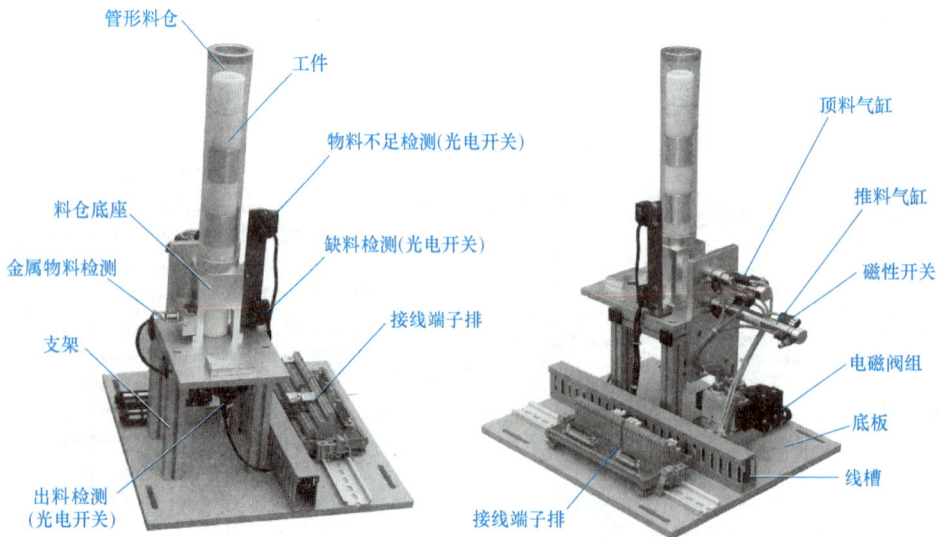

供料单元是自动化生产线中的起始单元，它在整个系统中向其他工作单元提供原材料，如同企业生产线上的自动供料系统一样。供料单元根据生产过程的需要将工件仓中待加工的工件自动推到物料台上，以便输送单元的机械手将其抓取并送往其他单元进行加工。

供料单元的结构

如图 1-3 所示，供料单元主要由工件推出装置、PLC、辅助装置、按钮指示灯模块等组成。其中，辅助装置包括接线端子排、线槽、底板、支架、电磁阀组等，工件推出装置主要由管形料仓、料仓底座、推料气缸、顶料气缸、磁性开关、漫射

图 1-3 供料单元机械结构图

式光电开关、电感式传感器等组成。

在料仓底座位置和管形料仓第 4 层工件位置，分别安装了一个漫射式光电开关，它们的功能分别是检测料仓中有无储料和储料是否足够。若该部分机构内没有工件，则两个漫射式光电开关均处于常态；若仅在料仓底层起有 3 个工件，则料仓底座处光电开关动作，而第 4 层处光电开关处于常态，表明工件已经快用完了。这样，料仓中有无储料以及储料是否足够，就可用这两个光电开关的信号状态反映出来。

推料气缸把工件推出到物料台上。物料台面开有小孔，物料台下面设有一个圆柱形漫射式光电开关，工作时向上发出光线，从而透过小孔检测是否有工件存在，以便向系统提供本工作单元物料台有无工件的信号。在输送单元的控制程序中，就可以利用该信号状态来判断是否需要驱动机械手装置来抓取工件。

任务 3　认识供料单元的检测元件

自动化生产线的供料单元中有两种检测元件，分别是光电开关和磁性开关，光电开关用于检测料仓的工件是否不足或工件有无、物料台上是否有工件，磁性开关用于检测气缸伸出或缩回是否到位。

1. 光电开关

光电开关又称为光电传感器、光电接近开关，是利用光电效应制成的开关量传感器，主要由光发射器和光接收器组成。光发射器和光接收器有一体式和分体式两种形式。光发射器用于发射红外线或可见光（主要为红色，也可用绿色、蓝色来判断颜色）；光接收器用于接收光发射器发射的光，并将光信号转换成电信号以开关量形式输出。图 1-4 所示为光电开关的外形、调节旋钮、显示灯和图形符号。

光电开关的
工作原理

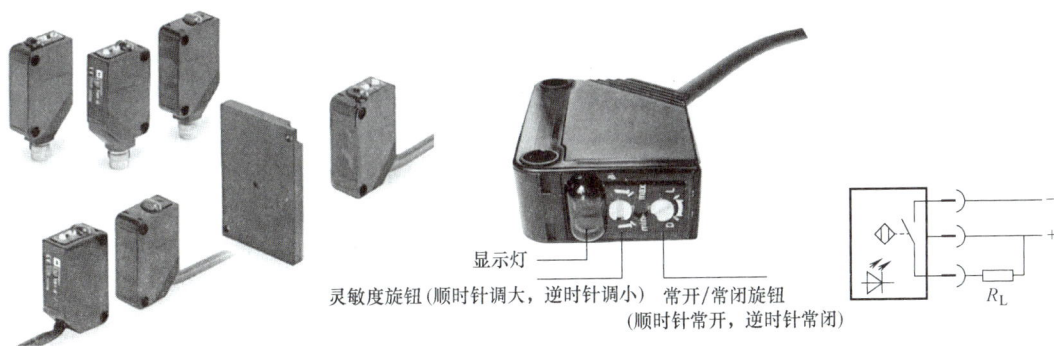

显示灯
灵敏度旋钮（顺时针调大，逆时针调小）　常开/常闭旋钮
（顺时针常开，逆时针常闭）

图 1-4　光电开关的外形、调节旋钮、显示灯和图形符号

常开/常闭旋钮具有动作选择开关的功能，可以选择受光动作（Light）和遮光动作（Drag）两种模式。当此旋钮按顺时针方向旋转时（L 侧），则进入检测-ON 模式；当此旋钮按逆时针方向旋转时（D 侧），则进入检测-OFF 模式。

灵敏度旋钮为距离调节器，用于调整检测距离，调整时应逐步轻微旋转，否则若充分旋转，距离调节器会空转。其调整方法如下：首先按逆时针方向将距离调节器充分旋转到最小检测距离（E3Z-L61 型约为 20mm），然后根据要求的距离放置检测物体，按顺时针方向逐步旋转距离调节器，找到传感器进入检测状态的点；拉开检测物体距离，按顺时针方向进一步旋转距离调节器，直至传感器再次进入检测状态，然后逆时针旋转距离调节器，直到传感器回到非检测状态的点。两点之间的中点为稳定检测物体的最佳位置。

按照光接收器接收光的方式不同，光电开关可分为对射式、反射式和漫射式 3 种。这 3

种形式光电开关的检测原理和方式有所不同。

（1）对射式光电开关 它的光发射器与光接收器分别处于相对的位置上工作，根据光路信号的有无来判断信号是否改变，常用于检测不透明物体。对射式光电开关通常以分体式结构为主，但在特定场景中也存在一体式结构，如槽型对射式光电开关就采用 U 形槽结构，将光发射器和光接收器集成在一个外壳内，形成紧凑的一体化结构，如图 1-5 所示。

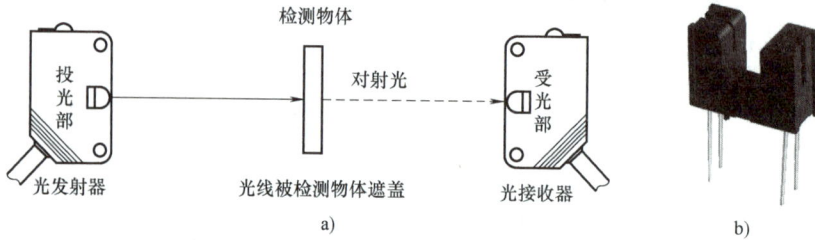

图 1-5 对射式光电开关

a）分体式结构 b）一体式结构

（2）反射式光电开关 它的光发射器与光接收器为一体式结构，在其相对的位置上安装一个反射镜，光发射器发出光，以反射镜的反射光线是否被光接收器接收来判断有无物体，如图 1-6 所示。

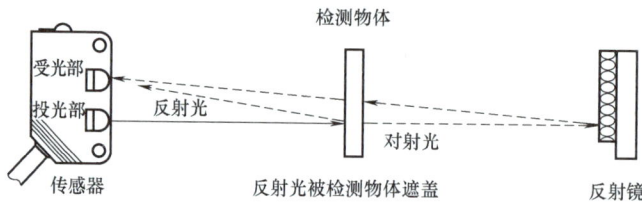

图 1-6 反射式光电开关

（3）漫射式光电开关 它是利用光照射到被测物体上后反射回来的光线而工作的，由于物体反射的光线为漫射光，故称为漫射式光电开关，如图 1-7 所示。它的光发射器与光接收器处于同一侧位置，且为一体式结构。在工作时，光发射器始终发射检测光，若光电开关前方一定距离内没有物体，则没有光被反射到光接收器，则光电开关处于常态而不动作；反之，若光电开关前方一定距离内出现物体，只要反射回来的光强度足够，则光接收器接收到足够的漫射光就会使光电开关动作而改变输出的状态。漫射式光电开关的可调性很好，其敏感度可通过调节旋钮进行调节。

供料单元用于检测物料台上有无物料的光电开关是一个圆柱形漫射式光电开关，如图 1-8 所示。其工作时发出光线，从而透过小孔检测是否有工件存在，该光电开关选用 SICK 公司 MHT15-N2317 型号的产品。

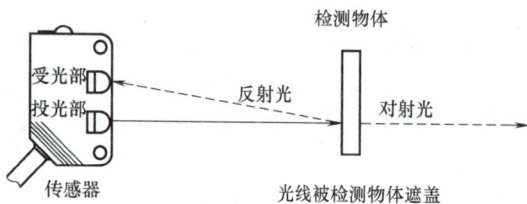

图 1-7 漫射式光电开关

图 1-8 MHT15-N2317 型漫射式光电开关的外形

漫射式光电开关不能安装在水、油、灰尘多的地方，同时应回避强光及室外太阳光等直射的地方，还要注意消除背景物的影响。漫射式光电开关主要用于自动包装机、自动灌装机、自动封装机、自动或半自动装配流水线等自动化机械装置。

图1-9是YL-335B型自动化生产线中使用的漫射式光电开关的电路原理图。图1-9中的光电开关具有电源极性及输出反接保护功能。光电开关还具有自我诊断功能。当环境变化（温度、压力、灰尘等）的裕度满足要求时，稳定显示灯（绿色）显示（如果裕度足够，则亮灯）；当光敏元件接收到有效光信号，则控制输出的晶体管导通，同时动作显示灯（橙色）显示。这样光电开关就能检测自身的光轴偏离、透镜面（传感器面）的污染、地面和背景对它的影响、外部干扰的状态等异常或故障，从而有利于对设备进行养护，保证设备稳定工作。这也给安装调试工作带来了方便。

如图1-9所示，光电开关的棕色线接PLC输入模块电源"＋"端，蓝色线接PLC输入模块电源"－"端，黑色线接入PLC的信号输入端。

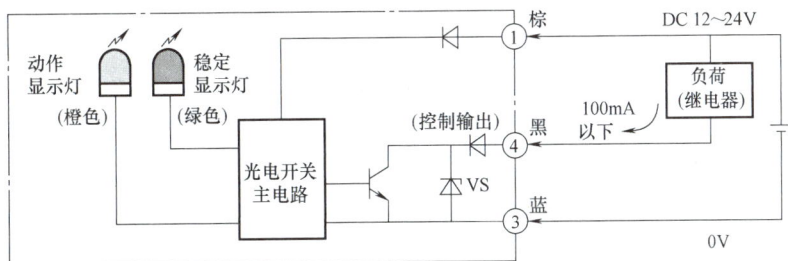

图1-9 漫射式光电开关的电路原理图

2. 磁性开关

磁性开关又称为磁性接近开关或磁感应式接近开关，其工作方式是当有磁性物质接近磁性开关的传感器时，传感器感应动作并输出开关信号。图1-10所示为磁性开关的外形和图形符号。

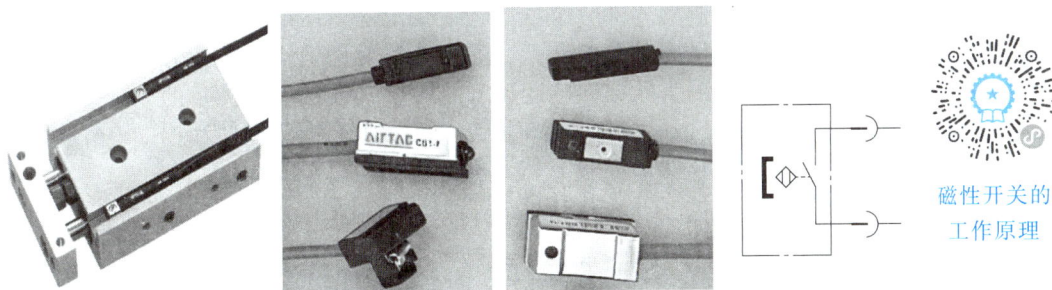

磁性开关的工作原理

图1-10 磁性开关的外形和图形符号

在自动化生产线中，可以利用磁性开关的信号判断气缸的运动状态或所处的位置，以确定工件是否被推出或气缸是否返回。这些气缸的缸筒采用导磁性弱、隔磁性强的材料，如硬铝、不锈钢等。在非磁性体的活塞上安装一个永磁铁的磁环，这样就提供了一个反映气缸活塞位置的磁场。而安装在气缸外侧的磁性开关则用来检测气缸活塞位置，即检测活塞的运动行程。

为了方便使用，每个磁性开关上都装有动作指示灯。当检测到磁信号时，则输出电信号，指示灯亮。磁性开关的安装位置可以调整，调整方法是松开它的紧固螺栓，让磁性开关顺着气缸滑动，到达指定位置后，再旋紧紧固螺栓。同时，磁性开关的内部都具有过电压保护电路，即使磁性开关的引线极性接反，也不会使其烧坏，只是不能正常检测了。

磁性开关有蓝色和棕色两根引出线，使用时蓝色引出线连接到 PLC 输入公共端，棕色引出线连接到 PLC 信号输入端。磁性开关的安装位置和内部电路如图 1-11 所示。

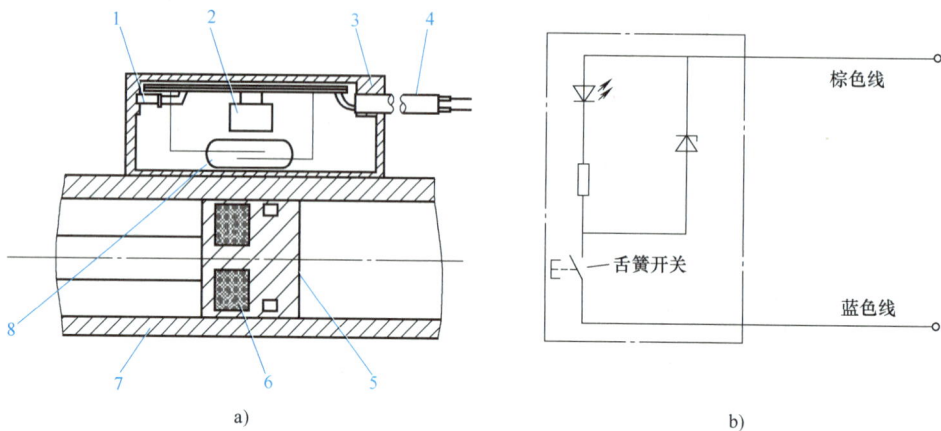

图 1-11 磁性开关的安装位置和内部电路

a）磁性开关的安装位置　b）磁性开关的内部电路

1—动作指示灯　2—保护电路　3—开关外壳　4—导线　5—活塞　6—磁环（永磁铁）　7—缸筒　8—舌簧开关

任务 4　认识供料单元的气动系统元件

自动化生产线中的许多动作（如机械手的抓取等）都是靠气压传动来实现的。气动系统以压缩空气为工作介质来进行能量与信号的传递，利用空气压缩机将电机或其他原动机输出的机械能转变成空气的压力能，然后在控制元件的控制和辅助元件的配合下，通过执行元件把空气的压力能转变为机械能，从而完成直线或回转运动并对外做功。

一个完整的气动系统一般由气源装置（气压发生器）、执行元件、控制元件、辅助元件、检测装置以及控制器 6 部分组成。气动系统是以压缩空气为工作介质，在控制元件的控制和辅助元件的配合下，通过执行元件把空气的压力能转换为机械能，从而完成气缸的直线或回转运动。图 1-12 所示为一个简单的气动系统，该系统由静音气泵、气动二联件、气缸、电磁阀组、检测元件和控制器等组成，可以实现气缸的伸缩运动控制。

气动系统的组成

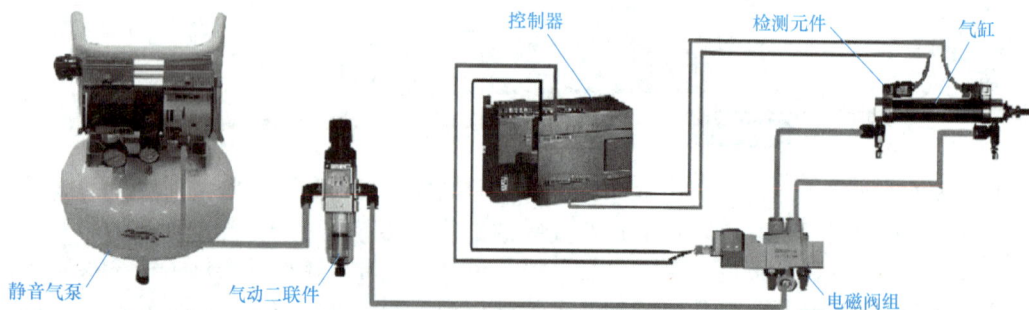

图 1-12　一个简单的气动系统

1. 气源装置

静音气泵即为压缩空气发生装置，它包括气源开关、空气压缩机、储气罐、罐体压力指示表、一次压力调节指示表、出气口、过滤减压阀等部件，如图 1-13 所示。气泵是用来产生具有足够压力和流量的压缩空气并将其净化、处理及存储的装置，气泵的输出压力可通过过滤减压阀进行调节。本系统所涉及的空气压缩机提供的压力为 0.6~1MPa，输出压力为 0~0.8MPa。输出的压缩空气通过快速三通接头和气管输送到各工作单元。

气源装置

气源处理组件是气源装置的基本组成器件，如图 1-14 所示。它的作用是除去压缩空气中所含的杂质及凝结水，调节并保持恒定的空气压力。在使用时，应注意经常检查过滤器中凝结水的水位，水位不能超过最高标线，以免凝结水被重新吸入。

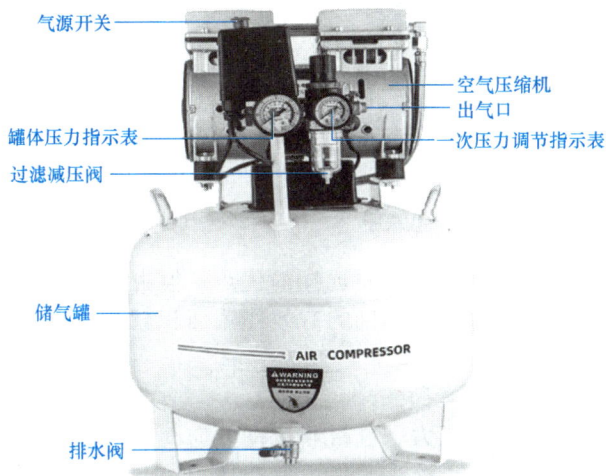

图 1-13　静音气泵

图 1-14　气源处理组件

气源处理组件的气路入口处安装一个快速气路开关，用于启/闭气源。当把快速气路开关向左拔出时，气路接通气源；反之，当把快速气路开关向右推入时，气路关闭。

气源处理组件　执行元件的分类

2. 执行元件

在气动系统中，执行元件是一种将压缩空气的压力能转化为机械能，实现直线、摆动或者回转运动的传动装置。气动系统中常用的执行元件是气缸和气动马达。气缸用于实现直线往复运动，而气动马达则是实现连续回转运动。

气缸按驱动方式可分为单作用气缸和双作用气缸。

单作用气缸是指压缩空气仅在气缸的一端进气，并推动活塞运动，而活塞的返回则借助于其他外力（如重力、弹簧力等），如图 1-15 所示。

单作用气缸的工作原理

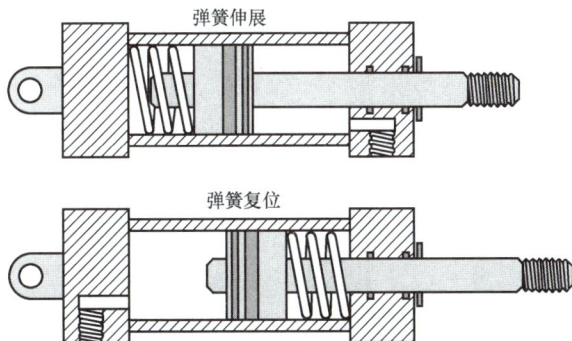

弹簧伸展

弹簧复位

图 1-15　单作用气缸工作示意图

单作用气缸结构简单、耗气量少。由于在缸体内安装了弹簧，缩短了气缸的有效行程，并且活塞杆的输出力随运动行程的增大而减小。另外，弹簧具有吸收动能的能力，可减少行程终端的撞击作用。因此，单作用气缸一般用于短行程、对输出力与运动速度要求不高的场合。

双作用气缸是指活塞的往复运动均由压缩空气来推动，如图1-16所示。气缸的两个端盖上都设有进排气通口，从无杆侧端盖气口进气时，推动活塞向前运动；反之，从有杆侧端盖气口进气时，推动活塞向后运动。供料单元的顶料气缸和推料气缸均采用双作用的直线气缸。

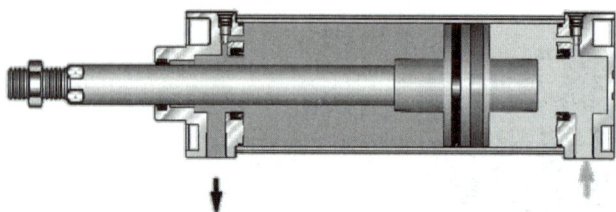

图1-16 双作用气缸工作示意图

双作用气缸的工作原理

双作用气缸具有结构简单、输出力稳定、行程可根据需要选择的优点。但由于是利用压缩空气交替作用于活塞上实现伸缩运动的，当回缩时压缩空气的有效作用面积较小，所以产生的力要小于伸出时产生的推力。

3. 控制元件

在气动系统中，控制元件控制和调节压缩空气的压力、流量和流动方向，以保证执行元件具有一定的输出力和速度，并按设计程序正常工作。控制元件主要有压力控制阀、流量控制阀和方向控制阀三种。

（1）压力控制阀 压力控制阀用来控制气动系统中压缩空气的压力，以满足各种压力需求或节能，将压力减到每台装置所需的压力值，并使压力稳定保持在所需的压力值上。压力控制阀主要有安全阀、顺序阀和减压阀三种。在气动系统的工程应用中，经常将空气过滤器（也称分水滤气器）、减压阀和油雾器组合在一起使用，此装置俗称气动三联件。图1-17为常用压力控制阀的实物图。

压力控制阀

安全阀也称为溢流阀，如图1-18所示。其在系统中起到安全保护作用。当系统的压力超过规定值时，安全阀打开，将系统中的一部分气体排入大气，使得系统压力下降，从而保证系统安全。

减压阀的实物图如图1-19所示。它对来自供气气源的压力进行二次压力调节，使气源压

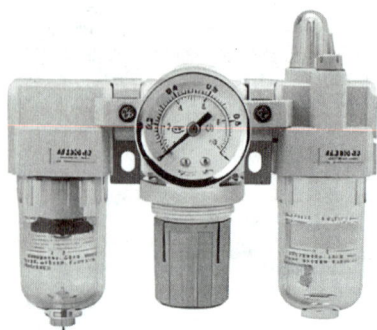

图1-17 常用压力控制阀的实物图

图1-18 安全阀的实物图

图1-19 减压阀的实物图

力减小到各气动装置需要的压力，并使压力值保持稳定。减压阀一般安装在空气过滤器之后、油雾器之前，并注意不要将其进口和出口接反。另外，减压阀不用时应把旋钮放松，以免膜片经常受压变形而影响其性能。

顺序阀是依靠回路中的压力变化来控制气缸顺序动作的一种压力控制阀，常用来控制气缸顺序动作。在气动系统中，顺序阀通常安装在需要某一特定压力的场合，只有达到需要的操作压力后，顺序阀才有气信号输出。由于本书中未用到顺序阀，在此不作详细介绍。

（2）流量控制阀　在气动系统中流量控制阀通过改变阀的开度来实现对流量的控制，以达到控制气缸运动速度或者控制换向阀的切换时间和气动信号的传递速度。本书中用到的流量控制阀主要是节流阀。

流量控制阀

节流阀是将空气的流通截面积缩小以增加气体的流通阻力，从而降低气体的压力和流量。如图1-20所示，阀体上有一个调节螺钉，可以调节节流阀的开度，并可保持其开度不变。此类阀称为可调节流阀。

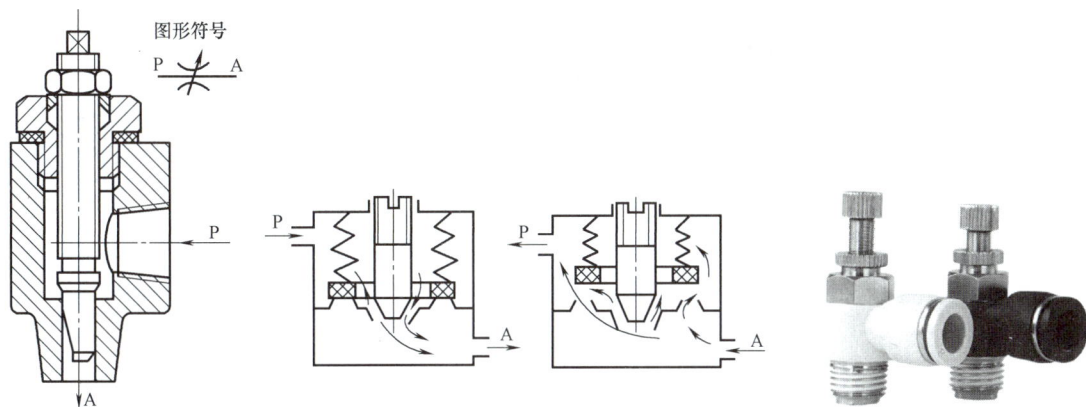

图 1-20　气动节流阀的工作原理示意图及实物图

可调节流阀常用于调节气缸活塞的运动速度，可直接安装在气缸上。这种节流阀有双向节流的作用。使用节流阀时，节流面积不宜太小，因空气中的冷凝水、尘埃等塞满阻流口通路会引起节流量的变化。

将节流阀和单向阀并联则可组合成单向节流阀，常用于控制气缸的运动速度，也称为速度控制阀。节流阀分为排气节流阀和进气节流阀。排气节流阀用于双作用气缸，通过调节节流阀的开度改变气缸的运动速度。这种控制方式下活塞运行稳定，是最常用的方式。进气节流阀一般用于单作用气缸、夹紧气缸和低摩擦力气缸等的速度控制，它主要靠压缩空气的膨胀使活塞前进，故很难控制气缸的速度达到稳定。

图 1-21　节流阀连接和调整原理示意图

图1-21给出了在双作用气缸装上两个单向节流阀的连接示意图，这种连接方式称为排气节流方式。当压缩空气从A端进气、从B端排气时，单向节流阀A的单向阀开启，向气缸无杆腔快速充气，由于单向节流阀B的单向阀关闭，有杆腔的气体只能经节流阀排气，调节节流阀B的开度，便可改变气缸伸出时的运动速度；反之，调节节流阀A的开度则可改变气缸缩回时的运动速度。

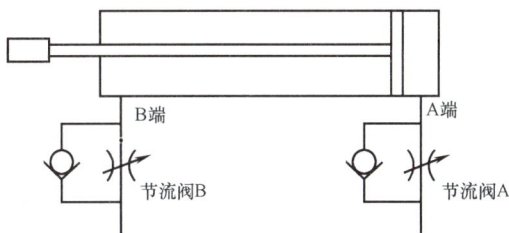

图 1-22 所示为已经装配好的供料单元的双作用直线气缸。气缸的两个进气口已安装单向节流阀，节流阀上带有气管的快速接头，只要将合适外径的气管插在快速接头上，就可以将气管连接好，使用十分方便。气缸两端安装有检测气缸伸出、缩回到位的磁性开关。

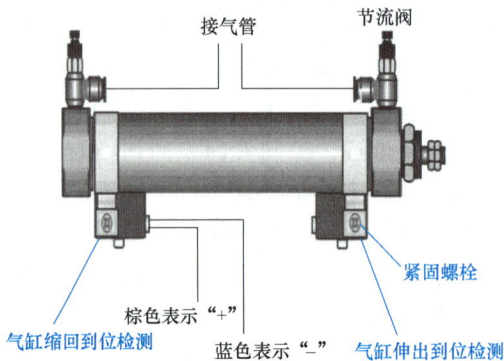

接气管　节流阀

紧固螺栓

棕色表示"+"
气缸缩回到位检测　蓝色表示"－"　气缸伸出到位检测

图 1-22　供料单元所使用的双作用直线气缸

（3）方向控制阀　方向控制阀是气动系统中通过改变压缩空气的流动方向和气流通断来控制执行元件起动、停止及运动方向的元件。通常使用比较多的是电磁换向阀（简称电磁阀）。电磁阀是气动控制中最主要的元件，它是利用电磁线圈通电时静铁心对动铁心产生的电磁吸引力使阀切换以改变气流方向的阀。根据阀芯复位的控制方式，又可以将电磁阀分为单电控和双电控两种，如图 1-23 所示。

方向控制阀

a)　　　　　　　　　　　　　　　　b)

图 1-23　电磁阀的实物图

a）单电控电磁阀　b）双电控电磁阀

电磁阀易于实现电-气联合控制，能实现远距离操作，在气动控制中广泛使用。在使用双电控电磁阀时应特别注意，两侧的电磁铁不能同时得电，否则将会使电磁阀线圈烧坏。为此，在电气控制回路上通常设有防止同时得电的联锁回路。

电磁阀按阀切换通道数目的不同可以分为二通阀、三通阀、四通阀和五通阀，按阀芯工作位置数目的不同又分为二位阀和三位阀。例如，有两个通口的二位阀称为二位二通阀，有 3 个通口的二位阀称为二位三通阀。常用的还有二位五通阀，用在推动双作用气缸的回路中。图 1-24 所示分别为二位三通、二位四通和二位五通单控电磁阀的图形符号，图形中有几个方格就是几位，方格中的"┯"和"┷"符号表示各接口互不相通。

图 1-25 所示是一个直动式单电控二位三通电磁阀的工作原理示意图及图形符号。当电磁铁断电时，阀芯被弹簧推向左端，T 口和 A 口接通；当电磁铁通电时，铁心通过推杆将阀芯推向右端，使 P 口和 A 口接通。

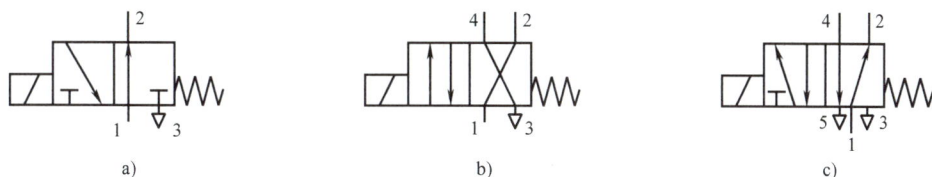

图 1-24 部分电磁阀的图形符号

a）二位三通阀 b）二位四通阀 c）二位五通阀

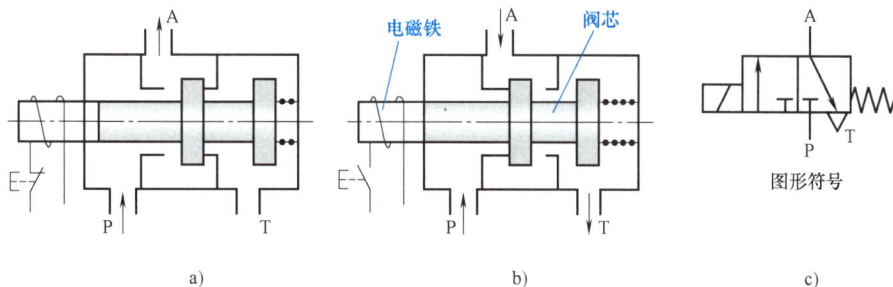

图 1-25 直动式单电控二位三通电磁阀的工作原理示意图及图形符号

a）电磁线圈通电 b）电磁线圈断电 c）图形符号

图 1-26 所示为一个直动式双电控二位五通电磁阀的工作原理示意图及图形符号。

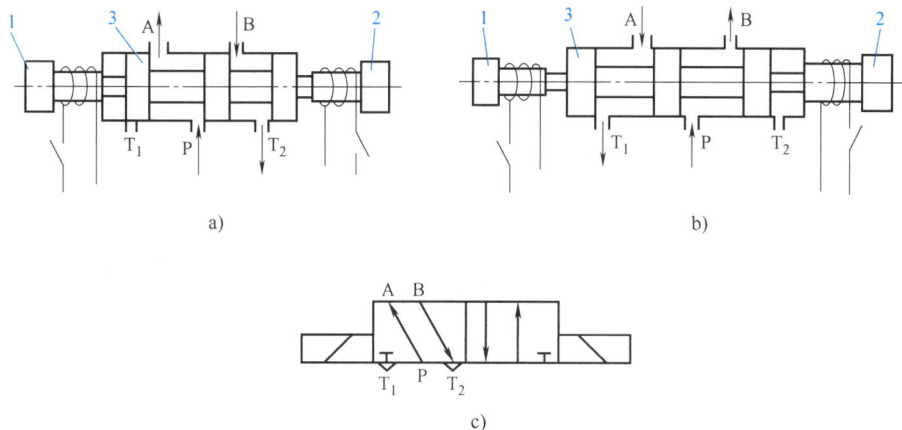

图 1-26 直动式双电控二位五通电磁阀的工作原理示意图及图形符号

a）电磁线圈 1 得电，阀芯向右移 b）电磁线圈 2 得电，阀芯向左移 c）图形符号

1、2—电磁线圈 3—阀芯

供料单元的执行气缸是双作用气缸，因此控制它们工作的电磁阀需要有两个工作口、两个排气口以及一个供气口，故使用的电磁阀均为二位五通单电控电磁阀。

值得注意的是：电磁阀带有手动换向和加锁钮，有锁定（LOCK）和开启（PUSH）两个位置。用小螺丝刀把加锁钮旋到在 LOCK 位置时，手控开关向下凹进去，此时不能进行手控操作。只有加锁钮在 PUSH 位置时，才可用工具向下按，信号为"1"时等同于该侧的电磁信号为"1"，常态时手控开关的信号为"0"。在进行设备调试时，可以使用手控开关对阀进行控制，从而实现对相应气路的控制，以改变对推料气缸等执行机构的控制，达到调试的目的。

在工程实际应用中，为了简化控制阀的控制电路和气路的连接，优化控制系统的结构，通常将多个电磁阀及相应的气控和电控信号接口、消声器和汇流板等集中在一起组成控制阀的集合体，此集合体称为电磁阀组。图1-27为气动控制中常用电磁阀组的实物图。

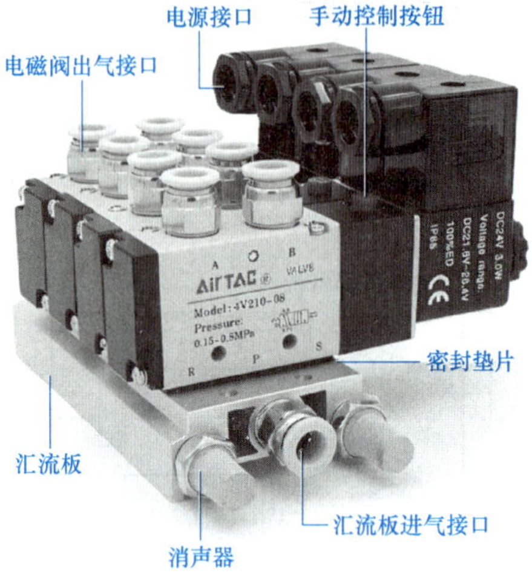

图 1-27　常用电磁阀组的实物图

电磁阀组的装配

1.2　项目描述

1. 供料单元的功能

工件叠放在料仓中，推料气缸处于料仓的底层，顶料气缸则与次下层工件处于同一水平位置。当需要供料时，顶料气缸的活塞杆伸出，顶住次下层工件，然后推料气缸活塞杆伸出，把最下层工件推到物料台上。当推料气缸活塞杆返回后，再使顶料气缸活塞杆返回，松开次下层工件，料仓中的工件在重力的作用下，自动下落，为下一次供料做好准备。

供料单元的功能

2. 供料单元的控制要求

工作站的主令信号和工作状态显示信号来自控制模块，控制模块由 PLC、起动/停止按钮、急停按钮、状态指示灯组成，工作时将选择开关 SA 置于"单站方式"位置。具体控制要求如下：

供料单元的控制要求

① 当设备通电和气源接通后，若工作单元的两个气缸均处于缩回位置，且料仓内有足够的待加工工件，则"正常工作"指示灯 HL1 常亮，表示设备准备好，否则该指示灯以 0.5Hz 的频率闪烁。

② 确认设备已准备好后，按下起动按钮，工作单元起动，"设备运行"指示灯 HL2 常亮。起动后，若物料台上没有工件，则应把工件推到物料台上。物料台上的工件被人工取出后，若没有停止信号，则进行下一次推出工件操作。

③ 若在运行中按下停止按钮，则在完成本工作周期任务后，各工作单元停止工作，HL2 指示灯熄灭。

④ 若在运行中料仓内工件不足，则各工作单元继续工作，但"正常工作"指示灯 HL1 以 0.5Hz 的频率闪烁，"设备运行"指示灯 HL2 保持常亮。若料仓内没有工件，则 HL1 指示灯和 HL2 指示灯均以 2Hz 频率闪烁，工作站在完成本周期任务后停止。除非向料仓补充足够的工件，否则工作站不能再起动。

1.3 项 目 计 划

学习了前面的知识后，应对供料单元已有了全面的了解，为了有计划地完成本项目，要先做好任务分工和实施计划。

1. 任务分工和实施计划（见表1-1）

5人一组，组内成员要有明确分工，角色及职责安排如下：

负责人：担任小组组长，负责整个项目的统筹安排、成果汇报等工作。

调试员：负责PLC程序的设计与调试。

装配工：负责供料单元的机械部分、传感器、气路的安装，并配合调试员进行调试。

接线工：负责供料单元的电气接线，并配合调试员进行调试。

安全员：负责整个实施过程的操作规范及安全方面的监督，以及材料准备和资料整理。

表 1-1 供料单元项目的任务分工和实施计划

实施步骤	实施内容	完成人	计划完成时间	备注说明
1	根据控制要求准备材料			
2	安装机械部分、传感器、电磁阀			
3	气动回路设计、安装、调试			
4	电气线路设计及连接			
5	程序设计、编译及调试			
6	成果资料整理、总结汇报			

2. 所需材料和工具的准备

在实施项目前，请按照材料和工具清单（见表1-2）逐一检查供料单元所需的材料、工具是否齐全，并填好各种材料的规格及数量。

表 1-2 供料单元的材料和工具清单

工具	规格	数量	材料	规格	数量
内六角扳手			供料单元结构组件		
橡胶锤			光电开关		
螺丝刀			磁性开关		
斜口钳			电感式传感器		
尖嘴钳			电磁阀组		
剥线钳			PLC		
压线钳					
万用表					
钟表螺丝刀					

1.4 项 目 实 施

任务1 组装供料单元的机械部分

供料单元主要由控制系统和供料装置两部分组成。供料装置安装在工作台上，控制系统安装在工作台下方的抽屉中，供料装置的信号线通过接线端子排与控制系统相连。供料单元的结构如图1-28所示。

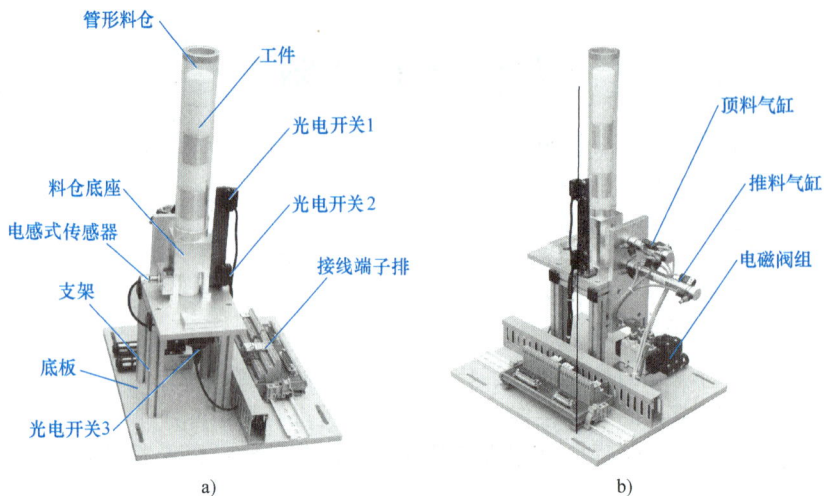

图 1-28　供料单元的结构
a）正视图　b）侧视图

供料单元控制系统的主要组成部分有直流开关电源、PLC、按钮指示灯模块盒、线槽、接线端子排等，如图 1-29 所示。其中，按钮指示灯模块盒上的器件包括：红、绿、黄指示灯各一只，红、绿常开按钮各一只，选择开关一只，急停按钮一只，接线端子排一块。

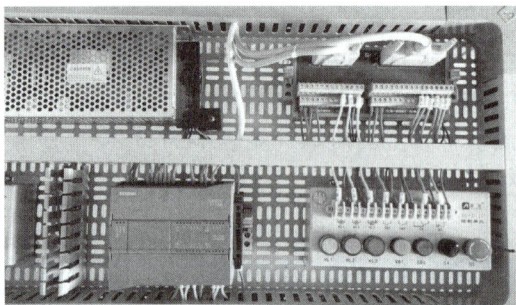

图 1-29　供料单元控制系统及按钮指示灯模块

1. 供料单元的机械安装

（1）安装步骤　供料单元的安装如图 1-30 所示。

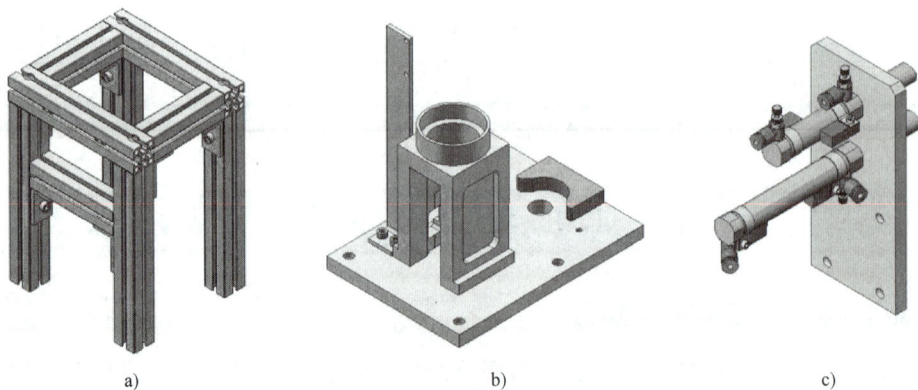

图 1-30　供料单元的安装
a）落料支架的安装　b）物料台及料仓底座的安装　c）推料机构的安装

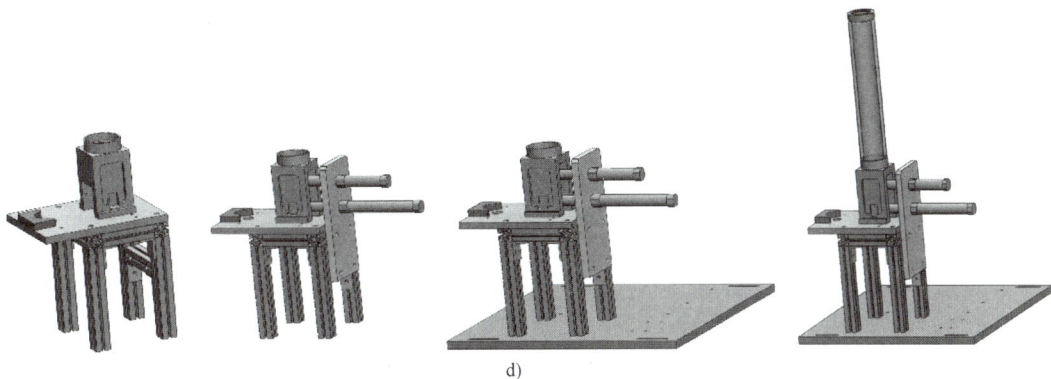

图 1-30 供料单元的安装 （续）

d）整体安装

① 落料支架的安装。首先将各铝合金型材通过 L 形连接件连接成一个整体支架。为了安装的快捷与方便，先将螺栓和螺母与 L 形连接支架套装在一起，再将螺母插接在 L 形槽内，并锁紧螺母。在锁紧螺母的同时，应注意各条边的平行度与垂直度。要注意放置后续工序的预留螺母。

② 物料台及料仓底座的安装。首先把传感器支架安装在落料支撑板下方，在支撑板上安装料仓底座。注意：出料口方向朝前，与挡料块方向一致；挡料块安装到落料支撑板上，然后安装两个传感器支架。

**供料单元
的机械安装**

③ 顶料气缸、推料气缸与气缸安装板相连接，并将节流阀、推料头与各气缸进行螺纹联接，锁紧后固定在落料支架上。

④ 整体安装。将落料组件与落料支架进行连接。注意：落料支架的横架方向是在后面，螺钉先不要拧紧，方向不能反，安装气缸安装板后再固定紧。将安装好气缸的气缸安装板与落料支架连接。将连接好的整体安装到底板上并将其固定在工作台上，在工作台第 4 道、第 10 道槽口安装螺钉固定。

⑤ 用橡胶锤把大工件装料管（俗称料筒或料仓）连接到料仓底座上。

⑥ 安装节流阀、光电开关、电感式传感器和磁性开关。

⑦ 在底板上安装电磁阀组、接线端子排、线槽。

供料单元机械装配完成图如图 1-31 所示。

（2）供料单元机械安装的注意事项

① 装配铝合金型材支架时，注意调整好各条边的平行度及垂直度，然后锁紧螺栓。

② 气缸安装板和铝合金型材支架是靠预先在特定位置的铝型材 T 形槽中放置的与之相配的螺母连接的，因此在对该部分的铝合金型材进行连接时，一定要在相应的位置预先放置相应的螺母。如果没有预先放置螺母或没有预先放置足够数量的螺母，将造成无法安装或安装不可靠。

③ 将机械机构固定在底板上时，需要将底板移动到工作台的边缘，将螺栓从底板的反面拧入，将底板和机械机构部分的支撑型材连接起来。

（3）供料单元机械部分的调试

① 推料的位置要根据推料气缸或者挡料块位置进行调整，调整后，再加螺栓固定；若位置调整不到位将引起工件推偏。

② 磁性开关的安装位置可以调整，调整方法是松开磁性开关的紧固螺栓，让它顺着气缸滑动，到达指定位置后，再旋紧紧固螺栓。因夹料气缸要把工件夹紧，且行程很短，因此它

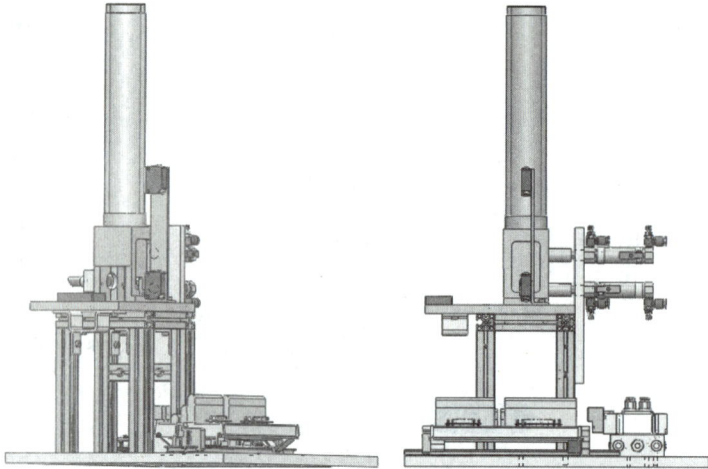

图 1-31　供料单元机械装配完成图

上面的两个磁性开关几乎靠紧在一起。如果磁性开关安装位置不当，将影响控制过程。

③ 料仓底座和料仓第 4 层工件处安装有光电开关，若该部分机构内没有工件，光电开关上的指示灯不亮；若从料仓底层起有 3 个工件，底料仓座处光电开关亮，而第 4 层处光电开关不亮；若从底层起有 4 个工件或者以上，两个光电开关都亮。否则，应调整光电开关的位置或者光强度。

④ 物料台面开有小孔，物料台下面也设有一个光电开关，工作时向上发出光线，从而通过小孔检测是否有工件存在，以便向系统提供本工作单元物料台有无工件的信号。在输送单元的控制程序中，就可以利用该信号状态来判断是否需要驱动机械手装置来抓取工件。该光电开关选用圆柱形光电开关（MHT15-N2317 型）。注意：所用工件中心也有一个小孔，调整传感器位置时，要防止传感器发出的光线通过工件中心的小孔而没有反射，从而引起误动作。

2. 传感器的安装

在料仓底座处和料仓第 4 层工件位置分别安装一个漫射式光电开关，它们的功能是检测料仓中有无储料或储料是否足够。

物料台面开有小孔，物料台下面设有一个圆柱形漫射式光电开关，工作时向上发出光线，从而透过小孔检测是否有工件存在。

推料气缸和顶料气缸上分别安装两个磁性开关，分别用于指示推料和顶料到位、推料和顶料复位。

光电式传感器的安装调试　磁性开关的安装调试

正确使用安装工具将供料单元的散件组合成完整的工作单元，要求供料单元动作顺畅、无松动、无卡壳现象，并填好表 1-3。

表 1-3　供料单元机械安装工作单

安装步骤	计划时间	实际时间	工具	是否返工,返工原因及解决方法
落料支架的安装				
物料台及料仓底座的安装				
推料机构的安装				
传感器的安装				
电磁阀组的安装				
整体安装				

（续）

调试过程	工件是否推偏： 是 否 原因及解决方法：
	气缸推出是否顺利： 是 否 原因及解决方法：
	气路是否能正常换向： 是 否 原因及解决方法：
	其他故障及解决方法：

任务 2 设计并连接供料单元的气路

1. 供料单元的气动回路

供料单元气动回路的工作原理图如图 1-32 所示。其中，1A 和 2A 分别为推料气缸和顶料气缸，1B1 和 1B2 为安装在推料气缸的两个极限工作位置的磁性开关，2B1 和 2B2 为安装在顶料气缸的两个极限工作位置的磁性开关。1Y 和 2Y 分别为控制推料气缸和顶料气缸的电磁阀的电磁控制端。两个电磁阀分别对顶料气缸和推料气缸进行控制，以改变各自的动作状态。

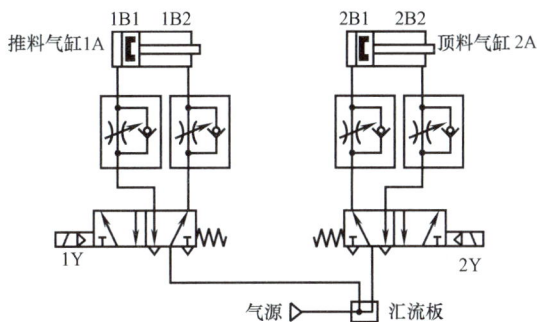

供料单元的
气动回路
工作原理

图 1-32 供料单元气动回路的工作原理图

2. 供料单元气路的连接及调试

气路安装从汇流排开始，按图 1-32 所示的气动回路连接电磁阀、气缸。连接时注意气管走向应按序排布，均匀美观，不能交叉、打折；气管要在快速接头中插紧，不能有漏气现象。

气路调试包括：

① 用电磁阀上的手动换向加锁钮验证顶料气缸和推料气缸的初始位置和动作位置是否正确。

② 调整气缸节流阀以控制活塞杆的往复运动速度，伸出速度以不推倒工件为准。

电磁阀上
气管的安
装与调试

气缸运动
速度的调节

供料单元
气路安装的
注意事项

3. 供料单元气路连接的注意事项

① 气路连接要完全按照自动化生产线的气路图进行。

② 气路连接时，气管一定要在快速接头中插紧，不能够有漏气现象。

③ 气路中的气缸节流阀调整要适当，以活塞进出迅速、无冲击、无卡滞现象为宜，以不推倒工件为准。如果有气缸动作相反，将气缸两端进气管位置颠倒即可。

④ 气路气管在连接走向时，应该按序排布，均匀美观，不能交叉、打折，顺序不能乱。

⑤ 所有外露气管必须用黑色尼龙扎带进行绑扎，松紧程度以不使气管变形为宜，外形美观。

⑥ 电磁阀与气体汇流板的连接气管必须压在橡胶密封垫上固定，要求密封良好，无泄漏。

4. 供料单元气路安装与调试工作单

供料单元气路安装与调试工作单见表1-4。

表1-4　供料单元气路安装与调试工作单

调试内容	是	否	不正确原因
气路连接是否有漏气现象			
顶料气缸伸出是否顺畅			
顶料气缸缩回是否顺畅			
推料气缸伸出是否顺畅			
推料气缸缩回是否顺畅			
备注			

任务3　设计并连接供料单元的电路

本实训装置电气接线的布局特点是机械装置与电气控制部分相对分离。每一工作单元的机械装置整体安装在底板上，而控制工作单元生产过程的PLC装置则安装在工作台两侧的抽屉板上。因此，供料单元的电气接线包括，在工作单元装置侧完成各传感器、电磁阀组、电源端子等引线到装置侧接线端口之间的接线，在PLC侧进行电源连接、I/O点接线等，如图1-33所示。

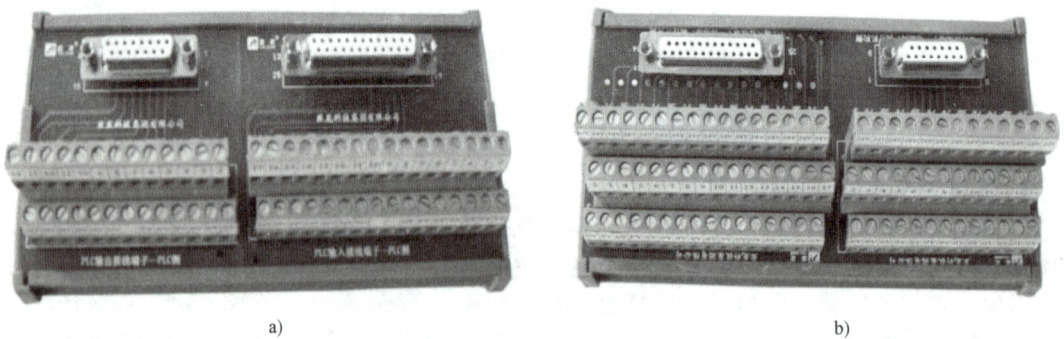

图1-33　供料单元的电气接线端口

a）供料单元PLC侧的接线端口　b）供料单元装置侧的接线端口

供料单元装置侧接线端口上各电磁阀和传感器的信号线布置见表1-5。接线时应注意：装置侧接线端口中，输入信号端子的上层端子（+24V）只能作为传感器的正电源端，切勿用于电磁阀等执行元件的负载；电磁阀等执行元件的正电源端和0V端应分别连接到输出信号端子的中间层和下层相应端子上。装置侧接线完成后，应用扎带绑扎，力求整齐美观。

表1-5 供料单元装置侧接线端口信号端子的分配

输入端口中间层			输出端口中间层		
端子号	设备符号	信号线	端子号	设备符号	信号线
2	1B1	顶料到位	2	1Y	顶料电磁阀
3	1B2	顶料复位	3	2Y	推料电磁阀
4	2B1	推料到位			
5	2B2	推料复位			
6	SC1	出料检测			
7	SC2	物料不足检测			
8	SC3	缺料检测			
9	SC4	金属物料检测			
10#~17#端子没有连接			4#~14#端子没有连接		

供料单元PLC侧的接线包括：电源接线，PLC的I/O点和PLC侧接线端口之间的连线，PLC的I/O点与按钮指示灯模块的端子之间的连线。

根据供料单元装置的I/O信号分配（表1-6）和工作任务的要求，装置侧传感器信号占用8个输入点，PLC侧起停和方式切换占用4个输入点，输出端有2个电磁阀和3个指示灯，则所需的I/O点数分别为12点输入和5点输出，见表1-6。供料单元PLC选用CPU 1214C AC/DC/RLY主单元，共14点输入和10点输出。供料单元PLC的I/O接线原理图如图1-34所示，安装及调试工作单见表1-7。

表1-6 供料单元PLC的I/O分配

输入信号				输出信号			
序号	PLC输入点	信号名称	信号来源	序号	PLC输出点	信号名称	信号来源
1	I0.0	顶料到位	装置侧	1	Q0.0	顶料电磁阀	装置侧
2	I0.1	顶料复位		2	Q0.1	推料电磁阀	
3	I0.2	推料到位		3	Q0.2		
4	I0.3	推料复位		4	Q0.3		
5	I0.4	出料检测		5	Q0.4		
6	I0.5	物料不足检测		6	Q0.5		
7	I0.6	缺料检测		7	Q0.6		
8	I0.7	金属物料检测		8	Q0.7	黄色指示灯HL1	按钮指示灯模块
9	I1.0			9	Q1.0	绿色指示灯HL2	
10	I1.1			10	Q1.1	红色指示灯HL3	
11	I1.2	停止按钮	按钮指示灯模块				
12	I1.3	起动按钮					
13	I1.4	急停按钮（未用）					
14	I1.5	单机/全线					

电气接线工艺应符合国家标准的规定，例如：导线连接到端子时，采用压紧端子压接方法；连接线必须有符合规定的标号；每一端子连接的导线不超过两根等。

供料单元电气接线的注意事项：

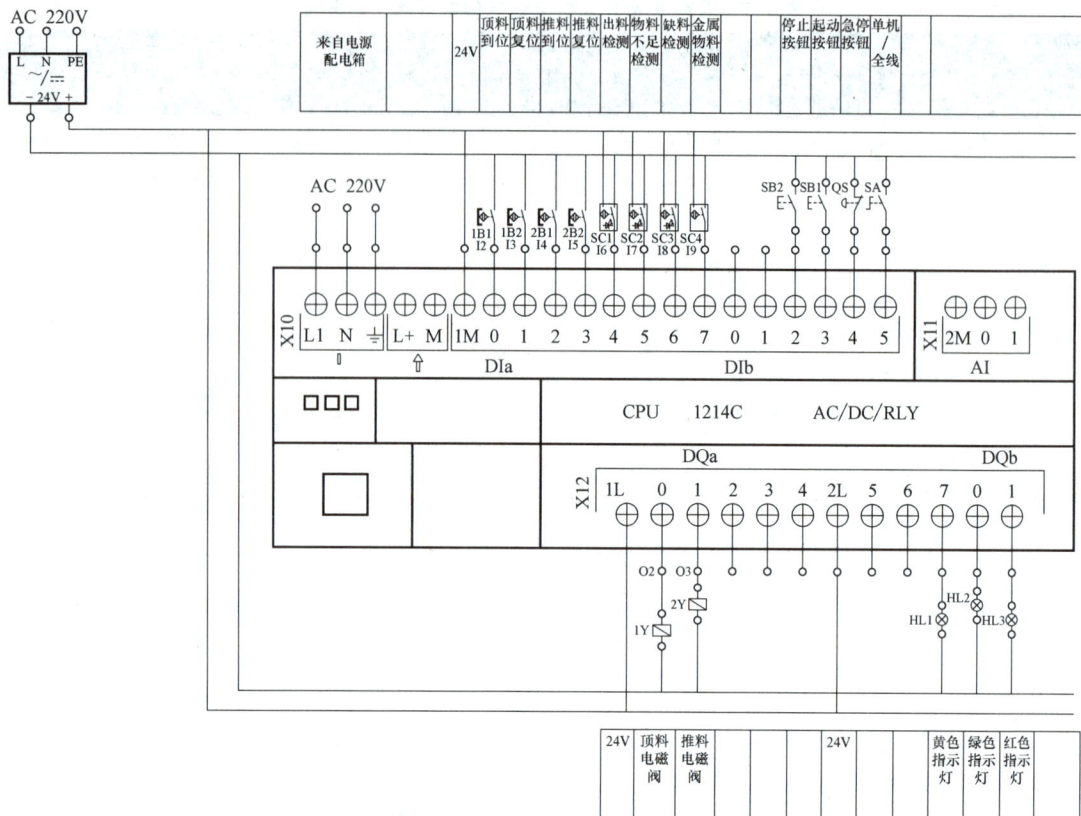

图 1-34　供料单元 PLC 的 I/O 接线原理图

表 1-7　供料单元电气线路安装及调试工作单

调试内容	正确	错误	原因
出料台物料检测			
物料有无检测			
物料不足检测			
金属物料检测			
顶料气缸伸出到位检测			
顶料气缸缩回到位检测			
推料气缸伸出到位检测			
推料气缸缩回到位检测			

　① 控制供料单元生产过程的 PLC 装置安装在工作台两侧的抽屉板上。PLC 侧接线端口的接线端子采用两层端子结构，上层端子用以连接各信号线，其端子号与装置侧接线端口的接线端子相对应，底层端子用以连接 DC 24V 电源的 +24V 端和 0V 端。

　② 供料单元装置侧接线端口的接线端子采用三层端子结构，上层端子用以连接 DC 24V 电源的 +24V 端，底层端子用以连接 DC 24V 电源的 0V 端，中间层端子用以连接各信号线。

　③ 供料单元装置侧接线端口和 PLC 侧接线端口之间通过专用电缆连接。其中，25 针接头电缆连接 PLC 的输入信号，15 针接头电缆连接 PLC 的输出信号。

　④ DC 24V 直流电源通过专用电缆由 PLC 侧的接线端子提供，经接线端子排引到供料单

元机械装置上。

⑤ 按照供料单元 PLC 的 I/O 接线原理图和规定的 I/O 地址接线。为接线方便,一般应该先接下层端子,后接上层端子。要仔细辨明原理图中的端子功能标注。要注意气缸磁性开关棕色和蓝色的两根线,漫射式光电开关的棕色、黑色、蓝色三根线,电感式传感器的棕色、黑色、蓝色三根线的极性不能接反。

⑥ 导线线端应该处理干净,无线芯外露,裸露铜线不得超过 2mm。一般应该做冷压插针处理。线端应该套规定的线号。

⑦ 导线在端子上的压接,以用手稍用力外拉不动为宜。

⑧ 导线走向应该平顺有序,不得重叠挤压折曲,顺序不能乱。线路应该用黑色尼龙扎带进行绑扎,以不使导线外皮变形为宜。装置侧接线完成后,应用扎带绑扎,力求整齐美观。

⑨ 供料单元的按钮指示灯模块按照端子接口的规定连接。

任务 4 设计并调试供料单元的 PLC 程序

1. 供料单元的编程思路

① 程序结构。有两个子程序,一个是系统状态显示,另一个是供料控制。主程序在每一扫描周期都调用系统状态显示子程序,仅当在运行状态已经建立后才可能调用供料控制子程序。

② PLC 通电后应首先进入初始状态的检查阶段,确认系统已经准备就绪后,才允许投入运行,这样可及时发现存在的问题,避免出现事故。例如,若两个气缸在通电和气源接入时不在初始位置,这是气路连接错误的缘故,显然在这种情况下不允许系统投入运行。通常的PLC 控制系统往往有这种常规的要求。

③ 供料单元运行的主要过程是供料控制,它是一个步进顺序控制过程。

④ 如果没有停止要求,顺序控制过程将周而复始地不断循环。常见的顺序控制系统正常停止要求是,接收到停止指令后,系统在完成本工作周期任务(即返回到初始步)后才停止下来。

⑤ 当料仓中最后一个工件被推出后,将发生缺料报警。推料气缸复位到位,亦即完成本工作周期任务后,也应停止下来。

按上述分析,编写图 1-35 所示的 OB1 主程序梯形图。

FC1 供料控制子程序采用步进顺序控制流程编写,如图 1-36 所示。其中的初始步 M20.0在主程序中被置位,即当系统准备就绪且接收到起动信号脉冲时被置位。

FC2 状态指示灯控制子程序如图 1-37 所示,分别对运行状态和报警状态进行状态监控。

2. 供料单元 PLC 程序的运行与调试

在设备通电之前,请检查确认电源无短路、断路现象,PLC、传感器供电电源正常。检查供料单元的初始状态是否满足要求,填写供料单元初态调试工作单,见表 1-8。

表 1-8 供料单元初态调试工作单

	调试内容	是	否	原因
1	顶料气缸是否处于缩回状态			
2	推料气缸是否处于缩回状态			
3	料仓内物料是否充足			
4	指示灯 HL1 状态是否正常			
5	指示灯 HL2 状态是否正常			

```
%M1.0                                                              %M5.0
"FirstScan"                                                      "初态检查"
  ┤├────┬───────────────────────────────────────────────────────( S )───
         │                                                        %M2.0
         │                                                      "准备就绪"
         ├───────────────────────────────────────────────────────( R )───
         │                                                        %M3.0
         │                                                      "运行状态"
         ├───────────────────────────────────────────────────────( R )───
         │                                                        %M20.0
         │                                                      "初始步"
         └───────────────────────────────────────────────────────( R )───

 %I0.1       %I0.3       %I0.5       %M5.0       %M3.0       %M2.0       %M2.0
"顶料复位"  "推料复位"  "物料不足"  "初态检查"  "运行状态"  "准备就绪"  "准备就绪"
  ┤├────────┤├─────────┤├─────┬──────┤├──────────┤/├─────────┤/├──────────( S )───
                                │                 %M3.0       %M2.0       %M2.0
                                │               "运行状态"  "准备就绪"  "准备就绪"
                                └──┤NOT├──────────┤/├──────────┤├──────────( R )───

 %I1.3       %M3.0       %M2.0       %M2.2       %M3.0
"起动按钮"  "运行状态"  "准备就绪"  "供料不足"  "运行状态"
  ┤├─────────┤/├─────────┤├─────────┤/├─────┬─────( S )───
                                             │     %M20.0
                                             │    "初始步"
                                             └─────( S )───

 %I1.2       %M3.0       %M3.1                   %M3.1
"停止按钮"  "运行状态"  "停止指令"              "停止指令"
  ┤├─────────┤├─────────┤/├───────────────────────( S )───

 %M3.0       ┌───────────┐
"运行状态"   │   %FC1    │
  ┤├─────────┤EN      ENO├──────────────────────────────────
             └───────────┘

 %M3.1                               %M20.0      %M3.0
"停止指令"                          "初始步"    "运行状态"
  ┤├───────────────────────────┬──────┤├────────┤RESET_BF├──
                               │                    2
 %M3.0       %M2.1       %I0.4 │                  %M20.0
"运行状态"  "缺料报警"  "出料检测"                "初始步"
  ┤├─────────┤├─────────┤/├────┘                  ( R )───

 ┌───────────┐
 │   %FC2    │
 ┤EN      ENO├──────────────────────────────────────────────
 └───────────┘
```

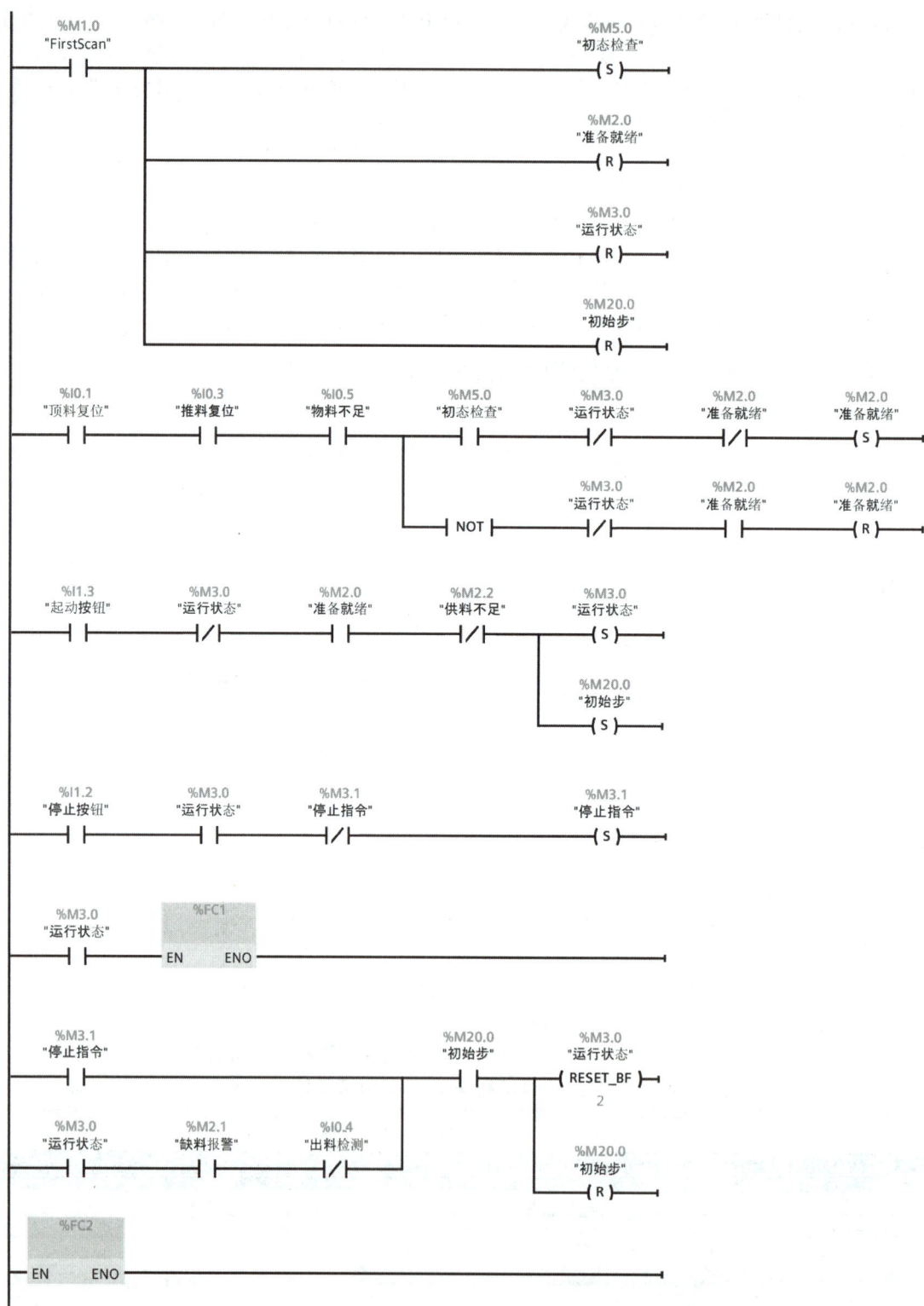

图 1-35　OB1 主程序

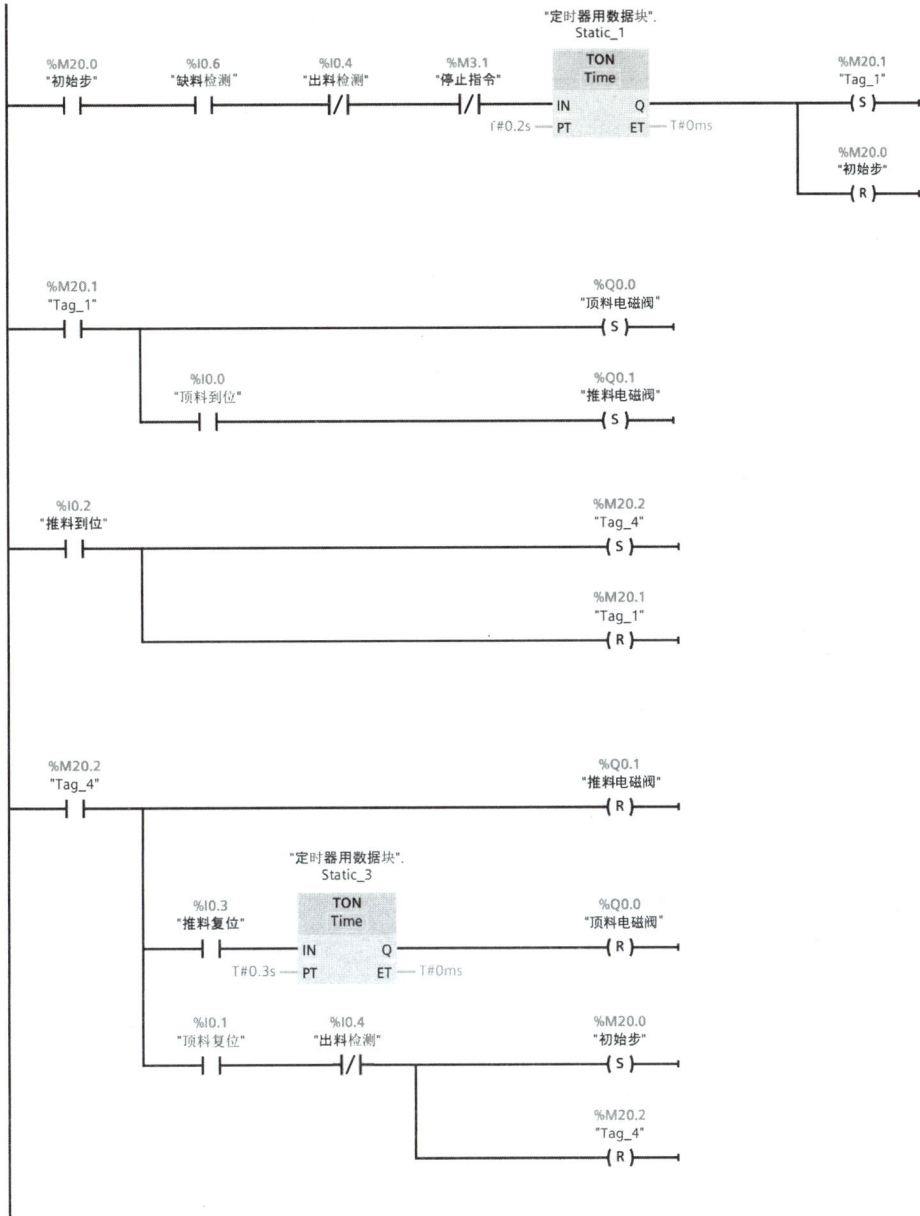

图 1-36　FC1 供料控制子程序

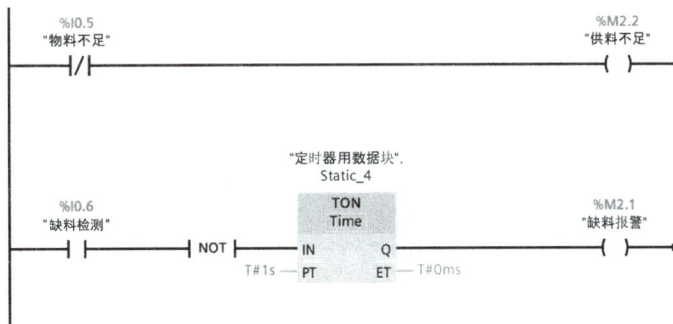

图 1-37　FC2 状态指示灯控制子程序

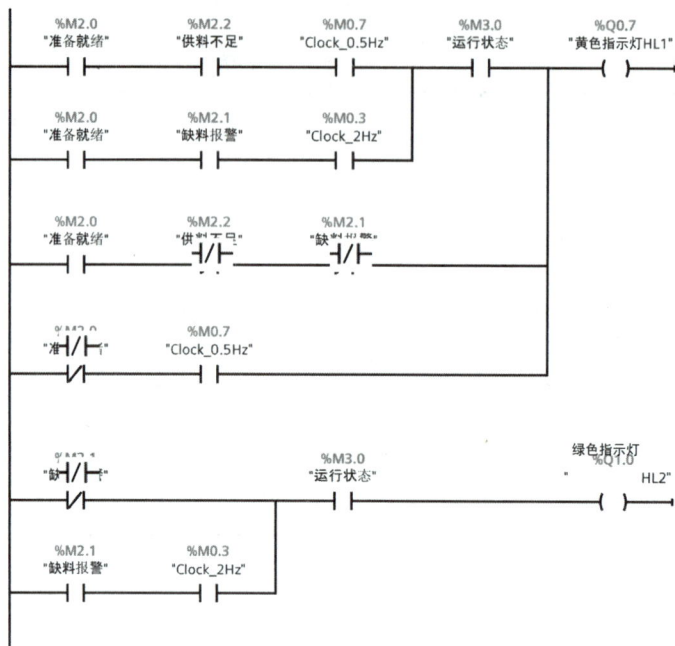

图 1-37　**FC2 状态指示灯控制子程序**（续）

在调试过程中，仔细观察执行机构的动作是否正确，运行是否合理，并做好实时记录（见表 1-9），作为分析的依据，来分析程序可能存在的问题。

表 1-9　供料单元运行状态调试工作单

起动按钮按下后				
	调试内容	是	否	原因
1	指示灯 HL1 是否点亮			
2	指示灯 HL2 是否常亮			
3	物料台有料时	顶料气缸是否动作			
		推料气缸是否动作			
4	物料台无料时	顶料气缸是否动作			
		推料气缸是否动作			
5	料仓内物料不足时	HL1 指示灯是否闪烁（0.5Hz）			
		HL2 指示灯保持常亮			
6	料仓内没有工件时	HL1 指示灯是否闪烁（2Hz）			
		HL2 指示灯是否闪烁（2Hz）			
7	料仓没有工件时，供料动作是否继续			
停止按钮按下后				
	停调试内容	是	否	原因
1	指示灯 HL1 是否常亮			
2	指示灯 HL2 是否熄灭			
3	工作状态是否正常			

1.5　总结与评价

1.5.1　供料单元知识图谱

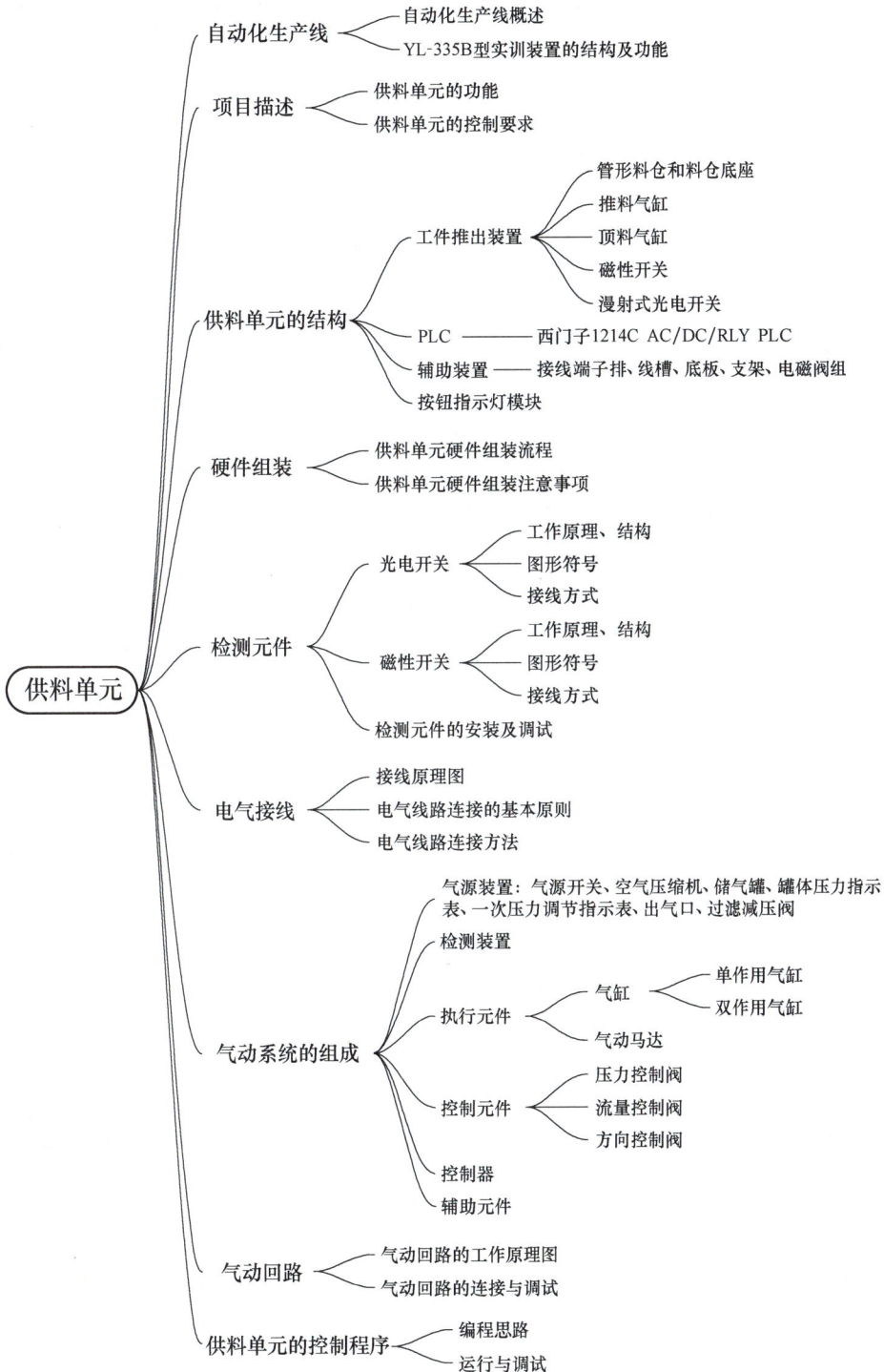

供料单元
- 自动化生产线
  - 自动化生产线概述
  - YL-335B型实训装置的结构及功能
- 项目描述
  - 供料单元的功能
  - 供料单元的控制要求
- 供料单元的结构
  - 工件推出装置
    - 管形料仓和料仓底座
    - 推料气缸
    - 顶料气缸
    - 磁性开关
    - 漫射式光电开关
  - PLC —— 西门子1214C AC/DC/RLY PLC
  - 辅助装置 —— 接线端子排、线槽、底板、支架、电磁阀组
  - 按钮指示灯模块
- 硬件组装
  - 供料单元硬件组装流程
  - 供料单元硬件组装注意事项
- 检测元件
  - 光电开关
    - 工作原理、结构
    - 图形符号
    - 接线方式
  - 磁性开关
    - 工作原理、结构
    - 图形符号
    - 接线方式
  - 检测元件的安装及调试
- 电气接线
  - 接线原理图
  - 电气线路连接的基本原则
  - 电气线路连接方法
- 气动系统的组成
  - 气源装置：气源开关、空气压缩机、储气罐、罐体压力指示表、一次压力调节指示表、出气口、过滤减压阀
  - 检测装置
  - 执行元件
    - 气缸
      - 单作用气缸
      - 双作用气缸
    - 气动马达
  - 控制元件
    - 压力控制阀
    - 流量控制阀
    - 方向控制阀
  - 控制器
  - 辅助元件
- 气动回路
  - 气动回路的工作原理图
  - 气动回路的连接与调试
- 供料单元的控制程序
  - 编程思路
  - 运行与调试

1.5.2 供料单元项目评价

参考表 1-10 中的评价指标，根据工艺和控制要求完成项目的自评、小组互评和教师评价。

表 1-10 供料单元项目评价表

评价内容及标准		分值	得分
通电前电路检查	1. 电线金属材料外露，导线端子连接处接线松动、不牢固或外露金属过长，每处扣 1 分	5	
	2. 电路接线没有绑扎或电路接线凌乱，每处扣 1 分	5	
	3. 线槽有没盖住、翘起或未完全盖住现象，每处扣 1 分	5	
通电前气路检查	4. 气路有漏气现象，每处扣 1 分	5	
	5. 节流阀调整不当(气缸运行过程中存在爬行或者冲击现象)，每处扣 1 分	5	
	6. 绑扎工艺工整美观，如有气管缠绕、绑扎变形现象，每处扣 1 分	5	
初始状态功能测试	7. 顶料气缸处于缩回状态	5	
	8. 推料气缸处于缩回状态	5	
	9. 料仓内物料充足	5	
	10. 物料台处于无料状态	5	
	11. 设备准备好后，"正常工作"指示灯 HL1 常亮；否则以 0.5Hz 频率闪烁	5	
运行过程功能测试	12. 按下起动按钮，系统起动，"设备运行"指示灯 HL2 常亮	5	
	13. 物料台无工件时，执行推出工件到物料台动作	5	
	14. 物料台工件被人工取走后，执行再次推出工件动作	5	
	15. 按下停止按钮，在本工作周期结束后停止工作，HL2 熄灭	5	
	16. 运行中料仓内工件不足时继续工作，HL1 以 0.5Hz 频率闪烁	5	
	17. 料仓内无工件时，HL1 和 HL2 以 2Hz 频率闪烁，工作单元停止	5	
	18. 向料仓内补足工件后，可重新起动运行	5	
职业素养	19. 小组内成员都能积极参与、相互沟通、配合默契	5	
	20. 场地清扫干净，工具、桌椅等摆放整齐	5	
合计		100	

1.6 供料单元的常见故障及其处理方法

供料单元装置侧的常见故障及其处理方法见表 1-11，PLC 侧的常见故障及其处理方法见表 1-12。

表 1-11 供料单元装置侧的常见故障及其处理方法

序号	常见故障	处理方法
1	电缆线接口接触不良	检查插针和插口情况
2	端子接线错误和接口接触不良	用万用表检查接口
3	电磁阀线圈电线接触不良	拆开接口维修
4	气管插口有漏气现象	重插或维修
5	调节阀关闭致气缸不动	调整气流量
6	磁性开关不检测	调整位置或检查电路
7	传感器不检测	调整灵敏度或检查电路
8	出料口传感器没反应	调整位置或检查电路

表 1-12　供料单元 PLC 侧的常见故障及其处理方法

序号	常见故障	处理方法
1	电缆线接口接触不良	检查插针和插口情况
2	接线端子排的输入和输出不正常	检查接线或端子接口
3	直流电源接线错误	用万用表测量
4	开关电源不正常	检测交流输入和直流输出
5	PLC 工作电源故障	检查总电源输出
6	PLC 输入端子接触不良	检修端子或更换 PLC
7	熔丝熔断	检查或更换
8	PLC 输出端子接触不良	检修端子或更换 PLC
9	按钮指示灯模块端子接触不良	检查接线连接情况
10	指示灯、按钮不工作	拆开维修

1.7　拓展训练

设备通电和气源接通后，若工作单元的两个气缸满足初始位置要求，且料仓内有足够的待加工工件，物料台上没有工件，则"正常工作"指示灯 HL1 常亮，表示设备准备好。否则，该指示灯以 1Hz 频率闪烁。

确认设备已准备好后，按下起动按钮 SB1，工作单元将处于起动状态，"正常运行"指示灯 HL2 常亮。这时按一下推料按钮 SB2，表示有供料请求，设备应执行把工件推到物料台上的操作。每当工件被推到物料台上时，"推料完成"指示灯 HL3 亮；若推出的工件是金属工件，则"推料完成"指示灯 HL3 以 1Hz 频率闪烁，直到物料台上的工件被人工取出后 HL3 熄灭。工件被取出后，再按按钮 SB2，设备将再次执行推料操作。

若在运行中料仓内工件不足，则工作单元继续工作，但"正常工作"指示灯 HL1 以 1Hz 频率闪烁。若料仓内没有工件，则指示灯 HL1 和 HL2 均以 2Hz 频率闪烁，设备在本次推料操作完成后停止，除非向料仓内补充足够的工件，否则工作站不能再起动。

1.8　思考提升

一、选择题

1. (　　) 又称为接近开关，是一种采用非接触式检测、输出开关量的传感器。

A. 开关量传感器　　B. 数字量传感器　　C. 模拟量传感器　　D. 磁电式传感器

2. 在自动化设备中，(　　) 主要与内部活塞或活塞杆上安装有磁环的各种气缸配合使用，用于检测气缸等执行元件的两个极限位置。

A. 磁性开关　　　　B. 光电开关　　　　C. 电感式传感器　　D. 电容式传感器

3. 按照光接收器接收光的方式不同，光电开关可分为 (　　) 3 种。这 3 种形式光电开关的检测原理和方式有所不同。

A. 对射式　　　　　B. 反射式　　　　　C. 漫射式　　　　　D. 折射式

4. 在气动系统中，(　　) 控制和调节压缩空气的压力、流量和流动方向，以保证执行元件具有一定的输出力和速度，并按设计的程序正常工作。

A. 气压发生器　　　B. 执行元件　　　　C. 控制元件　　　　D. 辅助元件

二、判断题

1. 在非磁性体的活塞上安装一个永磁铁的磁环，这样就提供了一个反映气缸活塞位置的

磁场。而安装在气缸外侧的磁性开关则用来检测气缸活塞的位置，即检测活塞的运动行程。（　　）

2. 磁性开关的内部都具有过电压保护电路，即使磁性开关的引线极性接反，也不会使其烧坏，只是不能正常检测了。（　　）

3. 反射式光电开关的光发射器与光接收器为一体式结构，在其相对的位置上安置一个反射镜，光发射器发出光，以反射镜的反射光线是否被光接收器接收来判断有无物体。（　　）

4. 在气动系统中，控制元件是一种将压缩空气的压力能转化为机械能，实现直线、摆动或者回转运动的传动装置。（　　）

5. 流量控制阀在气动系统中通过改变阀的开度来实现对流量的控制，以达到控制气缸运动速度、控制换向阀的切换时间和气动信号传递速度的目的。（　　）

6. 电磁阀按阀切换通道数目的不同可以分为二通阀、三通阀、四通阀和五通阀，按阀芯工作位置数目的不同又分为二位阀和三位阀。（　　）

三、思考题

1. 请寻找你身边的传感器，并简单描述一下其工作原理、结构及实现的功能。

2. 在供料单元正常执行过程中，如果料仓中仅剩最后一个工件，供料过程是否能够正常运行？若不能正常运行，应怎样解决？

3. 若供料单元料仓内物料充足，气缸都处于缩回状态，初始条件满足，但是故障指示灯一直在闪烁，可能是什么原因？

4. 供料单元在正常运行过程中，PLC有输出信号，但是顶料电磁阀得电却不动作，分析可能的原因。

项目2

自动化生产线加工单元设计与调试

【课前导语】

匠心付出，雕琢航天的中国精度

探索太空，"克克"计较，失之毫厘，谬以千里。中国在探索宇宙的过程中走出了一条自主创新的腾飞路，创造了航天领域的中国精度。在这成绩的背后，承载着许多"邹峰"们的匠心付出。邹峰钻研数控机床已经有30多年，他所在的数控车间主要负责火箭点火起动时的安全机构。安全机构因结构复杂和加工精度高，是国内外公认的加工难题，其壁薄、多型腔，精度在0.001mm级，同轴度在0.003mm以内，均不及头发丝直径的十分之一。尤其是安全机构上深盲孔的内腔加工，几乎是"盲雕"。对于爱钻研的邹峰来说，这是一次"有趣"的挑战。邹峰很快进入了"疯魔"状态，走路、吃饭、上厕所，甚至连睡觉的时候，都成了他的思考时间。他自行设计刀具，优化工艺方案，修改数控程序，自制深镗刀具……最后采用"三把刀接力法"，邹峰将深孔加工的难题攻克，所有精度公差均达到0.001mm。这一绝活也让邹峰成为该零件的首席加工者，被誉为导弹的"护心使者"。

【知识目标】

➢ 熟悉加工单元的结构及工作过程。
➢ 掌握薄型气缸、气动手爪等基本气动元件的工作原理、结构及应用。
➢ 掌握直线导轨的安装方法。

【能力目标】

➢ 能够正确组装加工单元的机械部分。
➢ 能够正确安装光电开关、磁性开关等检测元件并接线调试。
➢ 能够绘制加工单元气动回路的工作原理图，并正确安装和调试气动元件。
➢ 能够设计加工单元的电气接线图，并正确连接线路。
➢ 能够编写加工单元的PLC控制程序，并下载调试。

【素养目标】

➢ 培养学生精益求精的工匠精神。
➢ 培养学生勤学苦练的劳动精神。

2.1 项目准备

任务1 认识加工单元的结构

加工单元的功能是把待加工工件移送到加工区域冲压气缸的正下方，完成对工件的冲压加工，然后把加工好的工件重新送回。加工单元装置侧的主要结构组成为加工台及滑动机构、加工机构、电磁阀组、接线端子排组件、底板等。加工单元的机械结构如图2-1所示。

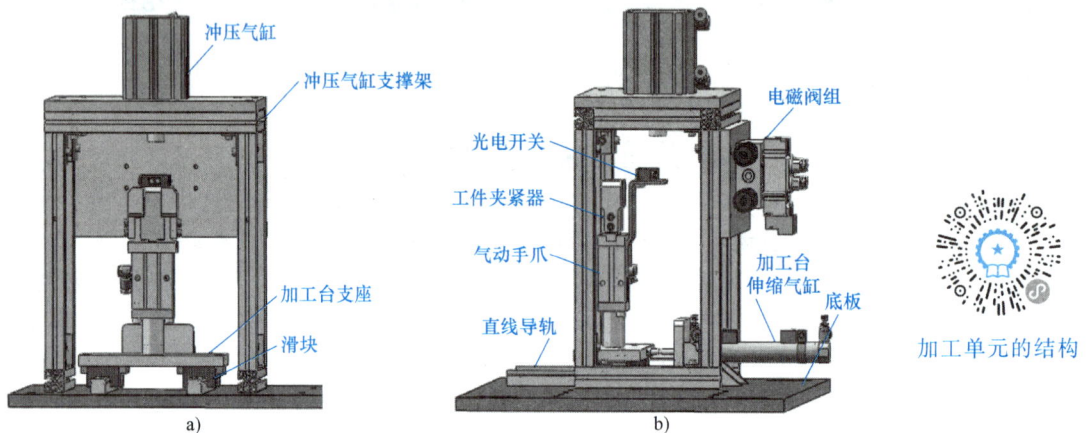

图 2-1　加工单元的机械结构
a）前视图　b）右视图

1. 加工台及滑动机构

加工台及滑动机构如图2-2所示。加工台用于固定被加工的工件，并把工件移到加工机构正下方进行冲压加工。它主要由气动手爪、加工台伸缩气缸、直线导轨及滑块、磁性开关、漫射式光电开关组成。

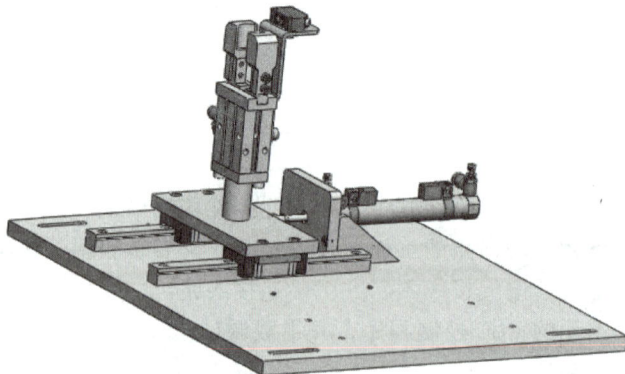

图 2-2　加工台及滑动机构

滑动加工台的工作过程：在系统正常工作后，滑动加工台的初始状态为伸缩气缸伸出，气动手爪张开。当输送机构把物料送到加工台上，物料检测传感器检测到工件后，PLC控制程序驱动气动手爪将工件夹紧→加工台回到加工区域冲压气缸下方→冲压气缸活塞杆向下伸出冲压工件→完成冲压动作后向上缩回→加工重新伸出→到位后气动手爪松开。按照该顺序完成工件加工工序后，向系统发出加工完成信号，同时为下一次工件到来做加工准备。

在滑动加工台上安装一个漫射式光电开关。若加工台上没有工件，则漫射式光电接近开关处于常态；若加工台上有工件，则漫射式光电开关动作，表明加工台上已有工件。该光电开关的输出信号送到加工单元 PLC 的输入端，用以判别加工台上是否有工件需进行加工。当加工过程结束，加工台伸出到初始位置。同时，PLC 通过通信网络，把加工完成信号回馈给系统，以协调控制。

滑动加工台上安装的漫射式光电开关仍选用内置的 E3Z-L63 型光电开关（细小光束型），该光电开关的原理、结构以及调试方法在前面已经介绍过了。

滑动加工台伸出和返回到位的位置是通过调整伸缩气缸上两个磁性开关的位置来定位的。要求缩回的位置位于加工冲头的正下方，伸出的位置应与输送单元的抓取机械手装置配合，确保输送单元的抓取机械手能顺利地把待加工工件放到加工台上。

2. 加工机构

加工机构如图 2-3 所示。加工机构用于对工件进行冲压加工。它主要由冲压气缸（薄型气缸）、冲压头、安装板等组成。

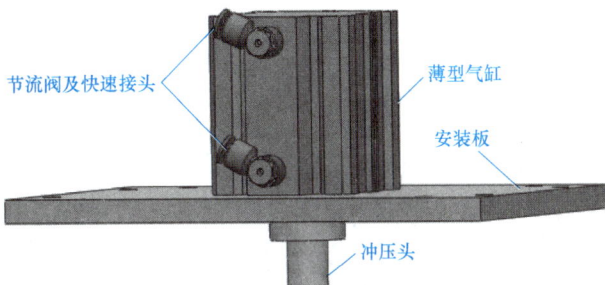

图 2-3 加工机构

冲压头的工作过程：当工件到达冲压位置时，即伸缩气缸活塞杆已缩回到位，冲压头伸出对工件进行加工，完成加工动作后冲压头缩回，并为下一次冲压做准备。

冲压头根据工件的要求对工件进行冲压加工，冲压头安装在冲压气缸头部。安装板用于安装冲压气缸，并对冲压气缸进行固定。

任务 2　认识加工单元的执行元件

加工单元所使用的相关传感器在项目1中已有介绍，此处不再赘述。这里只介绍加工单元中所用到的薄型气缸、气动手爪、直线导轨。

1. 薄型气缸

薄型气缸属于省空间气缸类，即气缸的轴向或径向尺寸比标准气缸有较大的减小。它具有结构紧凑、重量轻、占用空间小等优点。图 2-4 为薄型气缸实物。薄型气缸的特点是缸筒与无杆侧端盖压铸成一体，杆盖用弹性挡圈固定，缸体为方方。这种气缸通常用于固定夹具和搬运中固定工件等。薄型气缸用于冲压，主要是考虑其行程短的特点。

2. 气动手爪

气动手爪用于抓取并夹紧工件。气动手爪通常有滑动导轨型、支点开闭型和回转驱动型等工作方式。加工单元使用的是滑动导轨型气动手爪。气动手爪实物和工作原理如图 2-5 所示。从剖视图看出，当下口进气时，中间机构向上移动，气爪张开；当上口进气、下口排气时，中间机构向下移动，手爪夹紧。

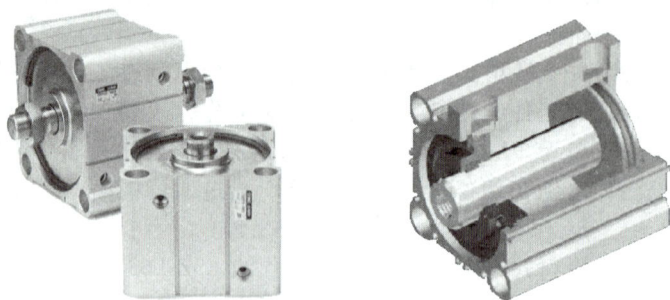

图 2-4　薄型气缸实物

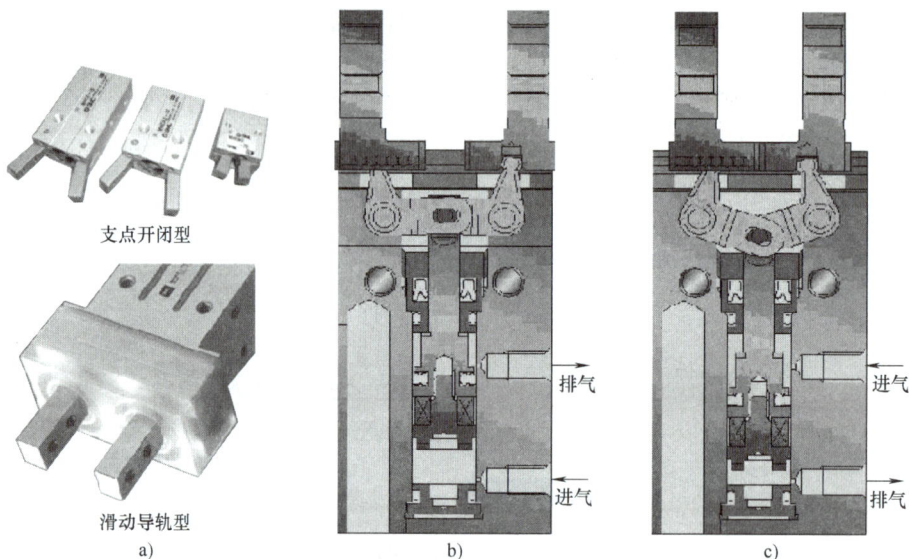

支点开闭型

滑动导轨型

a)　　　　　　　　　　　b)　　　　　　　　　　　c)

图 2-5　气动手爪实物和工作原理

a）气动手爪实物　b）气爪松开状态　c）气爪夹紧状态

3. 直线导轨

直线导轨又称为线轨、滑轨、线性导轨或线性滑轨，用于直线往复运动场合，拥有比直线轴承更高的额定负载，同时也可以承担一定的扭矩，可在高负载的情况下实现高精度的直线运动。直线导轨分为方形滚珠直线导轨、双轴芯滚轮直线导轨和单轴芯直线导轨。

直线导轨的作用是用来支撑和引导运动部件，使其按给定的方向做往复直线运动。根据摩擦性质，直线导轨可以分为摩擦导轨、弹性摩擦导轨、流体摩擦导轨。直线导轨主要用在精度比较高的机械结构上。它有两个基本元件：其一是作为导向的固定元件，另外一个是移动元件，两种元件之间不用中间介质，而是使用滚动钢珠。因为滚动钢珠适用于高速运动，摩擦因数小、灵敏度高，满足运动部件的工作要求。

直线导轨是一种滚动导引，由于钢珠在滑块与导轨之间做无限滚动循环，使得负载平台能沿着导轨以高精度做线性运动，其摩擦因数可降至传统滑动导引的1/50，使之能达到很高的定位精度。在直线传动领域中，直线导轨副一直是关键性产品，目前已成为各种机床、数控加工中心、精密电子机械中不可缺少的重要功能部件。

直线导轨副通常按照滚珠在导轨和滑块之间的接触牙型进行分类，主要有两列式和四列式两种。本书中提到的设备选用普通级精度的两列式直线导轨副，其接触角在运动中能保持不变，刚性也比较稳定。图 2-6a 是直线导轨副截面图，图 2-6b 是装配好的直线导轨副。

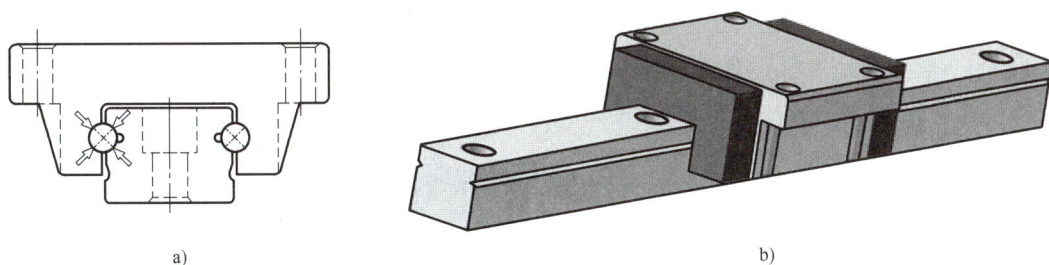

a)   b)

图 2-6 两列式直线导轨副

a）直线导轨副截面图　b）装配好的直线导轨副

2.2 项目描述

1. 加工单元的功能

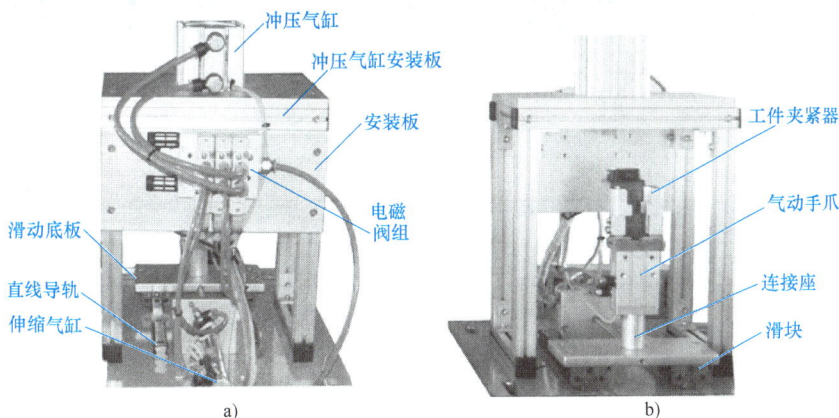

加工单元是工件处理单元之一，其对输送单元送来的工件进行模拟冲孔或冲压加工。加工单元的功能是完成把待加工工件移送到加工区域冲压气缸的正下方，完成对工件的冲压加工，然后把加工好的工件重新送回。加工单元的结构如图 2-7 所示。

加工单元的功能

a)   b)

图 2-7 加工单元的结构

a）背视图　b）前视图

2. 加工单元的控制要求

将加工单元按钮指示灯模块上的工作方式选择开关置于"单站方式"位置。加工单元的具体控制要求如下：

加工单元的控制要求

1）初始状态：设备通电和气源接通后，滑动加工台伸缩气缸处于伸出位置，加工台气动手爪处于松开状态，冲压气缸处于缩回位置，急停按钮没有按下。若设备在上述初始状态，则"正常工作"指示灯 HL1 常亮，表示设备已准备好，否则该指示灯以 1Hz 频率闪烁。

2）若设备已准备好，按下起动按钮，设备起动，"设备运行"指示灯 HL2 常亮。当待加工工件送到加工台上并被检出后，气动手爪将工件夹紧，送往加工区域进行冲压，完成冲压动作后返回待料位置的工件进入下一工序。如果没有停止信号输入，当再有待加工工件送到

加工台上时，加工单元又开始下一周期的工作。

3）在工作过程中，按下停止按钮，加工单元在完成本周期的动作后停止工作，指示灯HL2 熄灭。

4）当急停按钮按下时，本单元所有机构应立即停止运行，指示灯 HL2 以 1Hz 频率闪烁。当急停按钮复位后，设备从急停前的断点开始继续运行。

2.3 项目计划

在学习了前面的知识后，应对加工单元已经有了全面了解，为了有计划地完成本项目，要先做好任务分工和实施计划。

1. 任务分工和实施计划（见表 2-1）

5 人一组，组内成员要有明确分工，角色及职责安排如下：

负责人：担任小组组长，负责整个项目的统筹安排、成果汇报等工作。

调试员：负责 PLC 程序的设计与调试。

装配工：负责加工单元的机械部分、传感器、气路的安装，并配合调试员进行调试。

接线工：负责加工单元的电气接线，并配合调试员进行调试。

安全员：负责整个实施过程的操作规范及安全方面的监督，以及材料准备和资料整理。

表 2-1　加工单元项目的任务分工和实施计划

实施步骤	实施内容	完成人	计划完成时间	备注说明
1	根据控制要求准备材料			
2	安装机械部分、传感器、电磁阀			
3	气动回路设计、安装、调试			
4	电气线路设计及连接			
5	程序设计、编译及调试			
6	成果资料整理、总结汇报			

2. 所需材料和工具

在实施项目前，请按照材料和工具清单（见表 2-2）逐一检查加工单元所需的材料、工具是否齐全，并填好各种材料的规格及数量。

表 2-2　加工单元的材料和工具清单

工具	规格	数量	材料	规格	数量
内六角扳手			加工单元结构组件		
橡胶锤			光电开关		
螺丝刀			磁性开关		
斜口钳			电磁阀组		
尖嘴钳			PLC		
剥线钳					
压线钳					
万用表					
钟表螺丝刀					

2.4　项目实施

任务1　组装加工单元的机械部分

加工单元主要由控制系统和加工装置两部分组成。加工装置安装在工作台上，控制系统安装在工作台下方的抽屉中，装置侧的信号线通过接线端子排与控制系统相连，如图2-8所示。

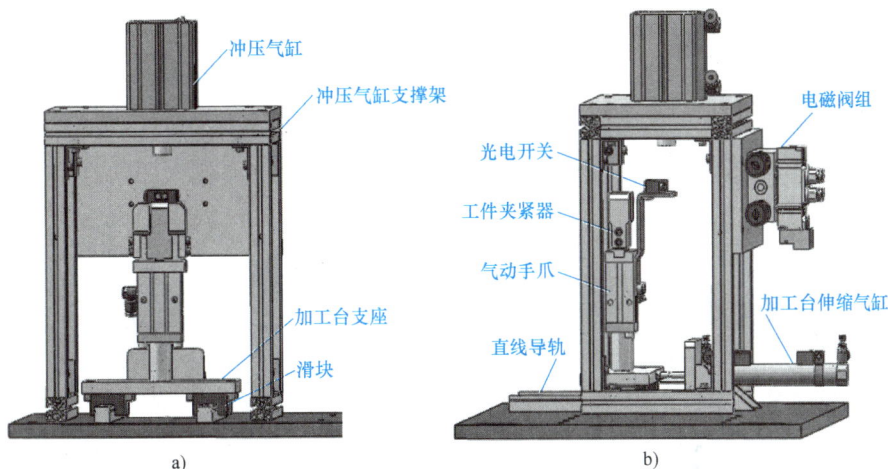

图2-8　加工单元的结构

a）前视图　b）右视图

控制系统（同供料单元的控制系统一样）的主要组成部分有直流开关电源、PLC、按钮指示灯模块盒、线槽、接线端子排等。其中，按钮指示灯模块盒上的器件包括：红、绿、黄指示灯各一只，红、绿常开按钮各一只，选择开关一只，急停按钮一只，接线端子排一块。

加工装置主要由滑动加工台组件（见图2-9）和加工机构组件（见图2-10）组成。滑动加工台用于固定被加工工件，并把工件移动到加工（冲压）机构正下方进行冲压加工。它主要由气动手爪、伸缩气缸、直线导轨及滑块、磁性开关和漫射式光电开关组成。

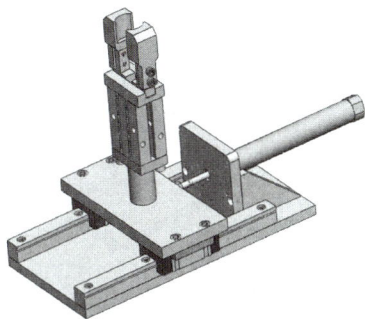

图2-9　滑动加工台组件

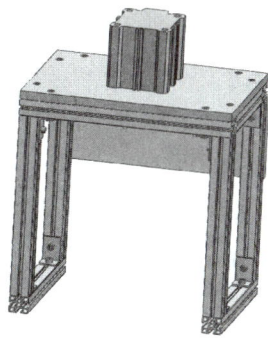

图2-10　加工机构组件

滑动加工台在系统正常工作后的初始状态为伸缩气缸伸出、气动手爪张开，当输送机构把工件送到加工台上，物料检测传感器检测到工件后，PLC 控制程序驱动气动手爪将工件夹紧，然后加工台缩回到加工区域冲压气缸下方，此时冲压气缸活塞杆向下伸出冲压工件，完成冲压动作之后向上缩回，加工台重新伸出，到位后气动手爪松开，完成工件加工工序，并向系统发出加工完成信号，为下一次工件加工做好准备。

在滑动加工台上安装一个漫射式光电开关。若加工台上没有工件，则漫射式光电开关处于常态；若加工台上有工件，则光电开关动作。该光电开关的输出信号送到加工单元 PLC 的输入端，用以判别加工台上是否有工件需要进行加工，加工过程结束后，加工台伸出到初始位置。

1. 加工单元的安装

加工单元的机械装配包括两部分：先是加工机构组件装配和滑动加工台组件装配，然后再进行总装。

具体安装示意图如图 2-11～图 2-13 所示，安装工作单见表 2-3。

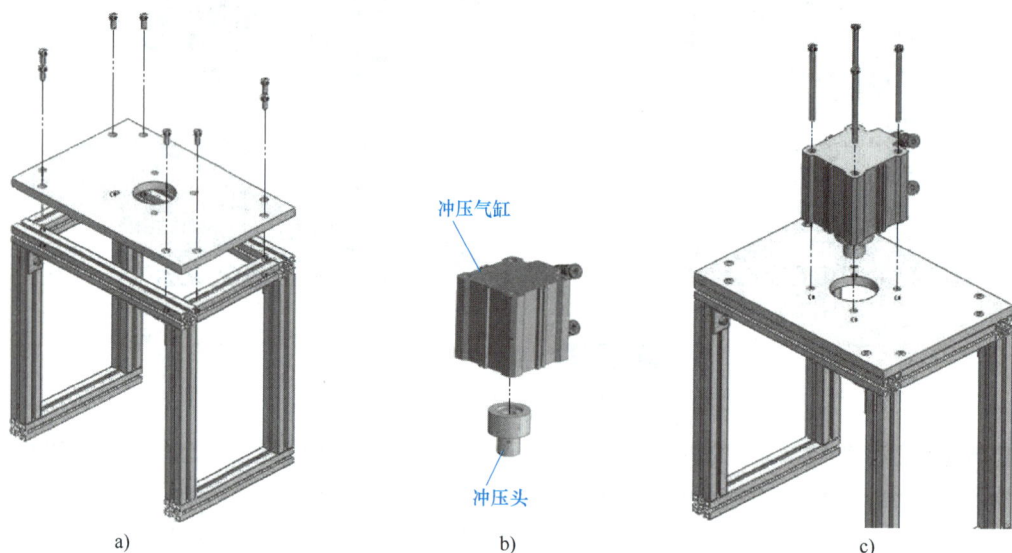

冲压气缸

冲压头

a) b) c)

图 2-11　加工机构组件装配

a）加工机构支撑架装配　b）冲压气缸及冲压头装配　c）冲压气缸安装到支撑架上

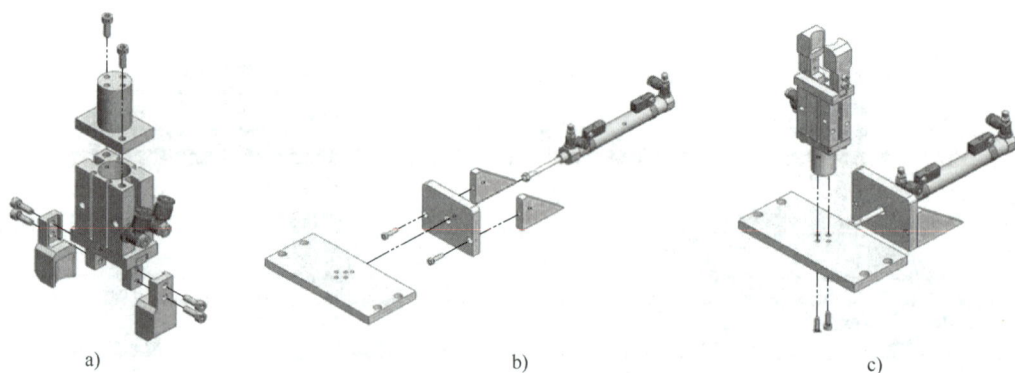

a) b) c)

图 2-12　滑动加工台组件装配

a）夹紧机构组装　b）滑动加工台组装　c）夹紧机构安装到滑动加工台上

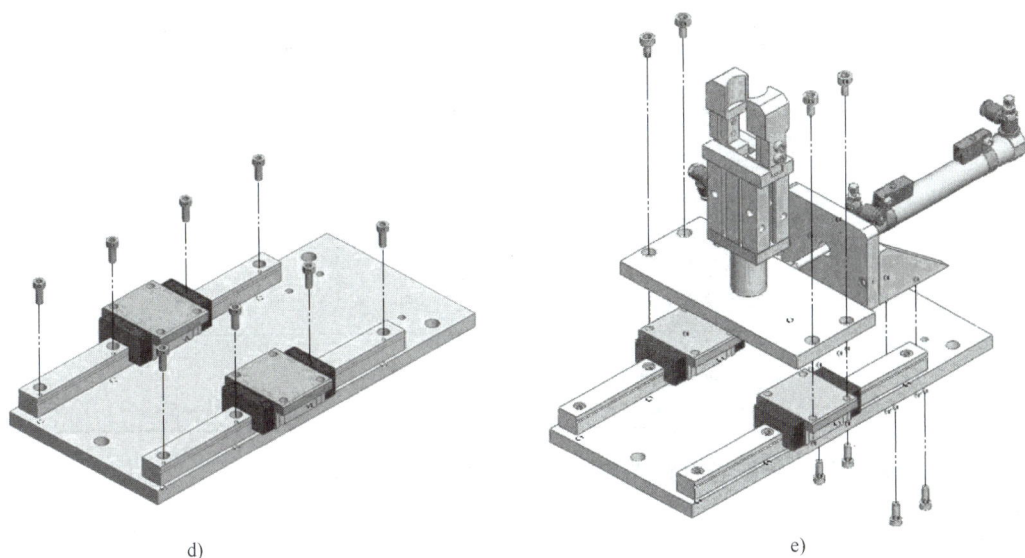

d)   e)

图 2-12   滑动加工台组件装配（续）

d）直线导轨组装   e）加工机构安装到直线导轨上

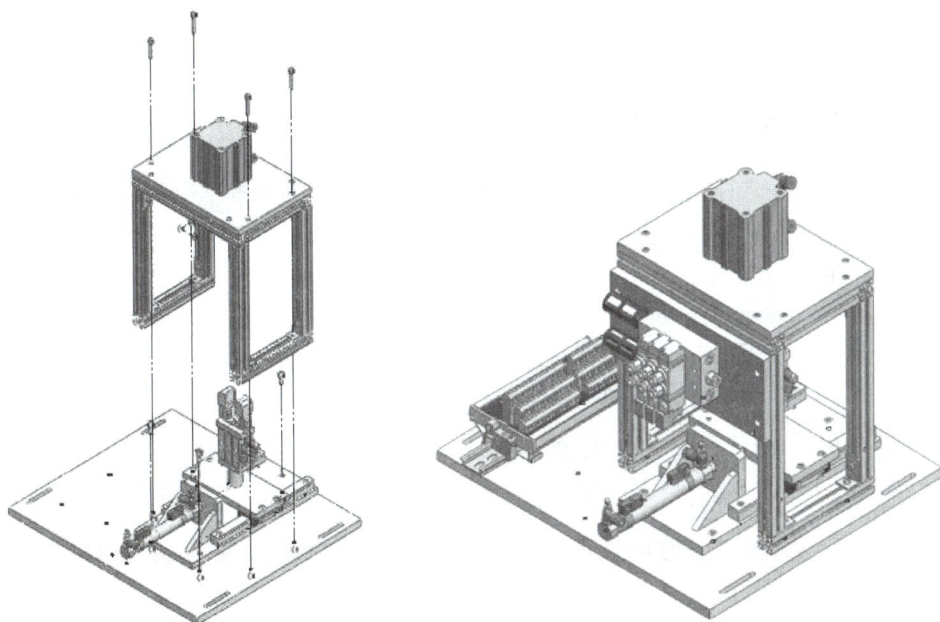

图 2-13   加工单元组件装配

表 2-3   加工单元机械安装工作单

安装步骤	计划时间	实际时间	工具	是否返工,返工原因及解决方法
加工台滑动机构的安装				
加工机构的安装				
支撑架的安装				
传感器的安装				
电磁阀组的安装				
整体安装				

（续）

调试过程	直线导轨是否平行：　　　是　　　否 原因及解决方法：	
	冲压头与工件中心是否对正：　　　是　　　否 原因及解决方法：	
	气路是否能正常换向：　　　是　　　否 原因及解决方法：	
	其他故障及解决方法：	

在完成以上各组件的装配后，首先将物料夹紧及运动送料部分和整个安装底板连接固定，再将铝合金支撑架安装在大底板上，最后将加工组件部分固定在铝合金支撑架上，即可完成加工单元的装配。

2. 加工单元安装时的注意事项

① 安装直线导轨副时应注意：要小心，轻拿轻放，避免磕碰以影响导轨副的直线精度；不要将滑块拆离导轨或超过行程又推回去。调整两直线导轨的平行时，要一边移动安装在两导轨上的安装板，一边拧紧固定导轨的螺栓。

② 如果加工组件部分的冲压头和加工台上工件的中心没有对正，可以通过调整推料气缸旋入两导轨连接板的深度来进行对正。

3. 加工单元机械部分的调试

① 导轨要灵活，否则调整导轨固定螺钉或滑板固定螺钉。安装直线导轨副要轻拿轻放，避免磕碰，以免影响导轨副的直线精度；不要将滑块拆离导轨或超过行程又推回去；要注意调整两直线导轨的平行度。

② 气缸位置要安装正确。如果冲压头和加工台上工件的中心没有对正，可以通过调整推料气缸旋入两导轨连接板的深度来进行调整。

③ 传感器位置和灵敏度要调整正确。

任务 2　设计并连接加工单元的气路

加工单元的物料夹紧气缸、加工台伸缩气缸和冲压气缸均分别用一个二位五通的带手控开关的单电控电磁阀控制，它们均安装在带有消声器的汇流板上，并分别对冲压气缸、物料夹紧气缸和加工台伸缩气缸的气路进行控制，以改变各自的动作状态。冲压气缸控制电磁阀所配的快速接头口径较大，这是由于冲压缸对气体的压力和流量要求比较高，其配套气管较粗。

电磁阀所带手控开关有锁定（LOCK）和开启（PUSH）两个位置。在进行设备调试时，使手控开关处于开启位置，可以使用手控开关对阀进行控制，从而实现对相应气路的控制，以改变冲压气缸等执行机构的控制方式，从而达到调试的目的。

加工单元气动回路的工作原理图如图2-14所示。

1B1 和 1B2 为安装在冲压气缸两个极限工作位置的磁性开关，2B1 和 2B2 为安装在加工台伸缩气缸两个极限工作位置的磁性开关，3B1 和 3B2 为安装在气动手爪工作位置的磁性开关。1Y、2Y 和 3Y 分别为控制冲压气缸、加工台伸缩气缸和物料夹紧气缸的电磁阀的电磁控制端。

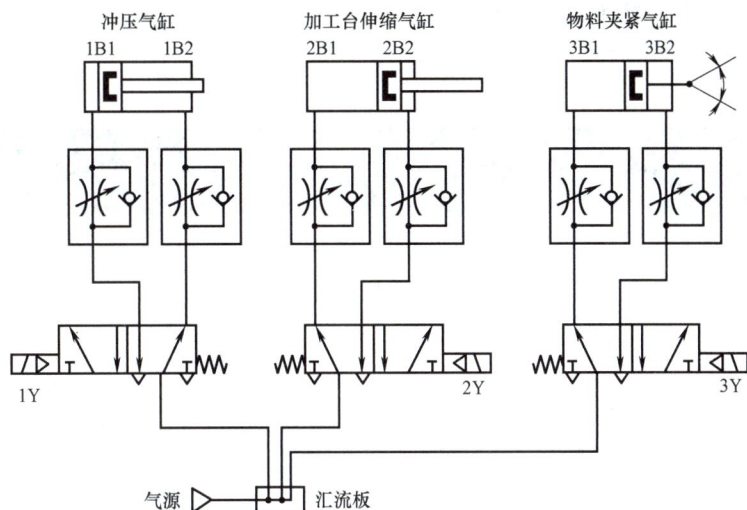

冲压气缸　　　加工台伸缩气缸　　　物料夹紧气缸
1B1　1B2　　　2B1　2B2　　　　3B1　3B2

1Y　　　　　　　　　　2Y　　　　　　　　3Y

气源　　　汇流板

图 2-14　加工单元气动回路的工作原理图

当气源接通时，加工台伸缩气缸的初始状态是在伸出位置，这一点在进行气路安装时应特别注意。

加工单元气路连接工作单见表2-4。

表 2-4　加工单元气路连接工作单

调试内容	是	否	不正确原因
气路连接是否有漏气现象			
物料夹紧气缸夹紧是否顺畅			
物料夹紧气缸松开是否顺畅			
加工台伸缩气缸伸出是否顺畅			
加工台伸缩气缸缩回是否顺畅			
冲压气缸下降是否顺畅			
冲压气缸提升是否顺畅			
备注			

任务 3　设计并连接加工单元的电路

1）加工单元装置侧接线端口信号端子的分配见表2-5。

表 2-5　加工单元装置侧接线端口信号端子的分配

输入端口中间层			输出端口中间层		
端子号	设备符号	信号线	端子号	设备符号	信号线
2	SC	物料检测	2	3Y	夹紧电磁阀
3	3B2	夹紧检测	3		
4	2B2	伸出到位	4	2Y	伸缩电磁阀
5	2B1	缩回到位	5	1Y	冲压电磁阀
6	1B1	冲压上限	6		
7	1B2	冲压下限	7		
8#~17#端子没有连接			6#~14#端子没有连接		

2）加工单元 PLC 选用 CPU 1214C AC/DC/RLY 主单元，共 14 点输入和 10 点输出。加工单元 PLC 的 I/O 分配见表 2-6，接线原理图如图 2-15 所示。

表 2-6　加工单元 PLC 的 I/O 分配

输入信号				输出信号			
序号	PLC 输入点	信号名称	信号来源	序号	PLC 输出点	信号名称	信号来源
1	I0.0	物料检测	装置侧	1	Q0.0	夹紧电磁阀	装置侧
2	I0.1	夹紧检测		2	Q0.1		
3	I0.2	伸出到位		3	Q0.2	伸缩电磁阀	
4	I0.3	缩回到位		4	Q0.3	冲压电磁阀	
5	I0.4	冲压上限		5	Q0.4		
6	I0.5	冲压下限		6	Q0.5		
7	I0.6			7	Q0.6		
8	I0.7			8	Q0.7	黄色指示灯 HL1	按钮指示灯模块
9	I1.0			9	Q1.0	绿色指示灯 HL2	
10	I1.1			10	Q1.1	红色指示灯 HL3	
11	I1.2	停止按钮	按钮指示灯模块				
12	I1.3	起动按钮					
13	I1.4	急停按钮					
14	I1.5	单机/全线					

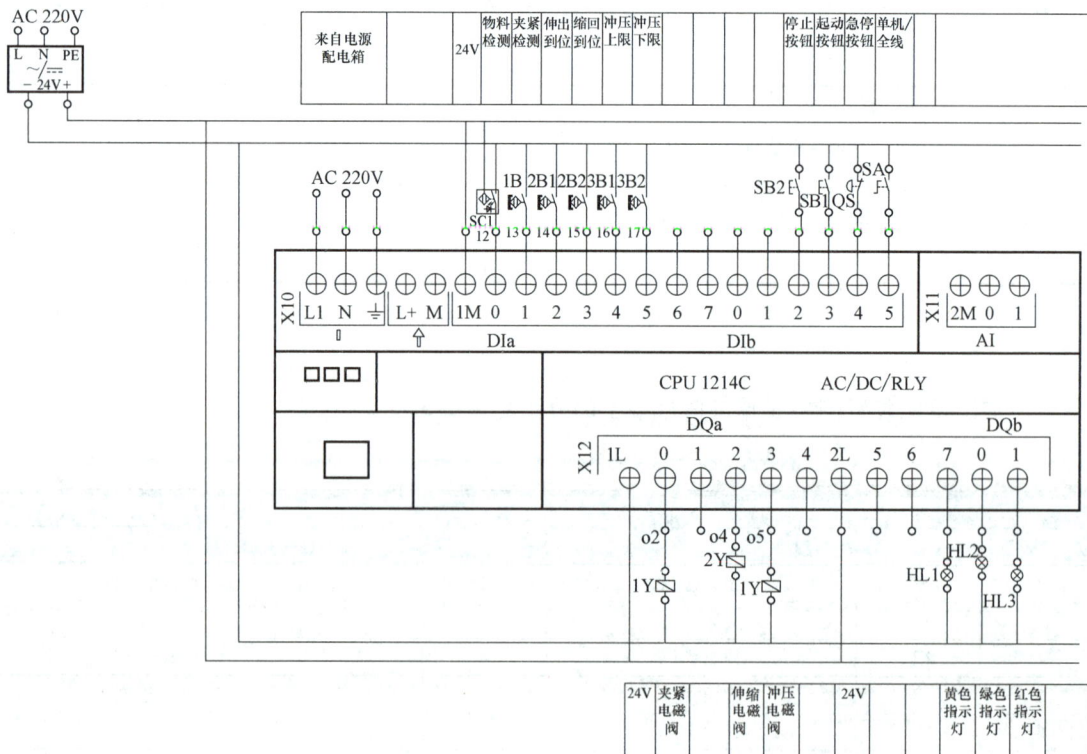

图 2-15　加工单元 PLC 的 I/O 接线原理图

连接完毕后填写加工单元电气线路安装与调试工作单，见表2-7。

表 2-7　加工单元电气线路安装及调试工作单

调试内容	正确	错误	原因
加工台物料检测			
工件夹紧检测			
加工台伸出到位检测			
加工台缩回到位检测			
冲压头上限检测			
冲压头下限检测			

任务 4　设计并调试加工单元的 PLC 程序

1. 加工单元的编程思路

加工单元主程序流程与供料单元类似，也是 PLC 通电后首先进入初始状态的检查阶段，确认系统已经准备就绪后，才允许接收起动信号投入运行。但加工单元工作任务中增加了急停功能，因此调用加工控制子程序的条件应该是"单元在运行状态"和"急停按钮未按"两者同时成立，如图 2-16 所示。

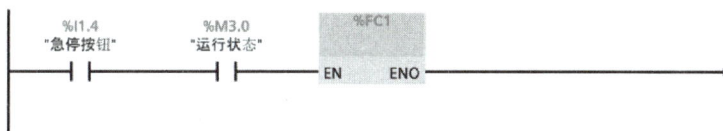

图 2-16　加工控制子程序调用

这样，当在运行过程中按下急停按钮时，立即停止调用加工控制子程序，但急停前当前步仍为置位状态，急停复位后，就能从断点开始继续运行。

加工过程也是一个顺序控制过程，其编程思路同供料单元类似，这里就不再赘述。由于指示灯控制程序比较简单，因此本项目直接将这段程序在主程序中体现。详细梯形图程序如图 2-17 和图 2-18 所示。

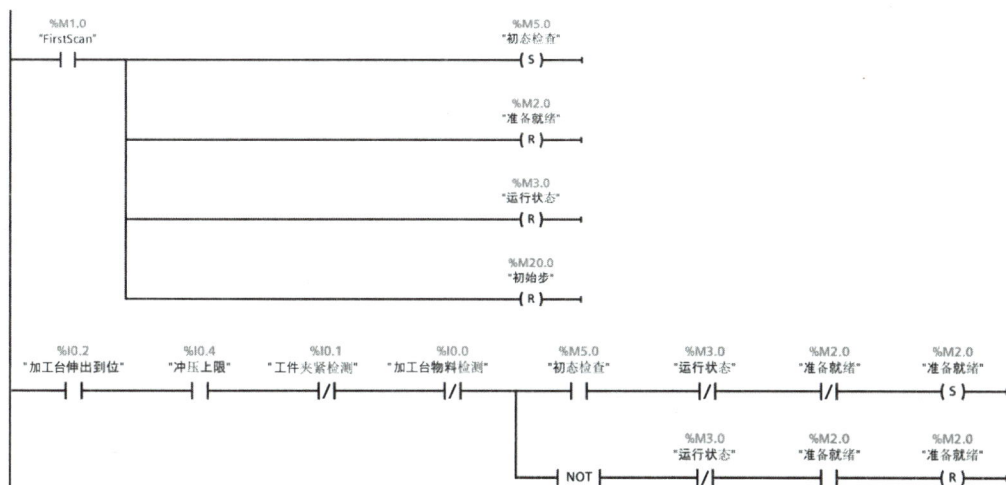

图 2-17　加工单元主程序

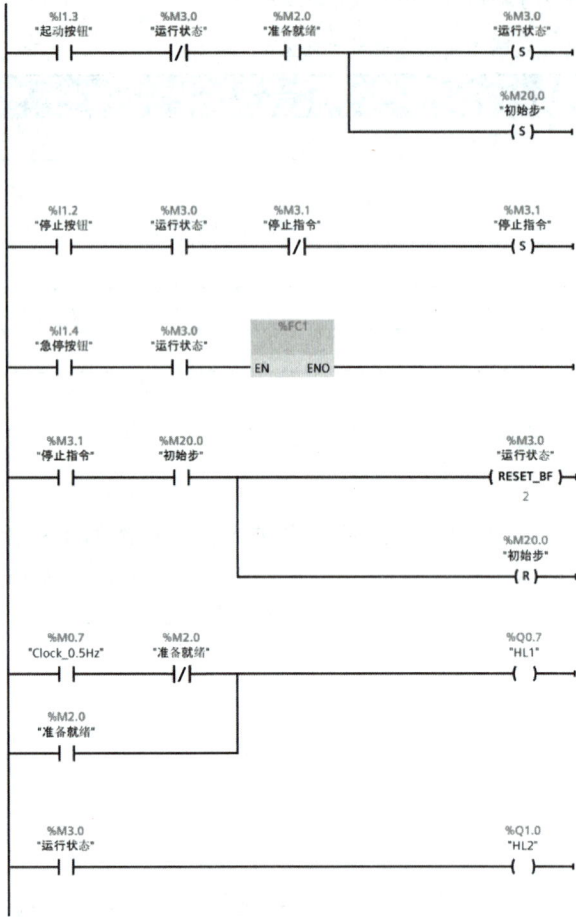

图 2-17 加工单元主程序（续）

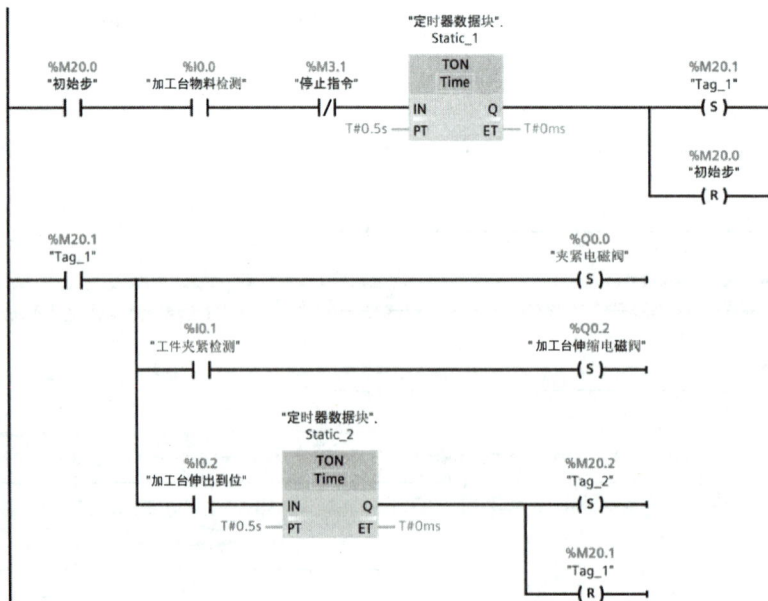

图 2-18 加工控制子程序

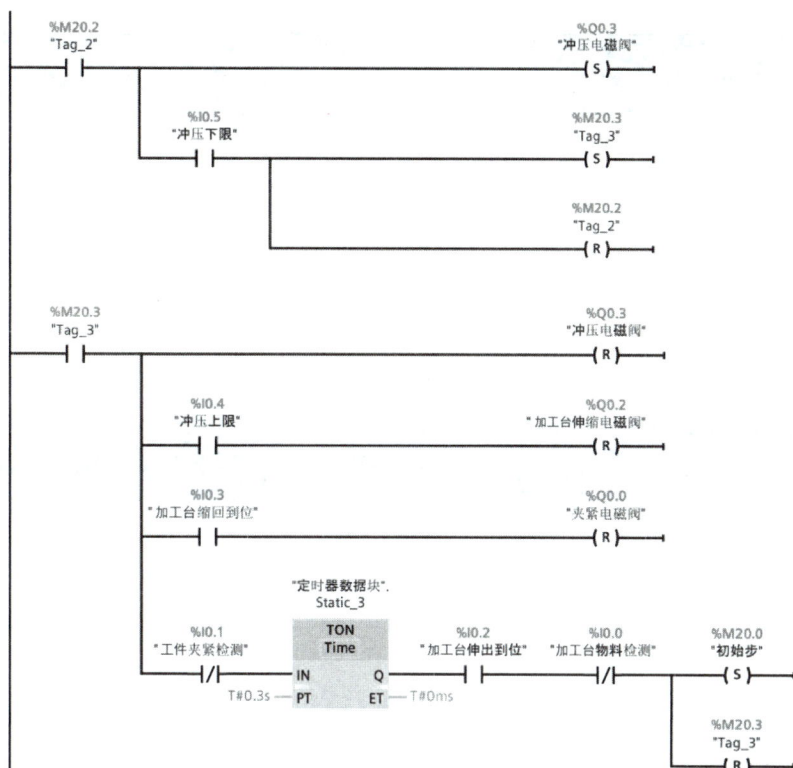

图 2-18 加工控制子程序（续）

从梯形图可以看到，当一个加工周期结束，只有加工好的工件被取走后，程序才能返回 M20.0 初始步，这就避免了重复加工的可能。

2. 加工单元 PLC 程序的调试

1）在下载及运行程序前，必须认真检查程序。

2）在调试编程之前先要检查加工单元的初始状态是否满足要求，并完成加工单元初态调试及运行状态调试工作单（见表 2-8 和表 2-9）。

表 2-8 加工单元初态调试工作单

	调试内容	是	否	原因
1	加工台是否处于无工件状态			
2	物料夹紧气缸是否处于松开状态			
3	加工台伸缩气缸是否处于伸出状态			
4	冲压气缸是否处于上限状态			
5	指示灯 HL1 状态是否正常			
6	指示灯 HL2 状态是否正常			

表 2-9 加工单元运行状态调试工作单

起动按钮按下后				
	调试内容	是	否	原因
1	指示灯 HL1 是否点亮			
2	指示灯 HL2 是否常亮			

（续）

起动按钮按下后					
	调试内容		是	否	原因
3	加工台无料时	物料夹紧气缸是否动作			
		加工台伸缩气缸是否动作			
		冲压气缸是否动作			
4	加工台有料时	物料夹紧气缸是否动作			
		加工台伸缩气缸是否动作			
		冲压气缸是否动作			
5	单个工作周期完成后是否循环				
停止按钮按下后					
	调试内容		是	否	原因
1	指示灯 HL1 是否常亮				
2	指示灯 HL2 是否熄灭				
3	工作状态是否正常				

2.5　总结与评价

2.5.1　加工单元知识图谱

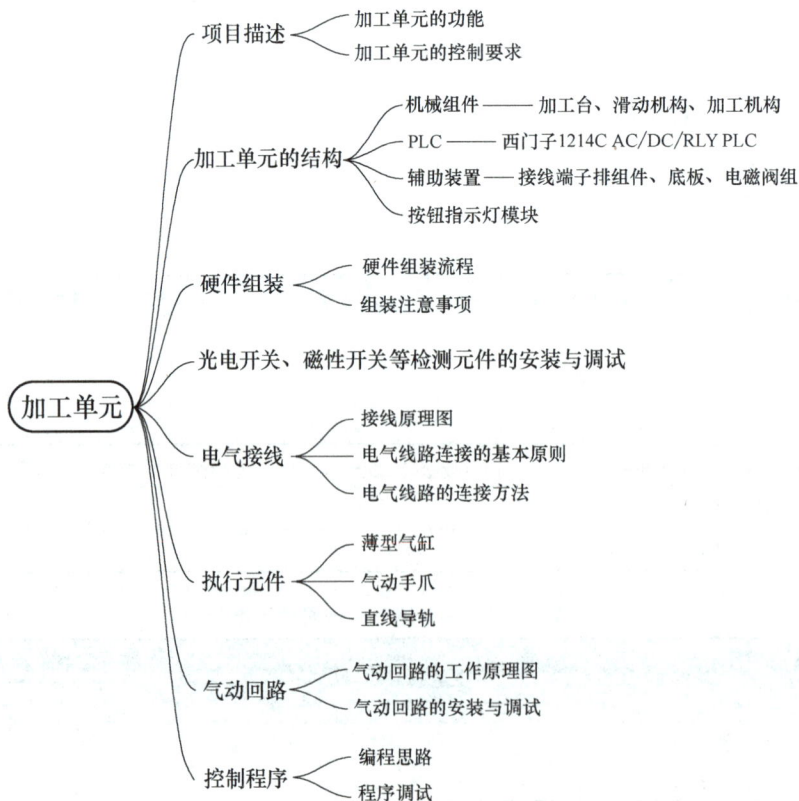

加工单元
- 项目描述
  - 加工单元的功能
  - 加工单元的控制要求
- 加工单元的结构
  - 机械组件 —— 加工台、滑动机构、加工机构
  - PLC —— 西门子1214C AC/DC/RLY PLC
  - 辅助装置 —— 接线端子排组件、底板、电磁阀组
  - 按钮指示灯模块
- 硬件组装
  - 硬件组装流程
  - 组装注意事项
- 光电开关、磁性开关等检测元件的安装与调试
- 电气接线
  - 接线原理图
  - 电气线路连接的基本原则
  - 电气线路的连接方法
- 执行元件
  - 薄型气缸
  - 气动手爪
  - 直线导轨
- 气动回路
  - 气动回路的工作原理图
  - 气动回路的安装与调试
- 控制程序
  - 编程思路
  - 程序调试

2.5.2 加工单元项目评价

参考表 2-10 中的评价指标，根据工艺和控制要求完成项目的自评、小组互评和教师评价。

表 2-10 加工单元项目评价表

评价内容及标准		分值	得分
通电前电路检查	1. 电线金属材料外露，导线端子连接处接线松动、不牢固或外露金属过长，每处扣 1 分	5	
	2. 电路接线没有绑扎或电路接线凌乱，每处扣 1 分	5	
	3. 线槽有没盖住、翘起或未完全盖住现象，每处扣 1 分	5	
通电前气路检查	4. 气路有漏气现象，每处扣 1 分	5	
	5. 节流阀调整不当(气缸运行过程中存在爬行或者冲击现象)，每处扣 1 分	5	
	6. 绑扎工艺工整美观，如有气管缠绕、绑扎变形现象，每处扣 1 分	5	
初始状态功能测试	7. 物料夹紧气缸处于松开状态	5	
	8. 加工台伸缩气缸处于伸出状态	5	
	9. 冲压气缸处于上限状态	5	
	10. 加工台处于无料状态	5	
	11. 设备准备好后，"正常工作"指示灯 HL1 常亮	5	
运行过程功能测试	12. 按下起动按钮，系统起动，"设备运行"指示灯 HL2 常亮	5	
	13. 加工台有工件时，执行夹紧工件动作	5	
	14. 工件被送往加工区域	5	
	15. 完成冲压动作后工件被送回到初始位置	5	
	16. 按下停止按钮，在本工作周期结束后停止工作，HL2 熄灭	5	
	17. 按下急停按钮，所有动作立即停止，HL2 以 1Hz 频率闪烁	5	
	18. 急停按钮复位后，设备从急停前的断点处开始继续运行	5	
职业素养	19. 小组内成员都能积极参与、相互沟通、配合默契	5	
	20. 场地清扫干净，工具、桌椅等摆放整齐	5	
合计		100	

2.6 加工单元的常见故障及其处理方法

PLC 侧故障情况及其处理方法与供料单元的情况基本相同，不再赘述，这里只介绍装置侧的常见故障及其处理方法，见表 2-11。

加工单元常见故障与处理方法

表 2-11 装置侧的常见故障及其处理方法

常见故障	处理方法
电缆线接口接触不良	检查插针和插口情况
端子接线错误和接口接触不良	用万用表检查接口
电磁阀线圈电线接触不良	拆开接口维修
气管插口有漏气现象	重插或维修

（续）

常见故障	处理方法
调节阀关闭致气缸不动	调整气流量
磁性开关不检测	调整位置或检查电路
传感器不检测	调整灵敏度或检查电路

2.7 拓 展 训 练

初始状态：设备通电和气源接通后，滑动加工台伸缩气缸处于伸出位置，加工台气动手爪处于松开状态，冲压气缸处于缩回位置，急停按钮没有按下。

若设备在上述初始状态，则"正常工作"指示灯 HL1 常亮，表示设备已准备好，否则该指示灯以 1Hz 频率闪烁。

当待加工工件送到加工台上并被检出后，指示灯 HL2 以 2Hz 频率闪烁。当按下起动按钮，气动手爪将工件夹紧，送往加工区域冲压，连续冲压三次后，滑动加工台再次伸出，将已加工的工件送出。如果没有停止信号输入，当下一个待加工工件送到加工台上时，再次按下起动按钮，加工单元又开始下一周期的工作。

2.8 思 考 提 升

一、选择题

1. 加工单元中用的冲压气缸是（　　）。

A. 直线气缸　　　　　B. 薄型气缸　　　　　C. 气动摆台　　　　　D. 气动手爪

2. 在加工单元中用到了急停按钮，其_____触点接到 PLC 输入点上，在程序中使用_____触点调用加工控制子程序。（　　）

A. 常闭　常开　　　　B. 常开　常闭　　　　C. 常闭　常闭　　　　D. 常开　常开

3. 加工单元用来检测有无待加工工件的传感器是（　　）。

A. 磁性开关　　　　　B. 电感式传感器　　　　C. 光电开关　　　　　D. 光纤传感器

4. 加工单元用来检测工件是否已夹紧的传感器是（　　）。

A. 磁性开关　　　　　B. 电感式传感器　　　　C. 电容式传感器　　　　D. 光纤传感器

5. 关于加工单元的功能描述正确的是（　　）。

A. 能将加工好的工件送到出料台上，供输送机械手抓取后运往下一个工作单元

B. 能实现将一个圆柱体形的芯体放入大工件中

C. 能实现一次冲压动作

D. 能实现一次切割动作

6. 下列操作与解决加工台滑动机构伸缩不顺畅故障相关的是（　　）。

A. 调整直线导轨的平衡度　　　　　　　　B. 调整气缸缩回节流阀

C. 调整气缸伸出节流阀　　　　　　　　　D. 调整气缸到位检测磁性开关

二、思考题

1. 电缆线路能否和气体管路位于同一个线槽内？给出答案并分析原因。

2. 出料台中放入黑色待加工工件，系统检测不到该工件，分析产生这一现象的可能原因。

3. 加工单元的伸缩气缸在运行过程中出现抖动，分析产生这一现象的可能原因。

4. 加工单元硬件准备就绪后，按下起动按钮，但系统不工作，分析其原因。

项目3

自动化生产线装配单元设计与调试

【课前导语】

"手脑并用"的装配工匠甘方超

如果将一架战机比作一个人，那么飞机的无数零部件就如同人的器官一样，每一个都有其独特的作用，任何一个零件出了问题都会影响到整体性能。中国航发动力股份有限公司飞机发动机装配修理钳工、高级技师甘方超将重任之下的压力转化为学习钻研的动力，更转化为精益求精的动力，将自己磨砺成了一位在装配工行业的工匠，在平凡的岗位上做出了不平凡的成就。有的人干活用手，有的人干活用脑，而甘方超是手脑并用，而且狠、稳、准。曾荣获中国航发职业技能竞赛装配钳工组（飞机发动机修理）第六名的张栋评价甘方超：心细、胆大、干活猛。凡是接到新任务，他总会认真熟悉工艺文件，了解质量标准，掌握工艺规范。因为干装配只有将工艺流程倒背如流、熟练掌握操作要领、认真执行作业标准，才能高质量完成发动机装配的每道工序。

【知识目标】

➢ 熟悉装配单元的结构及工作过程。
➢ 掌握气动摆台、导向气缸等基本气动元件的工作原理、结构及应用。
➢ 掌握光纤传感器的工作原理、结构及应用。
➢ 熟悉装配单元PLC控制程序的设计思路和技巧。

【能力目标】

➢ 能够正确组装装配单元的机械部分。
➢ 能够正确安装光纤传感器、光电开关、磁性开关等检测元件并接线调试。
➢ 能够绘制装配单元气动回路的工作原理图，并正确安装和调试气动元件。
➢ 能够设计装配单元的电气接线图，并正确连接线路。
➢ 能够编写装配单元的PLC控制程序，并下载调试。

【素养目标】

➢ 培养学生精益求精的工匠精神。
➢ 培养学生的团队意识和创新精神。

3.1 项 目 准 备

任务 1 认识装配单元的结构

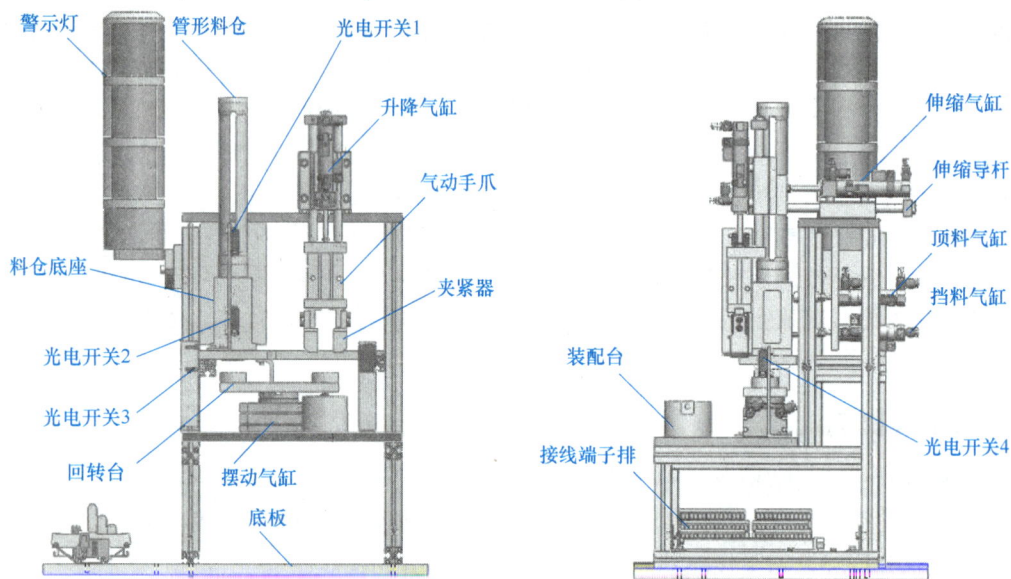

装配单元的功能是将该单元料仓中的黑色或白色小圆柱零件嵌入放置在装配料斗中的待装配工件中。

装配单元的结构组成包括管形料仓、供料机构、回转台、机械手、待装配工件的定位机构、气动系统及其阀组、信号采集及其自动控制系统，以及用于电气连接的接线端子排组件、用于整条生产线状态指示的警示灯、用于其他机构安装的铝型材支撑架及底板、传感器安装支架等其他附件。装配单元的机械结构如图 3-1 所示。

装配单元的结构

警示灯　管形料仓　光电开关1
升降气缸
气动手爪
伸缩气缸
伸缩导杆
料仓底座
夹紧器
顶料气缸
挡料气缸
光电开关2
光电开关3
装配台
回转台
接线端子排
光电开关4
摆动气缸
底板

图 3-1 装配单元的机械结构

任务 2 认识装配单元的检测元件

装配单元所使用的磁性开关、光电开关在项目 1 中已有介绍，不再赘述。这里只介绍装配单元中使用的光纤传感器。

光纤传感器由光纤检测头、放大器两部分组成，放大器和光纤检测头是彼此分离的两个部分，光纤检测头的尾端分成两条光纤，使用时分别插入放大器的两个光纤孔内。图 3-2 所示为光纤传感器的组成。

光纤传感器也是光电开关的一种。光纤传感器具有抗电磁干扰、可工作于恶劣环境、传输距离远、使用寿命

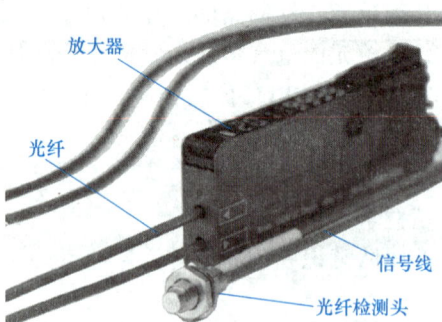

放大器
光纤
信号线
光纤检测头

光纤传感器

图 3-2 光纤传感器的组成

长等优点。此外，由于光纤检测头具有较小的体积，所以可以安装在很小的空间内。

光纤传感器的灵敏度调节范围较大。当光纤传感器灵敏度调得较小时，对于反射性较差的黑色物体，光电探测器无法接收到反射信号；而对于反射性较好的白色物体，光电探测器就可以接收到反射信号。若调高光纤传感器的灵敏度，则对于反射性较差的黑色物体，光电探测器也可以接收到反射信号。

图 3-3 所示为光纤传感器的放大器单元，调节其中部的 8 旋转灵敏度高速旋钮就能进行放大器灵敏度调节（顺时针旋转时灵敏度增大）。调节时，会看到入光量显示灯的发光变化。当探测器检测到物料时，动作显示灯会亮，提示检测到物料。

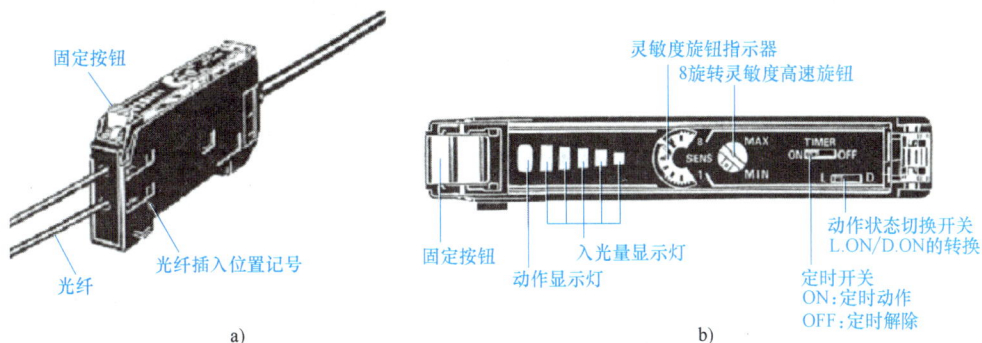

a)　　　　　　　　　　　　　　　　　b)

图 3-3　光纤传感器的放大器单元

a) 安装图　b) 俯视图

E3Z-NA11 型光纤传感器的电路结构框图如图 3-4 所示，接线时应注意根据导线颜色判断电源极性和信号输出线，切勿把信号输出线直接连接到电源+24V 端。

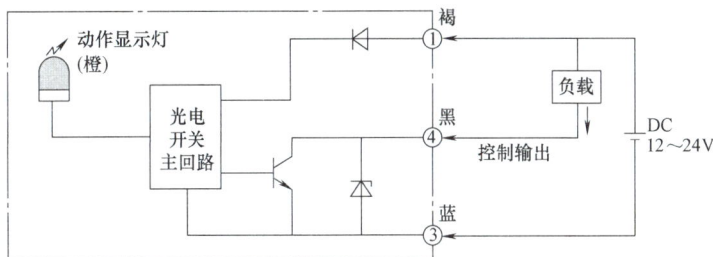

图 3-4　E3Z-NA11 型光纤传感器的电路结构框图

任务 3　认识装配单元的执行元件

装配单元所使用的气动执行元件包括标准直线气缸、气动手爪、气动摆台和导向气缸。前两种气缸在前面的项目中已有叙述，下面只介绍气动摆台和导向气缸。

1. 气动摆台

回转台的主要器件是气动摆台，它是由直线气缸驱动齿轮齿条实现回转运动的，而且可以安装磁性开关检测旋转到位信号，多用于方向和位置需要变换的机构，如图 3-5 所示。

气动摆台的摆动回转角度能在 0°~180°范围内任意可调。当需要调节回转角度或调整摆动位置精度时，应首先松开调节螺杆上的反扣螺母，通过旋入和旋出调节螺杆，从而改变回转凸台的回转角度。调节螺杆 1 和调节螺杆 2 分别用于左旋和右旋角度的调整。当调整好摆动角度后，应将反扣螺母与基体反扣锁紧，防止调节螺杆松动，造成回转精度降低。

回转到位的信号是通过调整气动摆台滑轨内的两个磁性开关的位置实现的。图 3-6 是磁性开关位置调整示意图。磁性开关安装在气缸体的滑轨内，松开磁性开关的紧固螺钉，磁性开关就可以沿着滑轨左右移动。确定开关位置后，旋紧紧固螺钉，即可完成位置的调整。

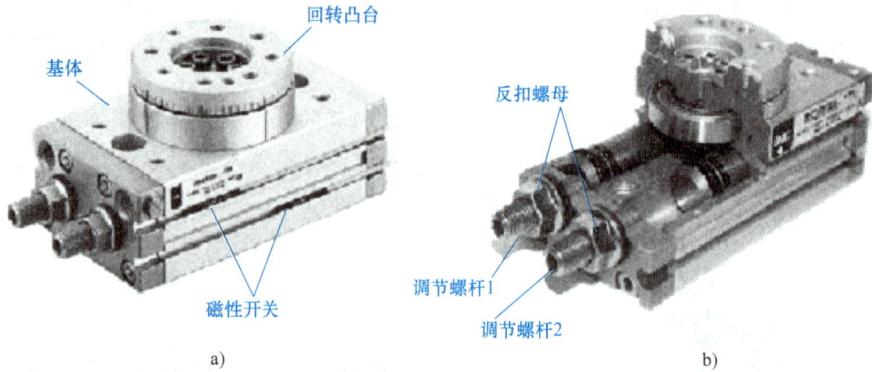

图 3-5 气动摆台
a）实物图 b）剖视图

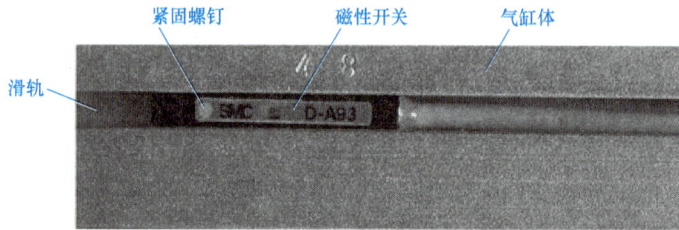

图 3-6 磁性开关位置调整示意图

2. 导向气缸

导向气缸是指具有导向功能的气缸，一般为标准气缸和导向装置的集合体。导向气缸具有导向精度高、抗扭转力矩大、承载能力强、工作平稳等特点。

装配单元用于驱动装配机械手水平方向移动的导向气缸的外形如图 3-7 所示。该气缸由直线气缸带双导杆和其他附件组成。

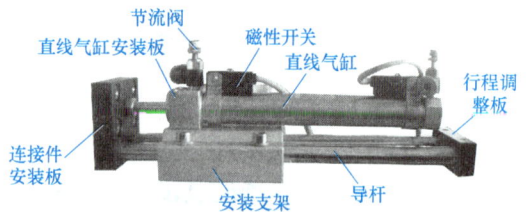

图 3-7 导向气缸的外形

安装支架用于导杆导向件的安装和导向气缸整体的固定。连接件安装板用于固定其他需要连接到该导向气缸上的物件，并将两导杆和直线气缸活塞杆的相对位置固定。当直线气缸的一端接通压缩空气后，活塞被驱动做直线运动，活塞杆也一起移动，被连接件安装板固定到一起的两导杆也随活塞杆伸出或缩回，从而实现导向气缸的整体功能。安装在导杆末端的行程调整板用于调整该导杆气缸的伸出行程，具体调整方法是松开行程调整板上的紧固螺钉，让行程调整板在导杆上移动，当达到理想的伸出距离以后，再完全锁紧紧固螺钉，完成行程的调节。

3.2 项目描述

1. 装配单元的功能

装配单元是自动化生产线中对工件进行处理的另一个工作单元，在整个系统中起着对输送单元送来的工件进行装配及小工件供料的作用,其实物图如图3-8所示。

装配单元的功能是将该单元料仓中的小圆柱零件嵌入放置在装配料斗中的待装配工件中。

装配单元
的功能

装配单元的
控制要求

2. 装配单元的控制要求

1)装配单元各气缸的初始位置:挡料气缸处于伸出状态,顶料气缸处于缩回状态,料仓内有足够的小圆柱零件;装配机械手的升降气缸处于提升状态,伸缩气缸处于缩回状态,手爪处于松开状态。

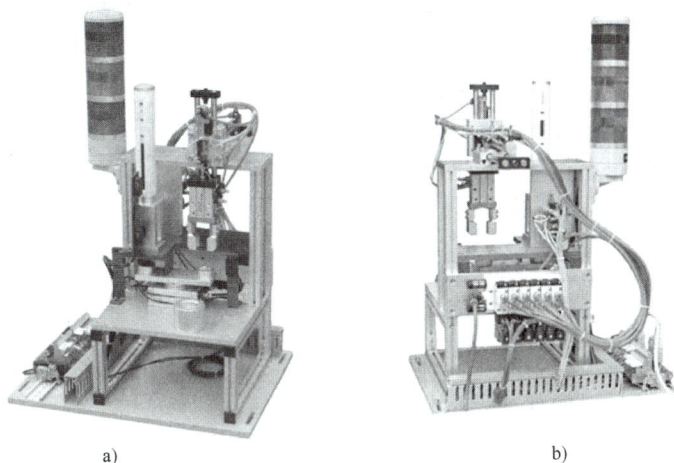

a)   b)

图3-8 装配单元的实物图
a)前视图 b)背视图

设备通电和气源接通后,若各气缸满足初始位置要求,且料仓上已经有足够的小圆柱零件,装配台上有待装配工件,则"正常工作"指示灯 HL1 常亮,表示设备准备好,否则该指示灯以 1Hz 频率闪烁。

2)若设备准备好,按下起动按钮,装配单元起动,"设备运行"指示灯 HL2 常亮。如果回转台上的左料盘内没有小圆柱零件,就执行下料操作;如果左料盘内有零件,而右料盘内没有零件,回转台执行回转操作。

3)如果回转台上的右料盘内有小圆柱零件且装配台上有待装配工件,执行装配机械手抓取小圆柱零件放入待装配工件中的操作。完成装配任务后,装配机械手应返回初始位置,等待下一次装配。

4)若在运行过程中按下停止按钮,则供料机构应立即停止供料,在装配条件满足的情况下,装配单元在完成本次装配后停止工作。

5)在运行中发生"零件不足"报警时,指示灯 HL3 以 1Hz 频率闪烁,HL1 和 HL2 常亮;在运行中发生"零件没有"报警时,指示灯 HL3 以亮 1s、灭 0.5s 的方式闪烁,HL2 熄灭,HL1 常亮。

3.3 项 目 计 划

在学习了前面的知识后,应对装配单元已有了全面的了解,为了有计划地完成本项目,要先做好任务分工和实施计划。

1. 任务分工和实施计划（见表3-1）

5人一组，组内成员要有明确分工，角色及职责安排如下：

负责人：担任小组组长，负责整个项目的统筹安排、成果汇报等工作。

调试员：负责PLC程序的设计与调试。

装配工：负责装配单元的机械部分、传感器、气路的安装，并配合调试员进行调试。

接线工：负责装配单元的电气接线，并配合调试员进行调试。

安全员：负责整个实施过程的操作规范及安全方面的监督，以及材料准备和资料整理。

表3-1　装配单元项目的任务分工和实施计划

实施步骤	实施内容	完成人	计划完成时间	备注说明
1	根据控制要求准备材料			
2	安装机械部分、传感器、电磁阀等			
3	气动回路设计、安装、调试			
4	电气线路设计及连接			
5	程序设计、编译及调试			
6	成果资料整理、总结汇报			

2. 所需材料和工具

在实施项目前，请按照材料和工具清单（见表3-2）逐一检查装配单元所需的材料、工具是否齐全，并填好各种材料的规格及数量。

表3-2　装配单元的材料和工具清单

工具	规格	数量	材料	规格	数量
内六角扳手			装配单元结构组件		
橡胶锤			光电开关		
螺丝刀			磁性开关		
斜口钳			光纤传感器		
尖嘴钳			电磁阀组		
剥线钳			PLC		
压线钳					
万用表					
钟表螺丝刀					

3.4　项目实施

任务1　组装装配单元的机械部分

装配单元是整个设备中所包含气动元件较多、结构较为复杂的单元，为了减小安装的难度和提高安装效率，在装配前应认真分析其结构组成，认真观看操作视频，参考规范的装配工艺，认真思考，做好记录。遵循先前的思路，先构成组件，再进行总装。首先，按图3-9所示装配小组件。

装配小零件供料组件　　　　装配回转台组件　　　　装配机械手组件

装配小零件料仓组件　　　　装配左支撑架组件　　　　装配右支撑架组件

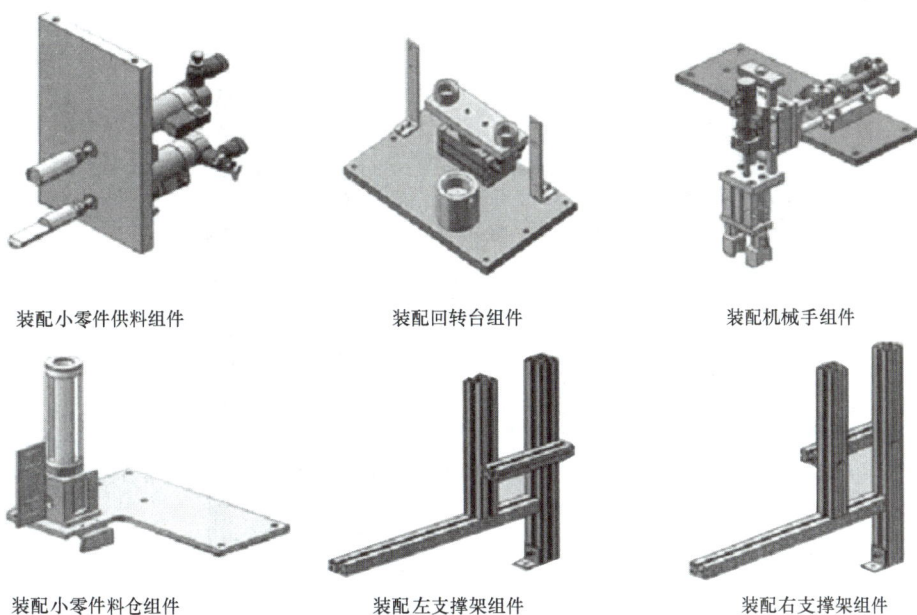

图 3-9　装配小组件

在完成以上组件的装配后，将与底板接触的型材放置在底板连接的螺纹之上，使用 L 形连接件和连接螺栓固定装配单元的型材支撑架，然后把图 3-9 中的组件逐个安装上去。具体操作顺序为：固定型材支撑架→装配回转台组件→装配小零件料仓组件→装配固定小零件分配机构→装配机械手组件→装配阀组安装板，如图 3-10 所示。

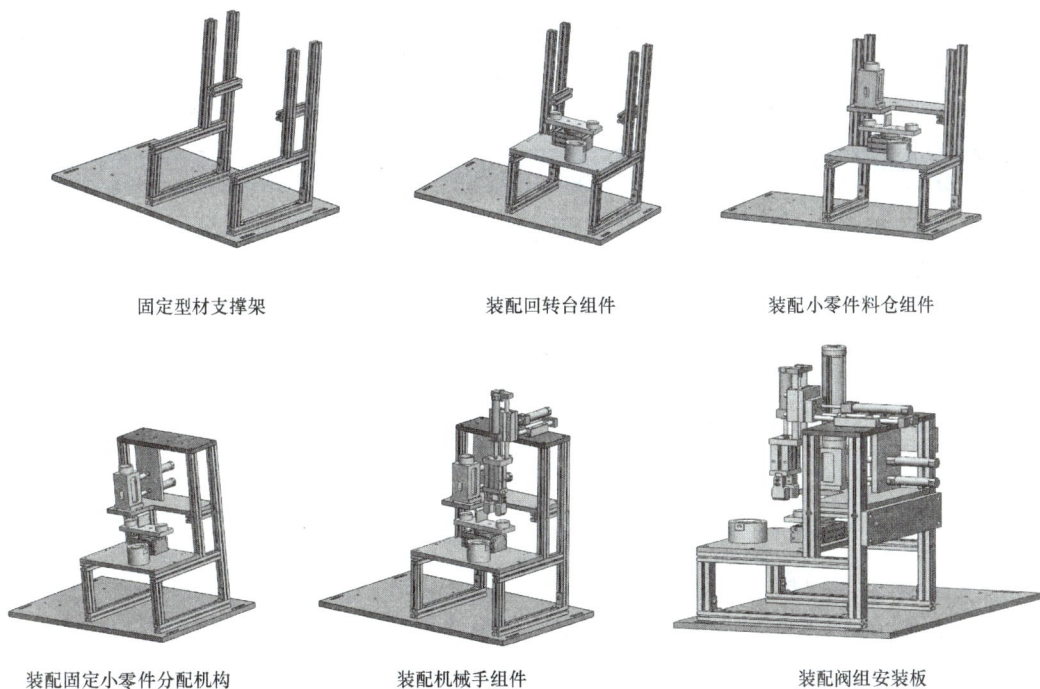

固定型材支撑架　　　　装配回转台组件　　　　装配小零件料仓组件

装配固定小零件分配机构　　　　装配机械手组件　　　　装配阀组安装板

图 3-10　整体安装

最后安装警示灯及各传感器，从而完成机械部分的装配，如图 3-11 所示，安装工作单见表 3-3。

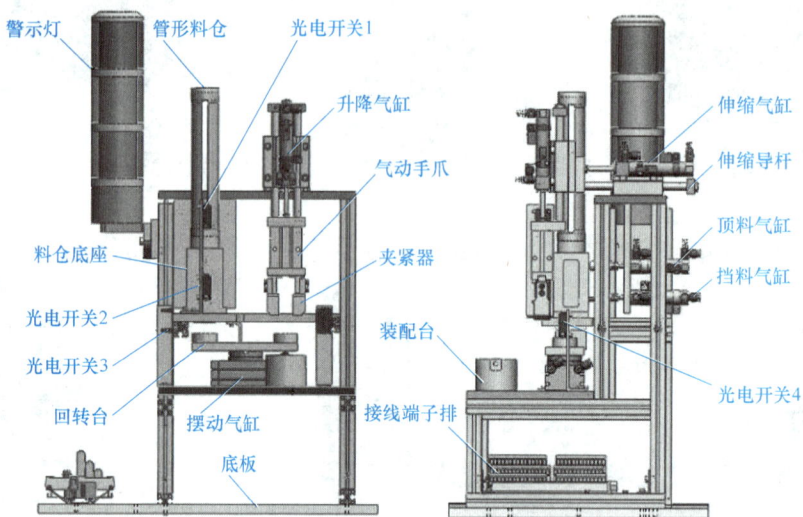

图 3-11 装配单元机械装配图

装配注意事项如下：

① 装配时要注意摆台的初始位置，以免装配完后摆动角度不到位。气缸摆台要调整到 180°，并且与回转台平行。

② 安装时，铝型材要对齐。

③ 导杆气缸行程要调整恰当。

④ 预留螺栓的放置数量一定要足够，以免造成组件之间不能完成安装。

⑤ 建议先进行装配，但不要一次拧紧各固定螺栓，待相互位置基本确定后，再依次进行调整固定。

表 3-3　装配单元机械安装工作单

安装步骤	计划时间	实际时间	工具	是否返工,返工原因及解决方法
落料支撑架的安装				
回转台的安装				
装配机械手的安装				
装配台料斗的安装				
警示灯的安装				
传感器的安装				
电磁阀组的安装				
整体安装				
调试过程	工件落料是否准确:　　是　　否 原因及解决方法:			
	回转台回转位置是否到位:　　是　　否 原因及解决方法:			

（续）

调试过程	机械手夹取零件是否准确： 是 否 原因及解决方法：
	零件嵌入工件位置是否有偏差： 是 否 原因及解决方法：
	传感器是否能正常检测： 是 否 原因及解决方法：
	气路是否能正常换向： 是 否 原因及解决方法：
	其他故障及解决方法：

任务 2 设计并连接装配单元的气路

装配单元的阀组由 6 个二位五通单电控电磁阀组成，如图 3-12 所示。这些阀分别对供料、位置变换和装配动作气路进行控制，以改变各自的动作状态。

在进行气路连接时，应注意各气缸的初始位置，其中挡料气缸在伸出位置，手爪提升气缸在提起位置。

装配单元气动回路的工作原理图如图 3-13 所示。

图 3-12 装配单元的阀组

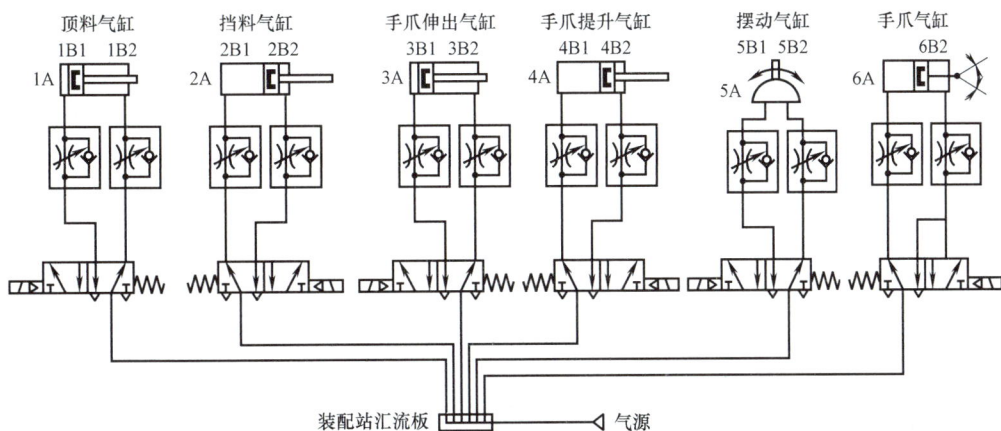

图 3-13 装配单元气动回路的工作原理图

安装气路的同时填写气路连接工作单，见表 3-4。

表 3-4　装配单元气路连接工作单

调试内容	是	否	不正确原因
气路连接是否有漏气现象			
顶料气缸伸出是否顺畅			
顶料气缸缩回是否顺畅			
挡料气缸伸出是否顺畅			
挡料气缸缩回是否顺畅			
手爪伸出气缸伸出是否顺畅			
手爪伸出气缸缩回是否顺畅			
手爪提升气缸提升是否顺畅			
手爪提升气缸下降是否顺畅			
手爪气缸夹紧是否顺畅			
手爪气缸松开是否顺畅			

任务 3　设计并连接装配单元的电路

装配单元装置侧接线端口信号端子的分配见表 3-5。

表 3-5　装配单元装置侧接线端口信号端子的分配

输入端口中间层			输出端口中间层		
端子号	设备符号	信号线	端子号	设备符号	信号线
2	SC1	零件不足检测	2	1Y	挡料电磁阀
3	SC2	零件有无检测	3	2Y	顶料电磁阀
4	SC3	左料盘零件检测	4	3Y	回转电磁阀
5	SC4	右料盘零件检测	5	4Y	手爪夹紧电磁阀
6	SC5	装配台工件检测	6	5Y	手爪升降电磁阀
7	1B1	顶料到位检测	7	6Y	手爪伸缩电磁阀
8	1B2	顶料复位检测	8	AL1	警示灯红色
9	2B1	挡料到位检测	9	AL2	警示灯黄色
10	2B2	落料复位检测	10	AL3	警示灯绿色
11	5B1	摆动气缸左限位	11		
12	5B2	摆动气缸右限位	12		
13	6B2	手爪夹紧检测	13		
14	4B1	手爪下降到位			
15	4B2	手爪上升到位			
16	3B1	手爪缩回到位			
17	3B2	手爪伸出到位			

注：警示灯用来指示设备整体运行时的工作状态，若工作任务是装配单元单独运行，没有要求使用警示灯，它可以不连接到 PLC 上。

装配单元的 I/O 点较多，选用 S7-1200 CPU 1214C AC/DC/RLY 主单元，扩展了一个 8 入 8 出的数字量模块 SM1223 DC/RLY。PLC 的 I/O 分配见表 3-6。

表 3-6　装配单元 PLC 的 I/O 分配

输入信号				输出信号			
序号	PLC 输入点	信号名称	信号来源	序号	PLC 输出点	信号名称	信号来源
1	I0.0	零件不足检测		1	Q0.0	挡料电磁阀	
2	I0.1	零件有无检测		2	Q0.1	顶料电磁阀	
3	I0.2	左料盘零件检测		3	Q0.2	回转电磁阀	
4	I0.3	右料盘零件检测		4	Q0.3	手爪夹紧电磁阀	
5	I0.4	装配台工件检测		5	Q0.4	手爪升降电磁阀	装置侧
6	I0.5	顶料到位		6	Q0.5	手爪伸缩电磁阀	
7	I0.6	顶料复位		7	Q0.6	红色警示灯	
8	I0.7	挡料状态		8	Q0.7	黄色警示灯	
9	I1.0	落料状态	装置侧	9	Q1.0	绿色警示灯	
10	I1.1	摆动气缸左限位		10	Q1.1		
11	I1.2	摆动气缸右限位		11			
12	I1.3	手爪夹紧检测		12			
13	I1.4	手爪下降到位		13			
14	I1.5	手爪上升到位		14			
15	I2.0	手爪缩回到位		15	Q2.0		
16	I2.1	手爪伸出到位		16	Q2.1		
17	I2.2			17	Q2.2		
18	I2.3			18	Q2.3		
19	I2.4	停止按钮		19	Q2.4		
20	I2.5	起动按钮	按钮指示 灯模块	20	Q2.5	黄色指示灯 HL1	按钮指示灯模块
21	I2.6	急停按钮		21	Q2.6	绿色指示灯 HL2	
22	I2.7	单机/全线		22	Q2.7	红色指示灯 HL3	

注：警示灯用来指示 YL-335B 整体运行时的工作状态，若工作任务是装配单元单独运行，没有要求使用警示灯，它可以不连接到 PLC 上。

装配单元的接线原理图如图 3-14 所示。

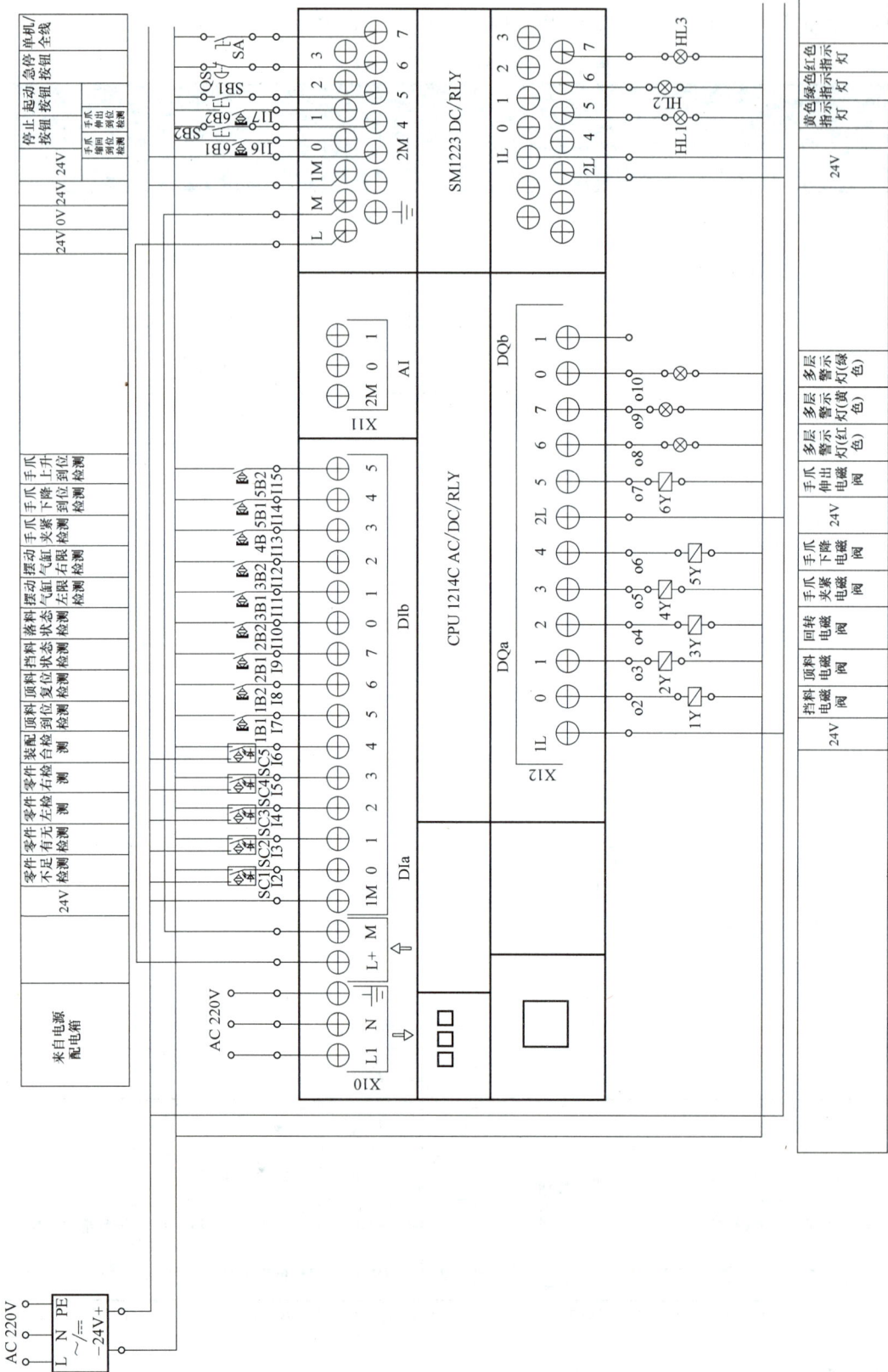

图3-14　装配单元PLC的I/O接线原理图

在完成上述接线的同时，填写电气线路安装与调试工作单，见表3-7。

表 3-7 装配单元电气线路安装与调试工作单

调试内容	正确	错误	原因
零件不足信号检测			
零件有无信号检测			
左料盘零件检测			
右料盘零件检测			
装配台工件检测			
顶料到位检测			
顶料复位检测			
挡料状态检测			
落料状态检测			
回转气缸左限检测			
回转气缸右限检测			
手爪夹紧检测			
手爪下降到位检测			
手爪提升地位检测			
手爪缩回到位检测			
手爪伸出到位检测			

任务 4 设计并调试装配单元的 PLC 程序

1. 装配单元的编程思路

① 进入运行状态后，装配单元的工作过程包括两个相互独立的子过程，一个是供料过程，另一个是装配过程。

供料过程就是通过供料机构的操作，使料仓中的小圆柱零件下落到回转台左料盘上，然后回转台转动，使装有零件的料盘转到右边，以便装配机械手抓取零件。

装配过程是当装配台上有待装配工件，且装配机械手下方有小圆柱零件时，进行装配操作。

在主程序中，当初态状态检查结束，确认单元准备就绪，按下起动按钮进入运行状态后，应同时调用供料控制 FC1 和装配控制 FC2 两个子程序，如图 3-15 所示。

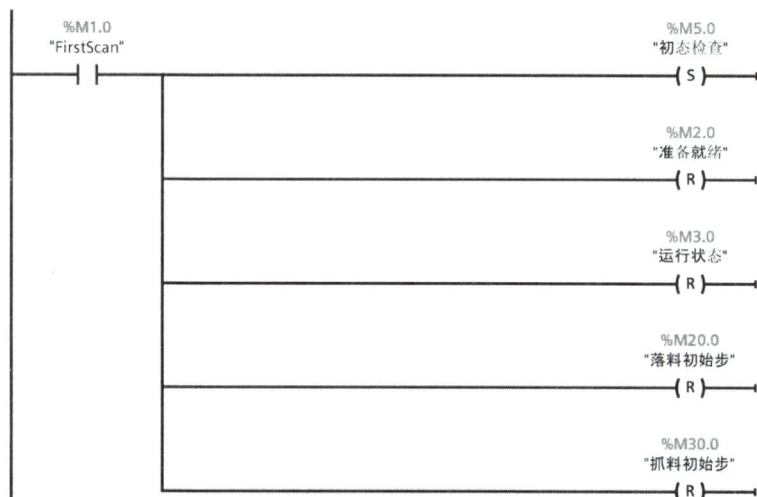

图 3-15 装配单元主程序

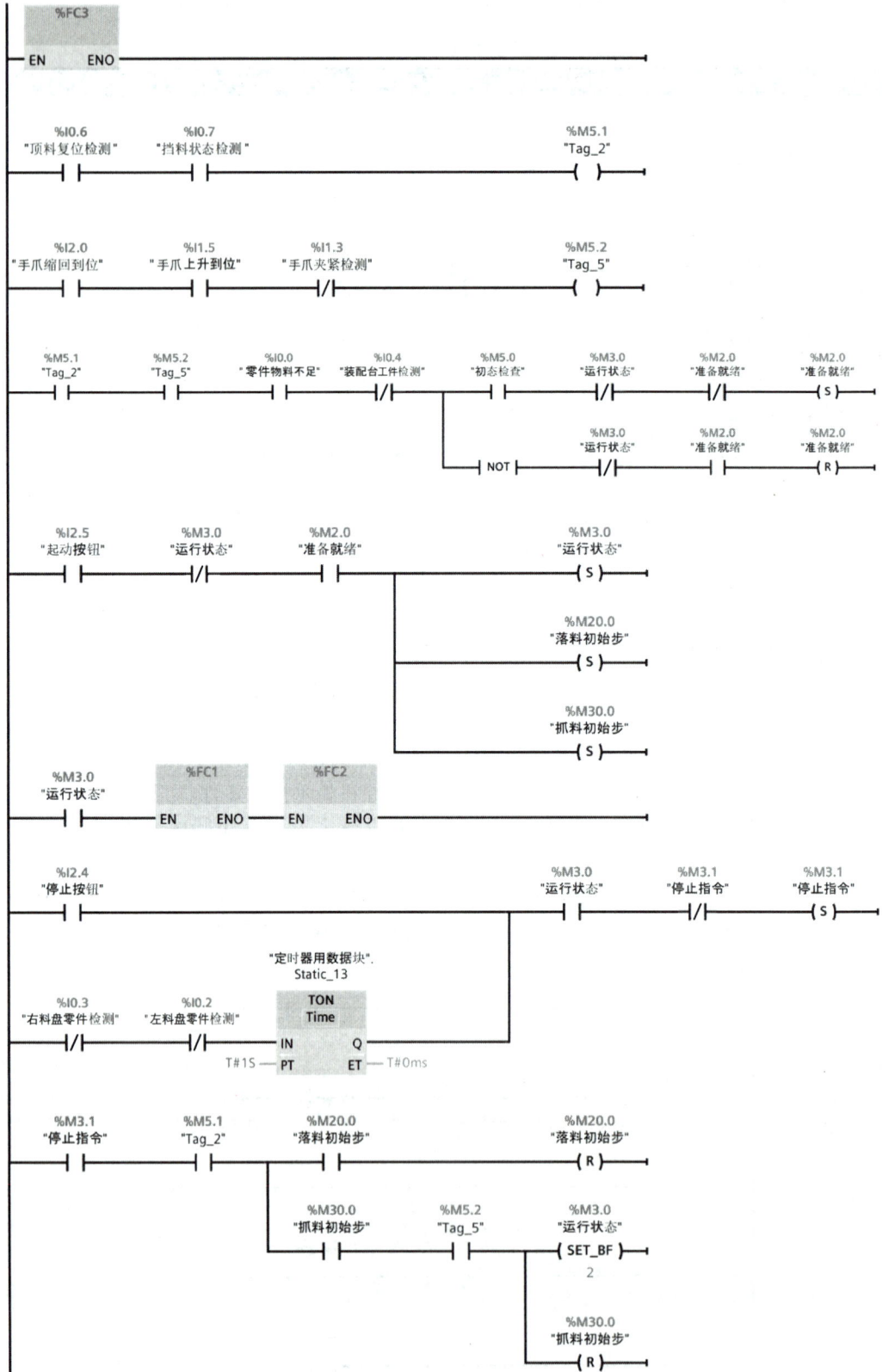

图 3-15　装配单元主程序（续）

② 供料控制过程包含两个互相联锁的过程，即落料过程和回转台转动、料盘转移的过程。在小圆柱零件从料仓下落到左料盘的过程中，禁止回转台转动；反之，在回转台转动过程中，禁止打开料仓（挡料气缸缩回）落料。

实现联锁的方法如下：

当回转台的左限位或右限位磁性开关动作并且左料盘没有零件，经定时确认后，开始落料过程。

当挡料气缸伸出到位使料仓关闭，且左料盘有零件而右料盘为空，经定时确认后，回转台开始转动，直到到达限位位置。

③ 供料过程的落料控制和装配控制过程都是单序列步进顺序控制，落料控制和装配控制梯形图程序如图3-16和图3-17所示。

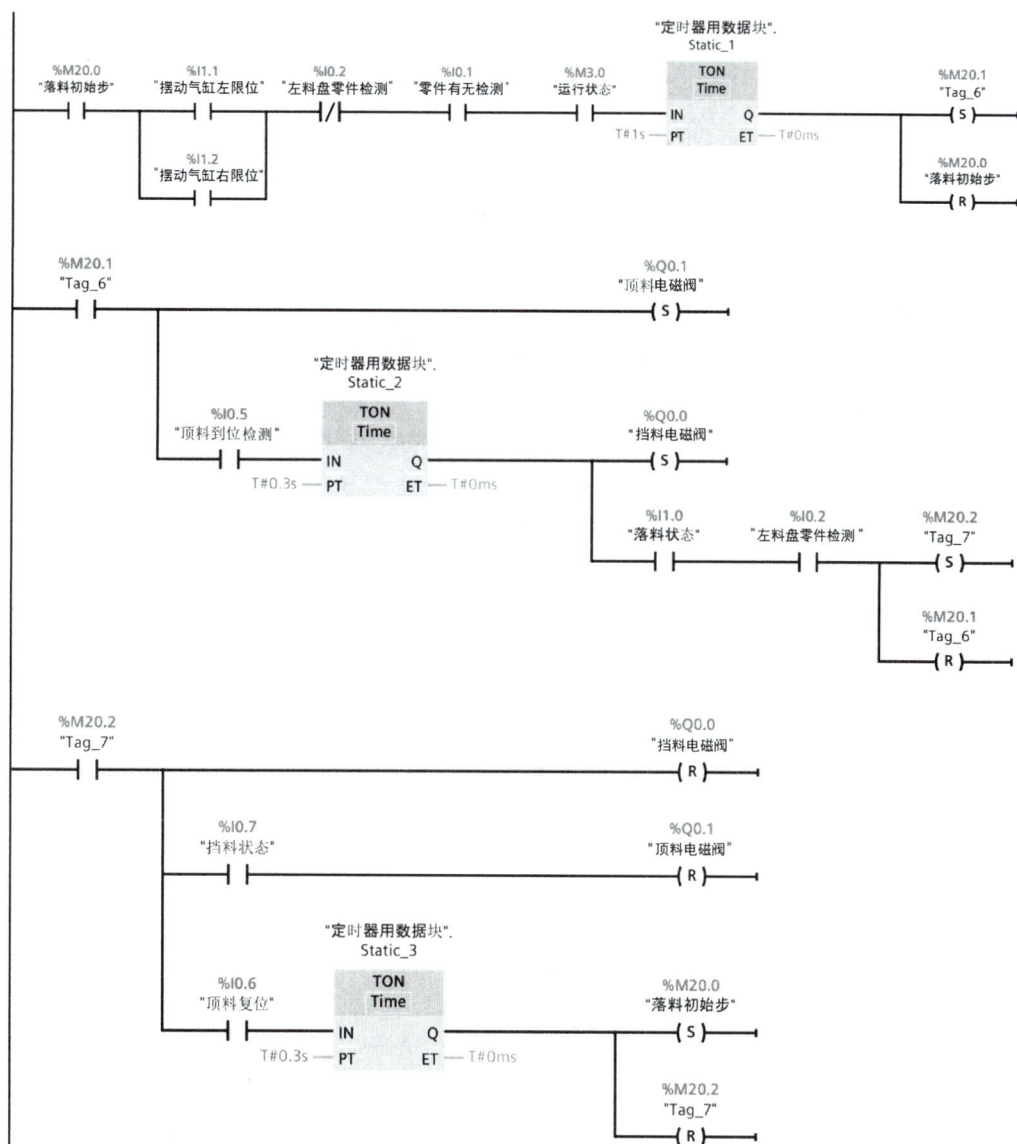

图3-16 落料控制 FC1 子程序

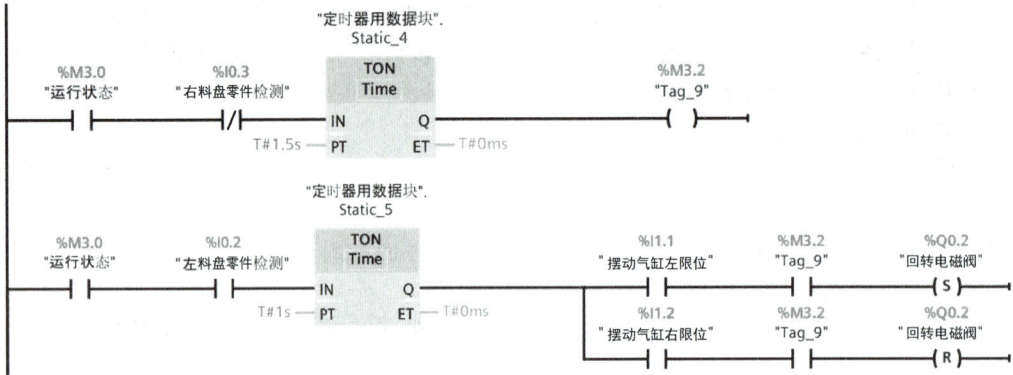

图 3-16　落料控制 FC1 子程序（续）

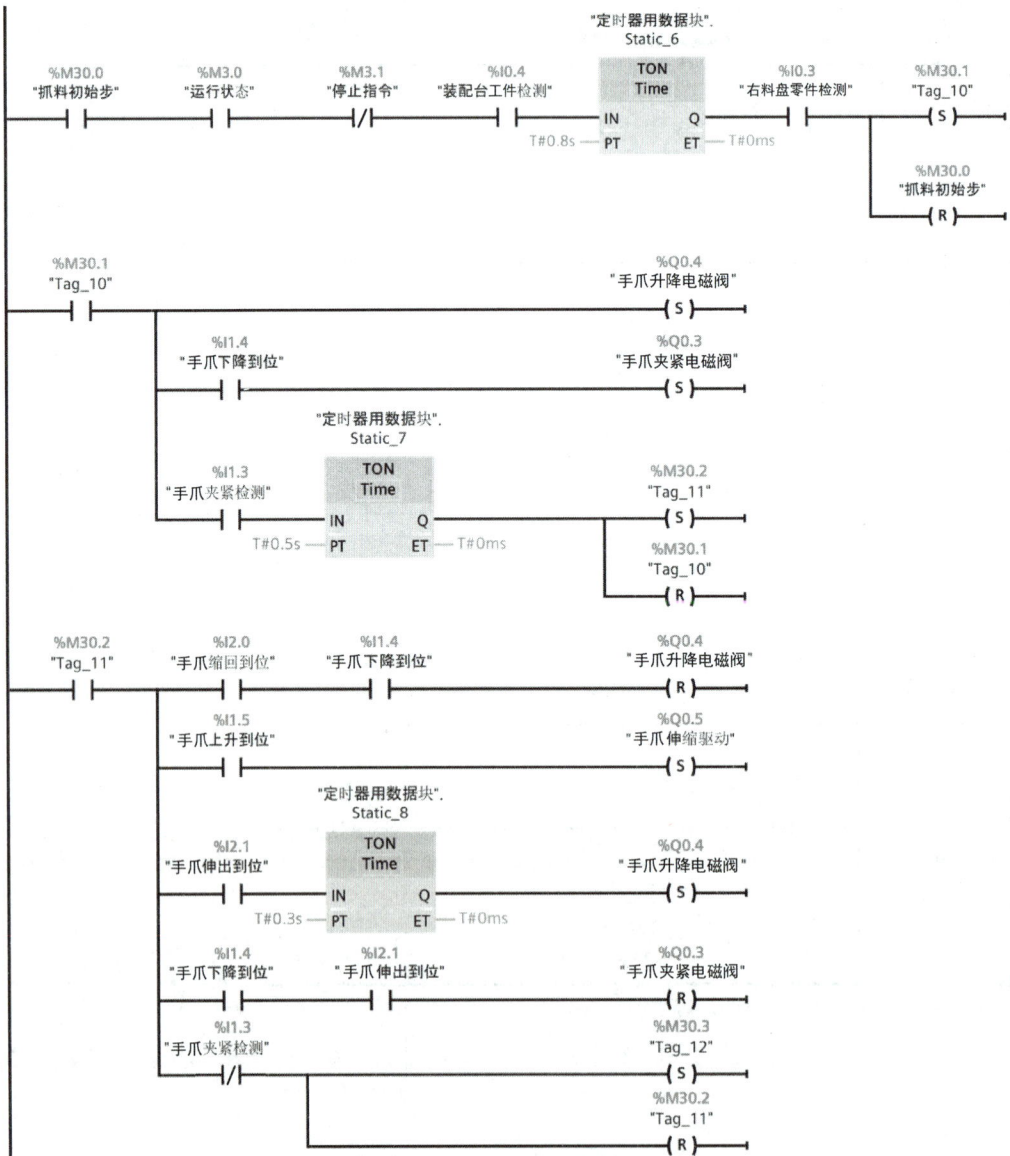

图 3-17　装配控制 FC2 子程序

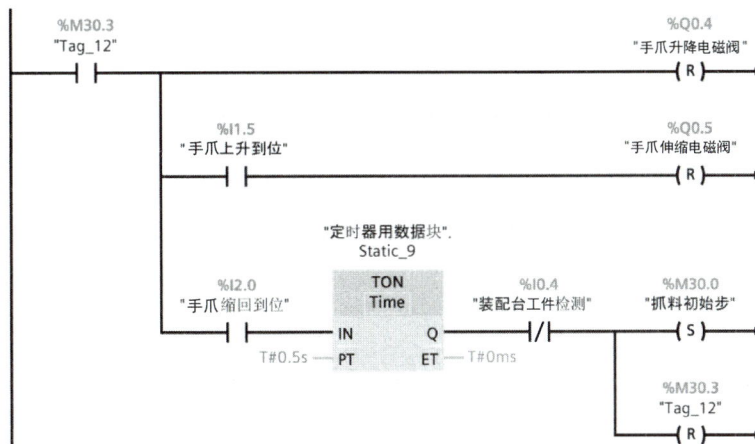

图 3-17 装配控制 FC2 子程序 (续)

④ 停止运行有两种情况：一是在运行中按下停止按钮，停止指令被置位；另一种情况是，当料仓中最后一个零件落下时，检测零件有无的传感器动作（I0.1 OFF），将发出缺料报警。

对于供料过程的落料控制，上述两种情况均应在料仓关闭、顶料气缸复位到位（即返回到初始步）后停止下次落料，并复位落料初始步。但对于回转台转动控制，一旦停止指令发出，则应立即停止回转台转动。

对于装配控制，上述两种情况也应在一次装配完成、装配机械手返回到初始位置后停止。仅当落料机构和装配机械手均返回到初始位置，才能复位运行状态标志和停止指令。

⑤ 指示灯控制梯形图程序 FC3 如图 3-18 所示。

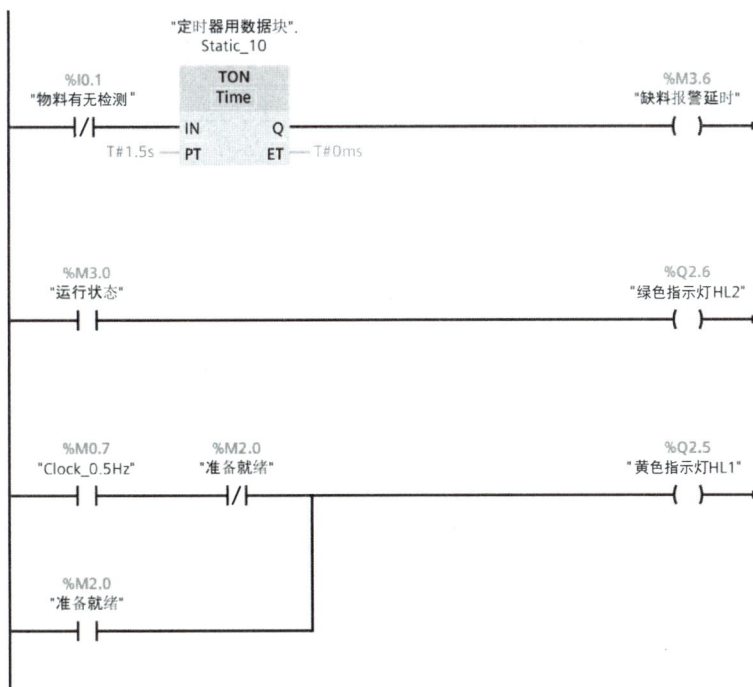

图 3-18 指示灯控制 FC3 子程序

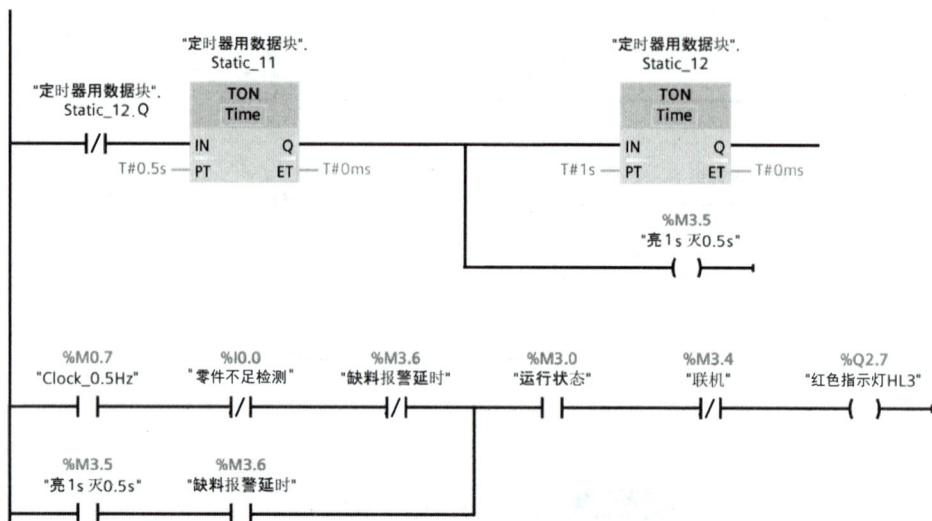

图 3-18 指示灯控制 FC3 子程序（续）

2. 装配单元 PLC 程序的调试

① 在下载程序之前，先检查装配单元的初态是否满足要求，完成初态调试工作单，见表 3-8。

表 3-8 装配单元初态调试工作单

	调试内容	是	否	原因
1	顶料气缸是否处于缩回状态			
2	挡料气缸是否处于伸出状态			
3	料仓内零件是否充足			
4	回转台位置是否正确			
5	手爪伸出气缸是否处于缩回状态			
6	手爪提升气缸是否处于提升状态			
7	手爪气缸是否处于松开状态			
8	装配台是否处于无工件状态			
9	指示灯 HL1 状态是否正常			
10	指示灯 HL2 状态是否正常			

② 下载程序后，主要检查设备动作状态是否满足要求，是否合理，并填写调试工作单，见表 3-9。

表 3-9 装配单元动作状态调试工作单

起动按钮按下后					
	调试内容		是	否	原因
1	指示灯 HL1 是否点亮				
2	指示灯 HL2 是否常亮				
3	料盘有零件时	顶料气缸是否动作			
		推料气缸是否动作			
4	料盘无零件时	顶料气缸是否动作			
		推料气缸是否动作			
5	料仓内零件不足时	HL1 是否闪烁（1Hz）			
		HL2 是否保持常亮			

（续）

起动按钮按下后					
	调试内容		是	否	原因
6	料仓内没有零件时	HL1 是否闪烁（2Hz）			
		HL1 是否闪烁（2Hz）			
7	右料盘无零件时	回转气缸是否动作			
8	装配台有工件时	手爪伸出气缸是否动作			
		手爪提升气缸是否动作			
		手爪气缸是否动作			
9	装配台无工件时	手爪伸出气缸是否动作			
		手爪提升气缸是否动作			
		手爪气缸是否动作			
10	料仓内没有工件时，供料动作是否继续				
停止按钮按下后					
	调试内容		是	否	原因
1	指示灯 HL1 是否常亮				
2	指示灯 HL2 是否熄灭				
3	工作状态是否正常				

3.5 总结与评价

3.5.1 装配单元知识图谱

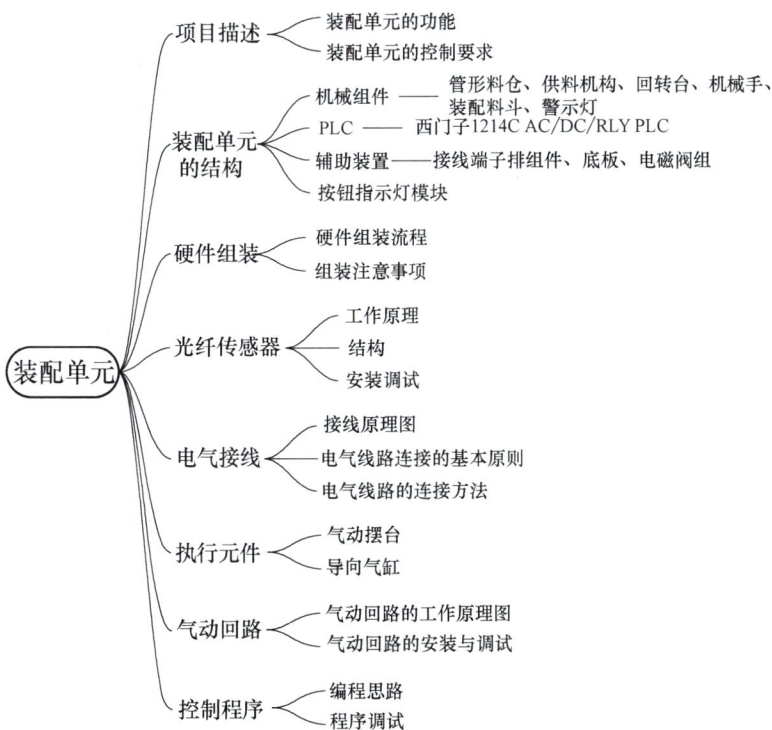

- 装配单元
  - 项目描述
    - 装配单元的功能
    - 装配单元的控制要求
  - 装配单元的结构
    - 机械组件 —— 管形料仓、供料机构、回转台、机械手、装配料斗、警示灯
    - PLC —— 西门子1214C AC/DC/RLY PLC
    - 辅助装置 —— 接线端子排组件、底板、电磁阀组
    - 按钮指示灯模块
  - 硬件组装
    - 硬件组装流程
    - 组装注意事项
  - 光纤传感器
    - 工作原理
    - 结构
    - 安装调试
  - 电气接线
    - 接线原理图
    - 电气线路连接的基本原则
    - 电气线路的连接方法
  - 执行元件
    - 气动摆台
    - 导向气缸
  - 气动回路
    - 气动回路的工作原理图
    - 气动回路的安装与调试
  - 控制程序
    - 编程思路
    - 程序调试

3.5.2 装配单元项目评价

参考表 3-10 中的评价指标，根据工艺和控制要求完成项目的自评、小组互评和教师评价。

表 3-10 装配单元项目评价表

	评价内容及标准	分值	得分
通电前电路检查	1. 电线金属材料外露，导线端子连接接线松动、不牢固或外露金属过长，每处扣 1 分	4	
	2. 电路接线没有绑扎或电路接线凌乱，每处扣 1 分	4	
	3. 线槽有没盖住、翘起或未完全盖住现象，每处扣 1 分	4	
通电前气路检查	4. 气路有漏气现象，每处扣 1 分	4	
	5. 节流阀调整不当（气缸运行过程中存在爬行或者冲击现象），每处扣 1 分	4	
	6. 绑扎工艺工整美观，如有气管缠绕、绑扎变形现象，每处扣 1 分	4	
初始状态功能测试	7. 挡料气缸处于伸出状态	4	
	8. 顶料气缸处于缩回状态	4	
	9. 料仓中小圆柱零件充足	4	
	10. 机械手升降气缸处于提升状态	4	
	11. 机械手伸缩气缸处于缩回状态	4	
	12. 机械手手爪处于松开状态	4	
	13. 工件装配台上没有待加工工件	4	
	14. 设备准备好后，"正常工作"指示灯 HL1 常亮，否则以 1Hz 频率闪烁	4	
运行过程功能测试	15. 按下起动按钮，系统起动，"设备运行"指示灯 HL2 常亮	4	
	16. 左料盘没有小圆柱零件时，执行下料操作	5	
	17. 右料盘没有零件时，回转台执行回转操作	5	
	18. 装配台上有待装配工件且右料盘内有零件时，执行装配操作，并回到初始位置	5	
	19. 按下停止按钮，供料机构立即停止供料，装配机构完成本次装配后停止工作	5	
	20. 运行过程中发生"零件不足"报警时，指示灯 HL3 以 1Hz 频率闪烁，HL1 和 HL2 常亮	5	
	21. 运行过程中发生"零件没有"报警时，指示灯 HL3 以亮 1s、灭 0.5s 的方式闪烁，HL2 熄灭，HL1 常亮	5	
职业素养	22. 小组内成员都能积极参与、相互沟通、配合默契	5	
	23. 场地清扫干净，工具、桌椅等摆放整齐	5	
	合计	100	

3.6 装配单元的常见故障及其处理方法

PLC 侧故障情况及其处理方法与项目 1 供料单元的情况基本相同，不再赘述，这里只介绍装置侧的常见故障及其处理方法，见表 3-11。

装配单元常见故障与处理方法

表 3-11 装置侧的常见故障及其处理方法

常见故障	处理方法
电缆线接口接触不良	检查插针和插口情况
端子接线错误和接口接触不良	用万用表检查接口
电磁阀线圈电线接触不良	拆开接口维修
气管插口有漏气现象	重插或维修
调节阀关闭致气缸不动	调整气流量
磁性开关不检测	调整位置或检查电路
手爪伸出不到位	调节定位螺栓
挡料气缸伸出不到位	检查物料和顶料位置
抓不到物料	调节定位螺栓
物料检测不到	调整光纤传感器和检查电路
回转台运动不到位	检查电路和调整回转角度
传感器检测不到	调整机械位置和检查电路

3.7 拓展训练

将本项目控制要求中的料仓物料报警信息通过警示灯展现，具体控制要求如下：

1）准备就绪时，黄色指示灯常亮，否则以1Hz频率闪烁。

2）按下起动按钮后，系统起动，黄色和绿色指示灯常亮。

3）运行过程中，当零件不足时，红色警示灯以1Hz频率闪烁，绿色警示灯和橙色警示灯常亮；当零件没有时，红色警示灯以0.5Hz频率闪烁，黄色警示灯熄灭，绿色警示灯常亮。

4）按下停止按钮后，红色和黄色指示灯常亮，绿色指示灯熄灭。

请根据给定的I/O信号地址完成电气接线及程序编写调试工作。

3.8 思考提升

一、选择题

1. 在装配单元中使用的光纤传感器，若使得它能检测到白色物料，但检测不到黑色物料，通常应（　　）来实现。

A. 调节光纤长度　　　B. 调节刻度盘　　　　C. 调节灵敏度　　　　D. 切换动作模式

2. 装配单元的阀组由（　　）个二位五通单电控电磁阀组成。

A. 6　　　　　　　　　B. 5　　　　　　　　　C. 4　　　　　　　　　D. 3

3. 在装配单元中，警示灯引出的黑色线是（　　）。

A. 接地线　　　　　　B. 信号灯公共控制线　C. 绿色灯控制线　　　D. DC 0V 电源线

4. 在装配单元中，警示灯引出线的黄绿交叉线通常是（　　）。

A. 绿色灯控制线　　　B. 电源0V接线　　　　C. 接地线　　　　　　D. 红色灯控制线

5. 下面列出的各机构组件，不属于装配单元的是（　　）。

A. 管形料仓　　　　　B. 回转台机构　　　　C. 机械手机构　　　　D. 加工机构

二、判断题

1. 在装配单元中，待装配工件的检测元器件是磁性开关。（　　　）

2. 在装配单元中，管形料仓机构侧面安装了两个传感器用于小圆柱零件的检测，它们是光电开关。（　　　）

三、思考题

1. 若运行时料仓内的零件不足，但物料不足信号没有传回 PLC 输入端，分析可能产生这一现象的原因。

2. 机械手夹取零件装配过程中发生零件脱落，分析可能产生这一现象的原因。

3. 如果装配机械手反复执行装配动作而不停止，可能的原因是什么？

项目4

自动化生产线分拣单元设计与调试

【课前导语】

世界上最先进的垃圾分类技术

根据世界银行的报告，垃圾生产量与经济发展水平呈正相关，即经济水平越高，垃圾生产量越多。为节约填埋用地、保护环境、充分利用再生资源，这些垃圾需要进行分类分拣，垃圾分拣员这一职业也就应运而生。一个垃圾分拣员的平均工龄是 2~3 年，如果工作年限延长，工作环境会对身体造成不可逆的损伤。想要把垃圾分拣员彻底从中解放出来，新技术无疑是有效的出路。

芬兰的 ZenRobotics 公司研发了一种垃圾智能分类系统，其可以通过视觉传感器识别物品的表面结构、形状与构成材料，进而判定物品种类，然后通过灵巧的机械臂自动拣选、分类。一台拥有 4 只机械臂的垃圾智能分类系统，可以识别金属、木材、石膏、石块、混凝土、硬塑料、纸板等 20 余种可回收物，最高分拣速度达 3000 次/h，准确率达 98%，并且 24h 不停歇，一天即可处理垃圾 2000 余吨，相当于 48 个劳动力的工作量。更"智能"的是，这套基于视觉识别技术的垃圾智能分类系统还可以"接受训练"，以适应更多的应用场景。当前，ZenRobotics 垃圾智能分类系统主要用于建筑与装修垃圾的分类处理，通过图像识别与深度学习技术，该系统可以识别多种多样的废弃物样本或者其他材料样本，进而灵活地承担多种材料的拣选任务。凭借高效率、高精度、多用途三大特性，ZenRobotics 垃圾智能分类系统已初步实现商业化应用，中国、日本等国家的诸多垃圾处理公司都先后引进了该系统，并已在全球售出 32 条分拣线。

【知识目标】

➤ 熟练分拣单元的结构及工作过程。
➤ 掌握旋转编码器的工作原理、结构及应用。
➤ 熟悉三相异步电动机的结构及驱动方法。
➤ 掌握变频器的工作原理及参数设置方法。
➤ 掌握人机界面组态软件的使用方法和调试技巧。
➤ 熟悉分拣单元 PLC 控制程序的设计思路和技巧。

【能力目标】

➤ 能够正确组装分拣单元的机械部分。
➤ 能够正确安装光纤传感器、电感式接近开关、磁性开关、光电编码器等检测元件并接线调试。
➤ 能够绘制分拣单元气动回路的工作原理图，并正确安装和调试气动元件。
➤ 能够设计分拣单元的电气接线图，并正确连接线路。

> 能够根据要求正确设置变频器参数。
> 能够编写分拣单元的 PLC 控制程序，并下载调试。
> 能够设计并组态分拣单元的操作界面。

【素养目标】

> 培养学生良好的道德情感和社会责任感。
> 培养学生良好的职业素养和攻坚克难的工匠精神。

4.1 项 目 准 备

任务 1 认识分拣单元的结构

分拣单元主要由传送和分拣机构、传送带驱动机构、变频器模块、电磁阀组、接线端口、PLC 模块、按钮指示灯模块及底板等。分拣单元结构示意图如图 4-1 所示。

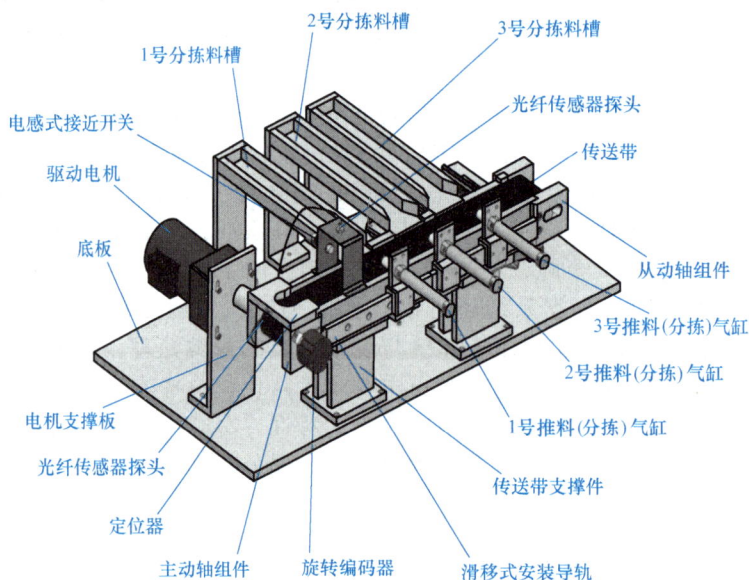

图 4-1 分拣单元结构示意图

（1）传送和分拣机构 传送和分拣机构主要由传送带、分拣料槽、推料（分拣）气缸、漫射式光电开关、光纤传感器、磁性开关组成。其功能是传送已经加工、装配好的工件，在光纤传感器检测到后进行分拣。

传送带把机械手输送过来的加工好的工件进行传输，并输送至分拣区。导向器用纠偏机械手输送工件。两条物料槽分别用于存放加工好的黑色、白色工件或金属工件。

传送和分拣的工作原理：当输送单元送来的工件放到传送带上并被进料口的漫射式光电开关检测到时，将信号传输给 PLC，通过 PLC 的程序起动变频器，电机运转驱动传送带工作，把工件带进分拣区。如果进入分拣区的工件为白色，则检测白色物料的光纤传感器动作，使 1 号推料气缸动作，将白色物料推到 1 号槽里；如果进入分拣区的工件为黑色，检测黑色物料的光纤传感器动作，使 2 号推料气缸动作，将黑色物料推到 2 号槽里。

（2）传送带驱动机构 传送带驱动机构如图 4-2 所示，它主要由电机支架、电机、联轴器等组成。它采用的三相减速电机拖动传送带从而输送物料。

　　三相电机是传送带驱动机构的主要部分，电动机转速的快慢由变频器来控制，其作用是带动传送带从而输送物料。电机支架用于固定电机。联轴器用于将电机的轴和传送带主动轮的轴连接起来，从而组成一个传送机构。

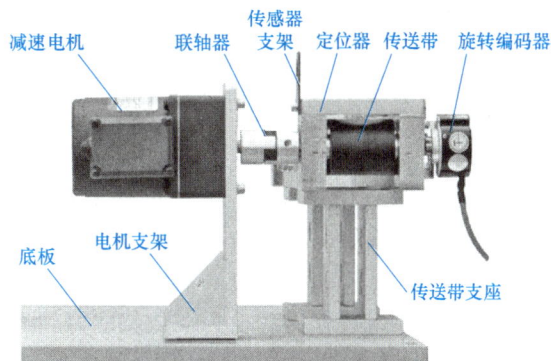

图 4-2　传送带驱动机构

任务 2　认识分拣单元的检测元件

　　自动化生产线的分拣单元中有四种检测元件，分别是光纤传感器、电感式接近开关、磁性开关和旋转编码器。光纤传感器用于区分工件的黑、白两种颜色，电感式接近开关用于区分工件是否为金属材质。

1. 电感式接近开关

　　电感式接近开关是利用电涡流效应制造的，属于电感式传感器。它由 *LC* 振荡电路、信号触发器和开关放大器组成，利用金属物体在接近时能使其内部产生电涡流，使得接近开关振荡能力衰减、内部电路的参数（振幅或频率）发生变化，由传感器的信号处理电路将该变化转换成开关量输出，进而控制开关的通断。由于电感式接近开关基于涡流效应工作，所以它检测的对象必须是金属。电感式接近开关对金属的筛选性能较好。图 4-3 为电感式接近开关的工作原理图。

电感式接近开关

　　电涡流效应是指，当金属物体处于一个交变的磁场中时，在金属内部会产生交变的电涡流，该涡流又会反作用于产生它的磁场一种物理效应。如果这个交变的磁场是由一个电感线圈产生的，则这个电感线圈中的电流就会发生变化，用于平衡涡流产生的磁场。

　　在电感式接近开关的选用和安装中，必须认真考虑检测距离和设定距离，以保证生产线上的传感器可靠动作。图 4-4 为检测距离和设定距离的示意图。

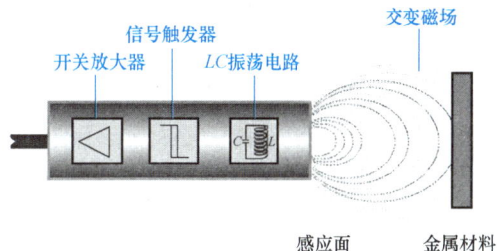

图 4-3　电感式接近开关的工作原理图

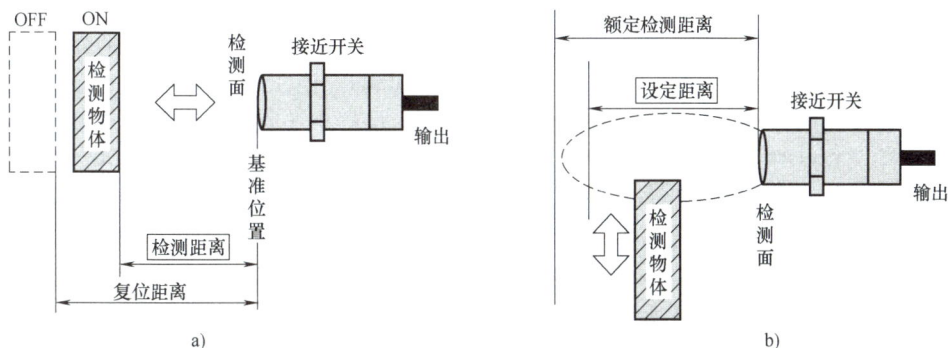

a)　　　　　　　　　　　　　　b)

图 4-4　检测距离和设定距离示意图

a）检测距离　b）设定距离

2. 旋转编码器

在分拣单元的控制中，传送带定位控制是由旋转编码器来完成的。同时，旋转编码器还要完成电机转速的测量。

旋转编码器（见图4-5）是通过光电转换，将输出至轴上的机械、几何位移量转换成脉冲或数字信号的传感器，主要用于速度或位置（角度）的检测。典型的旋转编码器是由光栅盘和光电检测装置组成的。光栅盘是在一定直径的圆板上等分地开通若干个长方形狭缝而制成。由于光栅盘与电机同轴，电机旋转时，光栅盘与电机同速旋转，经发光二极管等电子元器件组成的光电检测装置检测输出若干脉冲；通过计算旋转编码器每秒输出脉冲的个数就能得到当前电机的转速。

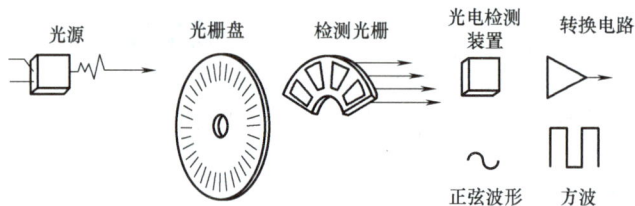

图 4-5　旋转编码器

一般来说，根据产生脉冲方式的不同，旋转编码器可以分为增量式、绝对式以及复合式三大类。自动化生产线上常采用的是增量式旋转编码器，其工作原理如图4-6所示。

增量式旋转编码器直接利用光电转换原理输出三相方波脉冲——A、B 和 Z相。A、B 两相脉冲相位差 90°，用于辨向：当 A 相脉冲超前 B 相时为正转方向，而当 B 相脉冲超前 A 相时则为反转方向。Z 相为每转一个脉冲，用于基准点定位。

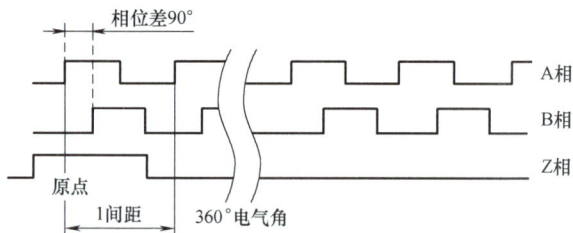

图 4-6　增量式旋转编码器的工作原理

分拣单元使用了这种 A、B 两相具有 90° 相位差的通用型旋转编码器，用于计算工件在传送带上的位置。编码器直接连接到传送带主动轴上。该旋转编码器的三相脉冲采用 NPN 型集电极开路输出，分辨率为 500 线，工作电源为 DC 12～24V。本工作单元没有使用 Z 相脉冲，A、B 两相输出端直接连接到 PLC 的高速计数器输入端。

计算工件在传送带上的位置时，需确定每两个脉冲之间的距离（即脉冲当量）。分拣单元主动轴的直径为 $d = 43mm$，则减速电动机每旋转一周，传送带上工件移动的距离 $L = \pi d = 3.14 \times 43mm = 135.02mm$。故脉冲当量 $\mu = L/500 \approx 0.270mm$。当工件从下料口中心线移至传感器中心时，旋转编码器约发出 435 个脉冲；移至第一个推杆中心点时，约发出 620 个脉冲；移至第二个推杆中心点时，约发出 974 个脉冲；移至第三个推杆中心点时，约发出 1298 个脉冲。

应该指出的是，上述脉冲当量的计算只是理论上的。实际上各种误差因素不可避免，例如传送带主动轴直径（包括传送带厚度）的测量误差，传送带的安装偏差、张紧度，分拣单元整体在工作台面上的定位偏差等，都将影响理论计算值。因此，理论计算值只能作为估算值。脉冲当量的误差所引起的累积误差会随着工件在传送带上运动距离的增大而迅速增加，甚至达到不可容忍的地步。因而在分拣单元安装调试时，除了要仔细调整尽量减少安装偏差，尚须现场测试脉冲当量值。图4-7所示为分拣单元组件安装位置尺寸。

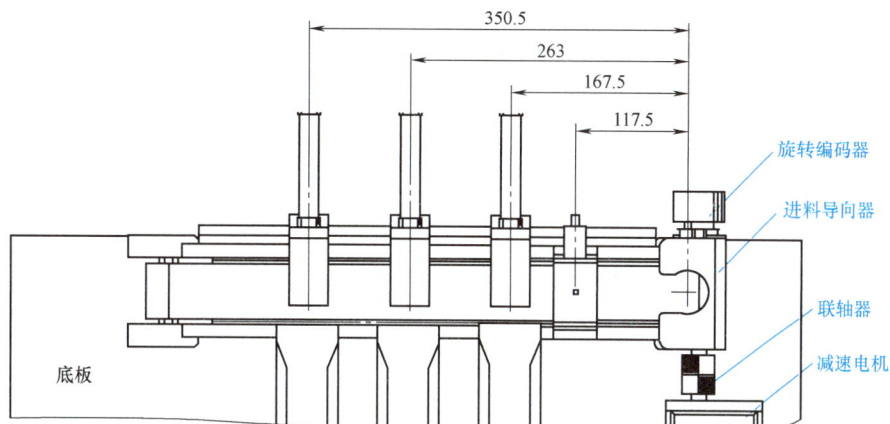

图 4-7 分拣单元组件安装位置尺寸

任务3 认识分拣单元的变频器

1. 变频器的工作原理

变频器是通过控制输出正弦波的驱动电源来控制电机的方向和速度的，它是以恒电压频率比（U/f）保持磁通不变为基础，经过正弦脉宽调制（SPWM）驱动主电路，以产生 A、B、C 三相交流电驱动三相交流异步电机。

正弦波的脉宽调制波是将正弦半波 n 等分，每一区间用与其面积相等的等幅不等宽的矩形代替，如图 4-8 所示。矩形脉冲所组成的波形就与正弦波等效，正弦波的正负半周均如此处理。SPWM 的控制信号为幅值和频率均可调的正弦波，载波信号为三角波。该电路采用正弦波控制，三角波调制，当控制电压高于三角波电压时，比较器输出电压 u_d 为"高"电平，否则输出"低"电平。SPWM 交-直-交变压变频器的工作原理图如图 4-9 所示。

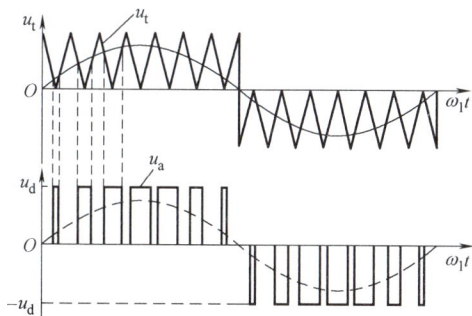

图 4-8 控制信号正弦波和载波

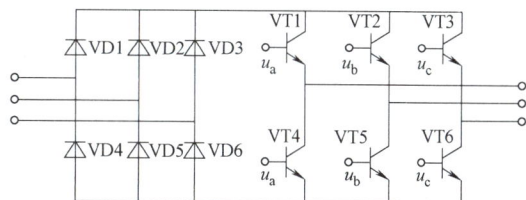

图 4-9 SPWM 交-直-交变压变频器的工作原理图

SPWM 是先将 50Hz 交流电经变压器得到所需的电压后，经二极管整流桥和 LC 滤波，形成恒定的直流电压，再送入 6 个大功率晶体管构成的逆变器主电路，输出三相频率和电压均可调整的等效于正弦波的脉宽调制波，即可拖动三相异步电机运转。

以 A 相为例，只要正弦控制波的最大值低于三角波的幅值，就导通 VT1，封锁 VT4，这样就输出等幅不等宽的脉宽调制波。该正弦脉宽调制波经功率放大才能驱动电机。在 SPWM 变频器功率放大主电路中，左侧的桥式整流器将工频交流电变成直流恒值电压，给逆变器供电。等效正弦脉宽调制波 u_a、u_b、u_c 送入 VT1 ~ VT6 的基极，则逆变器输出脉宽按正弦规律变化的等效矩形电压波，经滤波变成正弦交流电用来驱动交流伺服电机。

2. 认识西门子 MM420 变频器

西门子 MM420 变频器由微处理器控制，并采用具有现代先进技术水平的绝缘栅双极型晶体管（IGBT）作为功率输出器件，它们具有运行可靠性高和功能多样性的特点。脉冲宽度调制的开关频率是可选的，降低了电机运行的噪声。

（1）MM420 变频器的额定参数

◇ 电源电压：380～480V，三相交流。

◇ 额定输出功率：0.75kW。

◇ 额定输入电流：2.4A。

◇ 额定输出电流：2.1A。

◇ 外形尺寸：A 型。

◇ 操作面板：基本操作面板（BOP）。

西门子 MM420
变频器

（2）MM420 变频器的接线　打开变频器的盖子后，就可以看到变频器的接线端子，如图 4-10 所示。

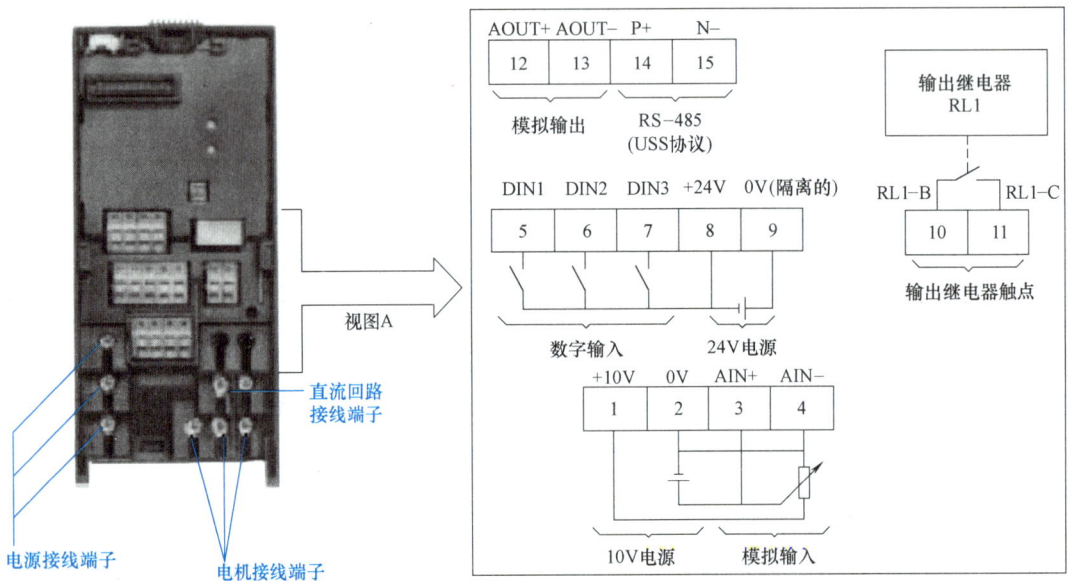

图 4-10　MM420 变频器的接线端子

USS—通用串行接口

注意：接地线 PE 必须连接到变频器接地端子，并连接到交流电机的外壳。

MM420 变频器带有人机交互接口 BOP，核心部件为 CPU 单元，根据参数的设定，经过运算输出控制正弦波信号，经过 SPWM，放大输出三相交流电压驱动三相交流电机运转。

（3）MM420 变频器的操作面板　MM420 变频器是一个智能化的数字式变频器，在 BOP 上可以进行参数设置。图 4-11 给出了 BOP 的外形。BOP 具有 7 段显示的 5 位数字，可以显示参数的序号和数值、报警和故障信息，以及设定值和实际值。参数信息不能用 BOP 存储。BOP 备有 8 个按钮和 1 个显示屏，表 4-1 列出了它们的功能。

图 4-11　BOP 的外形

表 4-1 BOP 上各区域的功能

显示/按钮	功能	功能说明
r0000	状态显示	在 LCD(液晶显示屏)显示变频器当前的设定值
(I)	起动变频器	按此键起动变频器。默认值运行时此键是被封锁的,为了使此键的操作有效,应设定 P0700 = 1
(0)	停止变频器	OFF1:按此键,变频器将按选定的斜坡下降速率减速停机。默认值运行时键被封锁的,为了使此键的操作有效,应设定 P0700 = 1 OFF2:按此键两次(或一次,但时间较长),电机将在惯性作用下自由停机。此功能总是"使能"的
(改变方向)	改变电机的转动方向	按此键可以改变电机的转动方向,电机反向时,用负号或闪烁的小数点表示。默认值运行时此键是被封锁的,为了使此键的操作有效,应设定 P0700 = 1
(jog)	电机点动	在变频器无输出的情况下按此键,将使电机起动,并使其按预设定的点动频率运行。释放此键时,变频器停机。如果变频器/电机正在运行,按此键将不起作用
(Fn)	功能参数	此键用于浏览辅助信息 变频器运行过程中,在显示任何一个参数时按下此键并保持不动 2s,将显示以下参数值(在变频器运行中可从任何一个参数开始): 1. 直流回路电压(用 d 表示,单位为 V) 2. 输出电流(A) 3. 输出频率(Hz) 4. 输出电压(用 o 表示,单位为 V) 5. 由 P0005 选定的数值(如果 P0005 选择显示上述参数中的任何一个,即 3、4 或 5,这里将不再显示) 连续多次按下此键将轮流显示以上参数 跳转功能:在显示任何一个参数(rXXXX 或 PXXXX)时短时间按下此键,将立即跳转到 r0000,如果需要,可以接着修改其他的参数。跳转到 r0000 后,按此键将返回原来的显示点
(P)	访问参数	按此键即可访问参数
(▲)	增加数值	按此键即可增加面板上显示的参数数值
(▼)	减少数值	按此键即可减少面板上显示的参数数值

(4)MM420 变频器的参数号及参数名称 参数号是指该参数的编号。参数号用 0000~9999 的 4 位数字表示。在参数号的前面冠以一个小写字母"r"时,表示该参数是"只读"的参数。其他所有参数号的前面都冠以一个大写字母"P",而这些参数的设定值可以直接在

标题栏的"最小值"和"最大值"范围内进行修改。

[下标]表示该参数是一个带下标的参数,并且指定了下标的有效序号。通过下标可以对同一参数的用途进行扩展,或对不同的控制对象,自动改变所显示的或所设定的参数。

(5)MM420变频器的参数设置方法 用BOP可以修改和设定系统参数,例如斜坡时间、最小频率和最大频率等,使变频器具有期望的特性。选择的参数号和设定的参数值在5位数字的LCD上显示。更改参数值的步骤可大致归纳为:

1)查找所选定的参数号。

2)进入参数值访问级,修改参数值。

3)确认并存储修改好的参数值。

参数P0004(参数过滤器)的作用是根据所选定的一组功能,对参数进行过滤(或筛选),并集中对过滤出的一组参数进行访问,从而可以更方便地进行调试。P0004可能的设定值见表4-2,默认的设定值为0。

表4-2 参数P0004的设定值

设定值	所指定参数值的意义	设定值	所指定参数值的意义
0	全部参数	12	驱动装置的特征
2	变频器参数	13	电机的控制
3	电机参数	20	通信
7	命令,二进制 I/O	21	报警/警告/监控
8	模-数转换和数-模转换	22	工艺量控制器(例如 PID)
10	设定值通道/ RFG(斜坡函数发生器)		

修改参数P0004设定值的步骤见表4-3。

表4-3 修改参数P0004设定值的步骤

序号	操作内容	显示结果
1	按 🅟 访问参数	r0000
2	按 ⏶ 直到显示出 P0004	P0004
3	按 🅟 进入参数值访问级	0
4	按 ⏶ 或 ⏷ 直至达到所需要的数值	3
5	按 🅟 确认并存储参数的数值	P0004
6	使用者只能看到命令参数	

（6）MM420 变频器的参数访问　MM420 变频器有数千个参数，为了能快速访问指定的参数，MM420 可把参数分类，屏蔽（过滤）不需要访问的类别。实现这种过滤功能的有如下几个参数：

P0004 是实现这种参数过滤功能的重要参数。当完成了 P0004 的设定值以后再进行参数查找时，在 LCD 上只能看到 P0004 设定值所指定类别的参数。

P0010 是调试参数过滤器，可对与调试相关的参数进行过滤，只筛选出那些与特定功能组有关的参数。P0010 的可能设定值有 0（准备）、1（快速调试）、2（变频器）、29（下载）、30（工厂的默认设定值），默认设定值为 0。

P0003 用于定义用户访问参数组的等级，设定值范围为 1~4，见表 4-4。

表 4-4　P0003 访问等级的设置范围

设定值	功能	功能说明
1	标准级	可以访问最经常使用的参数
2	扩展级	允许扩展访问参数的范围，例如变频器的 I/O 功能
3	专家级	只供专家使用
4	维修级	只供授权的维修人员使用，具有密码保护

该参数默认设置为等级 1（标准级），对于大多数简单的应用对象，采用标准级就可以满足要求了。用户可以修改其设定值，但建议不要设置为等级 4（维修级），用 BOP 或 AOP（高级操作面板）看不到第 4 访问级的参数。

例 1　将变频器复位为工厂的默认设定值。

如果用户在参数调试过程中遇到问题，并且希望重新开始调试，通常采用首先把变频器的全部参数复位为工厂的默认设定值，再重新调试的方法。为此，应按照下面的数值设定参数：首先设定 P0010 = 30，然后设定 P0970 = 1。按下 P 键，便开始进行参数的复位。变频器将自动地把它的所有参数都复位为它们各自的默认设定值。复位为工厂默认设定值的时间大约要 60s。

MM420 变频器恢复出厂设置操作

例 2　用 BOP 进行变频器的"快速调试"。

快速调试包括电动机参数和斜坡函数的参数设定。若进行电动机参数的修改，仅在快速调试时有效。在进行"快速调试"以前，必须完成变频器的机械和电气安装。当选择 P0010 = 1 时，进行快速调试。

表 4-5 是对应分拣单元选用的电动机的参数设置。

变频器的"快速调试"

表 4-5　设置电动机参数

参数号	出厂值	设置值	说明
P0003	1	1	设用户访问级为标准级
P0010	0	1	快速调试
P0100	0	0	设置使用地区，0 = 欧洲，功率以 kW 表示，频率为 50Hz
P0304	400	380	电动机额定电压（V）
P0305	1.90	0.18	电动机额定电流（A）
P0307	0.75	0.03	电动机额定功率（kW）
P0310	50	50	电动机额定频率（Hz）
P0311	1395	1300	电动机额定转速（r/min）

快速调试与参数 P3900 的设定有关，当其被设定为 1 时，快速调试结束后，要完成必要的电动机计算，并使其他所有参数（P0010 = 1 不包括在内）复位为工厂的默认设置。当 P3900 = 1 并完成快速调试后，变频器已做好了运行准备。

（7）命令源的选择（P0700）和频率设定值的选择（P1000）P0700 这一参数用于指定命令源，可能的设定值见表 4-6，默认值为 2。

表 4-6　P0700 的设定值

设定值	所指定参数值的意义	设定值	所指定参数值的意义
0	工厂的默认设置	4	通过 BOP 链路的 USS 设置
1	BOP（键盘）设置	5	通过 COM 链路的 USS 设置
2	由端子排输入	6	通过 COM 链路的通信板(CB)设置

注意，当改变这一参数时，同时也使所选项目的全部设定值复位为工厂的默认设定值。例如：把它的设定值由 1 改为 2 时，所有的数字输入都将复位为默认设定值。

P1000 这一参数用于选择频率设定值的信号源。其设定值范围为 0 ~ 66，默认设定值为 2。实际上，当其设定值≥10 时，频率设定值将来源于两个信号源的叠加。其中，主设定值由最低一位数字（个位数）来选择（即 0 ~ 6），而附加设定值由最高一位数字（十位数）来选择（即 x0 ~ x6，其中 x = 1 ~ 6）。下面只说明常用主设定信号源的意义。

◇ 0：无主设定值。

◇ 1：MOP（电动电位计）设定值。取此值时，选择 BOP 的按键指定输出频率。

◇ 2：模拟设定值。输出频率由 3 ~ 4 端子两端的模拟电压（0 ~ 10V）设定。

◇ 3：固定频率。输出频率由数字输入端子 DIN1 ~ DIN3 的状态指定。用于多段速控制。

◇ 5：通过 COM 链路的 USS 设定，即通过按 USS 协议的串行通信线路设定输出频率。

例 3　电动机速度的连续调整。

变频器的参数在出厂默认值时，命令源参数 P0700 = 2，指定命令源为"由端子排输入"；频率设定值参数 P1000 = 2，指定频率设定值的信号源为"模拟量输入"。这时，只需在 AIN+（端子 3）与 AIN−（端子 4）加上模拟电压（DC 0 ~ 10V 可调），并使数字输入 DIN1 信号为 ON，即可起动电机实现电机速度连续调整。

例 4　模拟电压信号从变频器内部 DC 10V 电源获得。

用一个 4.7kΩ 电位器连接内部电源+10V 端和 0V 端，中间抽头与 AIN+相连。连接主电路后接通电源，使 DIN1 端子的开关短接，即可起动/停止变频器，旋动电位器即可改变频率实现电机速度连续调整。

电机速度调整范围：上述电机速度的调整操作中，电机的最低速度取决于参数 P1080（最低频率），最高速度取决于参数 P2000（基准频率）。

P1080 属于"设定值通道"参数组（P0004 = 10），默认值为 0Hz。

P2000 是串行链路，模拟 I/O 和 PID 控制器采用的满刻度频率设定值，属于"通信"参数组（P0004 = 20），默认值为 50Hz。

如果默认值不满足电机速度调整的要求范围，就需要调整这两个参数。另外需要指出的是，如果要求最高速度高于 50Hz，则设定与最高速度相关的参数时，除了设定参数 P2000，尚须设置参数 P1082（最高频率）。

P1082 也属于"设定值通道"参数组（P0004 = 10），默认值为 50Hz，即参数 P1082 限制了电机运行的最高频率。因此，在最高速度要求高于 50Hz 的情况下，需要修改参数 P1082。

电机运行的加、减速度的快慢，可用斜坡上升和下降时间表征，分别由参数 P1120、

P1121 设定。这两个参数均属于"设定值通道"参数组，并且可在快速调试时设定。

P1120 是斜坡上升时间，即电机从静止状态加速到最高频率（P1082）所用的时间。其设定范围为 0~650s，默认值为 10s。

P1121 是斜坡下降时间，即电机从最高频率（P1082）减速到静止停机所用的时间。其设定范围为 0~650s，默认值为 10s。

注意：如果设定的斜坡上升时间太短，有可能导致变频器过电流跳闸；同样，如果设定的斜坡下降时间太短，有可能导致变频器过电流或过电压跳闸。

例 5 模拟电压信号由外部给定，电动机可正反转。

为此，参数 P0700（命令源选择）和 P1000（频率设定值选择）应为默认设置，即 P0700 = 2（由端子排输入），P1000 = 2（模拟输入）。从模拟输入端 3（AIN+）和 4（AIN−）输入来自外部的 0~10V 直流电压（例如从 PLC 的 D-A 模块获得），即可连续调节输出频率的大小。

用数字输入端口 DIN1 和 DIN2 控制电机的正反转方向时，可通过设定参数 P0701、P0702 实现。例如，使 P0701 = 1（DIN1 ON 接通正转，OFF 停止），P0702 = 2（DIN2 ON 接通反转，OFF 停止）。

（8）多段速控制 当变频器的命令源参数 P0700 = 2（由端子排输入），选择频率设定值的信号源参数 P1000 = 3（固定频率），并设定数字输入端子 DIN1、DIN2、DIN3 等相应的功能后，就可以通过外接的开关器件的组合通断改变输入端子的状态实现电机速度的有级调整。这种控制频率的方式称为多段速控制功能。

◇选择数字输入 1（DIN1）功能的参数为 P0701，默认值 = 1。

◇选择数字输入 2（DIN2）功能的参数为 P0702，默认值 = 12。

◇选择数字输入 3（DIN3）功能的参数为 P0703，默认值 = 9。

为了实现多段速控制功能，应该修改这 3 个参数，给 DIN1、DIN2、DIN3 端子赋予相应的功能。

参数 P0701、P0702、P0703 均属于"命令，二进制 I/O"参数组（P0004 = 7），可能的设定值见表 4-7。

表 4-7 参数 P0701、P0702、P0703 可能的设定值

设定值	所指定参数值的意义	设定值	所指定参数值的意义
0	禁止数字输入	14	MOP 降速（减少频率）
1	接通正转/停机命令 1	15	固定频率设定值（直接选择）
2	接通反转/停机命令 1	16	固定频率设定值（直接选择+ON 命令）
3	按惯性自由停机	17	固定频率设定值（二进制编码的十进制数（BCD 码）选择+ON 命令）
4	按斜坡函数曲线快速减速停机	21	机旁/远程控制
9	故障确认	25	直流注入制动
10	正向点动	29	由外部信号触发跳闸
11	反向点动	33	禁止附加频率设定值
12	反转	99	使能 BICO 参数化
13	MOP 升速（增加频率）		

由表 4-7 可见，参数 P0701、P0702、P0703 的设定值取 15、16、17 时，选择固定频率的方式确定输出频率（FF 方式）。这三种选择说明如下：

① 直接选择（P0701～P0703＝15）。在这种操作方式下，一个数字输入选择一个固定频率。如果有几个固定频率输入同时被激活，选定的频率是它们的总和，例如 FF1+FF2+FF3。在这种方式下，还需要一个 ON 命令才能使变频器投入运行。

② 直接选择+ON 命令（P0701～P0703＝16）。选择固定频率时，既有选定的固定频率，又带有 ON 命令，把它们组合在一起。在这种操作方式下，一个数字输入选择一个固定频率。如果有几个固定频率输入同时被激活，选定的频率是它们的总和，例如 FF1+FF2+FF3。

③ 二进制编码的十进制数（BCD 码）选择+ON 命令（P0701～P0703＝17）。使用这种方法最多可以选择 7 个固定频率，各固定频率的数值见表 4-8。

表 4-8　固定频率的数值选择

参数	频率	DIN3	DIN2	DIN1
	OFF	不激活	不激活	不激活
P1001	FF1	不激活	不激活	激活
P1002	FF2	不激活	激活	不激活
P1003	FF3	不激活	激活	激活
P1004	FF4	激活	不激活	不激活
P1005	FF5	激活	不激活	激活
P1006	FF6	激活	激活	不激活
P1007	FF7	激活	激活	激活

综上所述，为实现多段速控制，参数设置步骤如下：

P0004＝7，选择"外部 I/O"参数组，然后设定 P0700＝2，指定命令源为"由端子排输入"。

P0701、P0702、P0703＝15～17，确定数字输入 DIN1、DIN2、DIN3 的功能。

P0004＝10，选择"设定值通道"参数组，然后设定 P1000＝3，指定频率设定值的信号源为固定频率。

设定相应的固定频率值，即设定参数 P1001～P1007 的有关对应项。

例如：要求电机能实现正反转和高、中、低三种转速的调整，高速时运行频率为 40Hz，中速时运行频率为 25Hz，低速时运行频率为 15Hz，则变频器参数调整的步骤见表 4-9。

表 4-9　变频器参数调整的步骤

步骤号	参数号	出厂值	设置值	说明
1	P0003	1	1	设用户访问级为标准级
2	P0004	0	7	命令组为命令和二进制 I/O
3	P0700	2	2	命令源选择"由端子排输入"
4	P0003	1	2	设用户访问级为扩展级
5	P0701	1	16	DIN1 功能设定为固定频率设定值（直接选择+ON 命令）
6	P0702	12	16	DIN2 功能设定为固定频率设定值（直接选择+ON 命令）
7	P0703	9	12	DIN3 功能设定为接通时反转
8	P0004	0	10	命令组为设定值通道和斜坡函数发生器
9	P1000	2	3	频率给定输入方式设定为固定频率设定值
10	P1001	0	25	固定频率 1
11	P1002	5	15	固定频率 2

设置上述参数后，将 DIN1 置为高电平，DIN2 置为低电平，变频器输出 25Hz（中速）；将 DIN1 置为低电平，DIN2 置为高电平，变频器输出 15Hz（低速）；将 DIN1 置为高电平，DIN2 置为高电平，变频器输出 40Hz（高速）；将 DIN3 置为高电平，电动机反转。

任务4　认识高速计数器

西门子 S7-1200 CPU 提供了最多 6 个（1214C）高速计数器，其独立于 CPU 的扫描周期进行计数，可测量的单相脉冲频率最高为 100kHz，双相或 A/B 相的频率最高为 30kHz。除用来计数外还可用来进行频率测量。高速计数器可用于连接增量式旋转编码器，用户通过对硬件组态和调用相关指令块来使用此功能。

1. 高速计数器的工作模式

S7-1200 V4.0 CPU 高速计数器定义了 5 种工作模式：

1）单相计数器，外部方向控制。

2）单相计数器，内部方向控制。

3）双相增/减计数器，双脉冲输入。

4）A/B 相正交脉冲输入。

5）监控 PTO 输出。

每种高速计数器有两种工作状态：

1）外部复位，无启动输入。

2）内部复位，无启动输入。

所有的计数器无须设置启动条件，在硬件向导中设置完成后下载到 CPU 中即可启动高速计数器。在 A/B 相正交脉冲输入模式下可选择 1X（1 倍）和 4X（4 倍）模式。高速计数功能所能支持的输入电压为 DC 24V，目前不支持 DC 5V 的脉冲输入。表 4-10 列出了高速计数器的硬件输入定义和工作模式。

表 4-10　高速计数器的硬件输入定义和工作模式

		描述	输入点定义			功能
HSC	HSC1	使用 CPU 集成 I/O 或信号板或监控 PTO0	I0.0 I4.0 PTO0	I0.1 I4.1 PTO0 方向	I0.3	
	HSC2	使用 CPU 集成 I/O 或监控 PTO0	I0.2 PTO1	I0.3 PTO1 方向	I0.1	
	HSC3	使用 CPU 集成 I/O	I0.4	I0.5	I0.7	
	HSC4	使用 CPU 集成 I/O	I0.6	I0.7	I0.5	
	HSC5	使用 CPU 集成 I/O 或信号板	I1.0 I4.0	I1.1 I4.1	I1.2	
	HSC6	使用 CPU 集成 I/O	I1.3	I1.4	I1.5	
模式		单相计数，内部方向控制	时钟			计数或频率
					复位	计数
		单相计数，外部方向控制	时钟	方向		计数或频率
					复位	计数
		双相计数，两路时钟输入	增时钟	减时钟		计数或频率
					复位	计数
		A/B 相正交计数	A 相	B 相		计数或频率
					Z 相	计数
		监控 PTO 输出	时钟	方向		计数

并非所有的 CPU 都可以使用 6 个高速计数器，如 1211C 只有 6 个集成输入点，所以最多只能支持 4 个（使用信号板的情况下）高速计数器。由于不同计数器在不同工作模式下的同一个物理点会有不同的定义，所以在使用多个计数器时需要注意，不是所有计数器可以同时定义为任意工作模式。

高速计数器的输入使用与普通数字量输入相同的地址，当某个输入点已定义为高速计数器的输入点时，就不能再应用于其他功能。但在某种模式下，没有用到的输入点还可以用于其他功能的输入。

监控 PTO 的模式只有 HSC1 和 HSC2 支持。使用此模式时，不需要外部接线，CPU 在内部已作了硬件连接，可直接检测通过 PTO 功能所发的脉冲。

2. 高速计数器的寻址

CPU 将每个高速计数器的测量值存储在输入过程映像区内，数据类型为 32 位双整型有符号数。用户可以在设备组态中修改这些存储地址，在程序中可直接访问这些地址，但由于过程映像区受扫描周期的影响，读取到的值并不是当前时刻的实际值。在一个扫描周期内，此数值不会发生变化，但计数器中的实际值有可能会在一个周期内变化，用户无法读到此变化。用户可通过读取外设地址的方式，读取到当前时刻的实际值，如 ID1000 的外设地址为"ID1000：P"。表 4-11 为高速计数器寻址列表。

表 4-11 高速计数器寻址列表

高速计数器	数据类型	默认地址	高速计数器	数据类型	默认地址
HSC1	DINT	ID1000	HSC4	DINT	ID1012
HSC2	DINT	ID1004	HSC5	DINT	ID1016
HSC3	DINT	ID1008	HSC6	DINT	ID1020

3. 频率测量

西门子 S7-1200 CPU 除了提供计数功能，还提供频率测量功能。其有 3 种不同的频率测量周期：1s、0.1s 和 0.01s。频率测量周期是计算并返回新的频率值的时间间隔。返回的频率值为上一个测量周期中所有测量值的平均值，无论测量周期如何选择，测量出的频率值总是以 Hz（每秒脉冲数）为单位。

4. 高速计数器指令块

高速计数器指令块如图 4-12 所示，需要使用指定背景数据块来存储参数，参数说明见表 4-12。

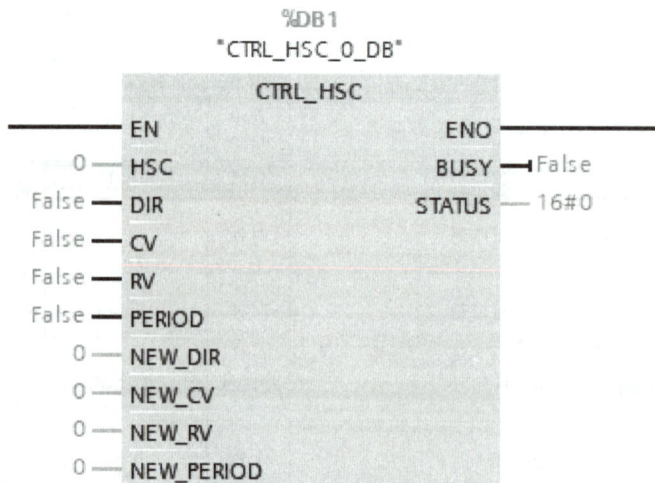

图 4-12 高速计数器指令块

表 4-12　高速计数器参数

参数	声明	数据类型	说明
HSC	INPUT	HW_HSC	高速计数器的硬件识别号
DIR	INPUT	BOOL	使能新方向
CV	INPUT	BOOL	使能新起始值
RV	INPUT	BOOL	使能新参考值
PERIOD	INPUT	BOOL	使能新频率测量周期
NEW_DIR	INPUT	INT	方向选择:1 为正向, -1 为反向
NEW_CV	INPUT	DINT	CV = TRUE 时装载的新起始值,计数值的范围为 -2147483648 ~ 2147483647
NEW_RV	INPUT	DINT	RV = TRUE 时装载的新参考值
NEW_PERIOD	INPUT	INT	PERIOD = TRUE 时装载的新频率测量周期,10 = 0.01s,100 = 0.1s,1000 = 1s
BUSY	OUTPUT	BOOL	处理状态
STATUS	OUTPUT	WORD	运行状态

说明：使用高速计数器指令，可以对参数进行设置，并通过将新值加载到计数器来控制 CPU 支持的高速计数器。指令的执行需要启用待控制的高速计数器。对于指定的高速计数器，无法在程序中同时执行多个高速计数器指令。

5. 高速计数器硬件组态

① 在 PLC 设备组态的 CPU 硬件视图中，更改数字量输入滤波器，如图 4-13 所示。

图 4-13　更改数字量输入滤波器

② 启用高速计数器 HSC1，如图 4-14 所示。

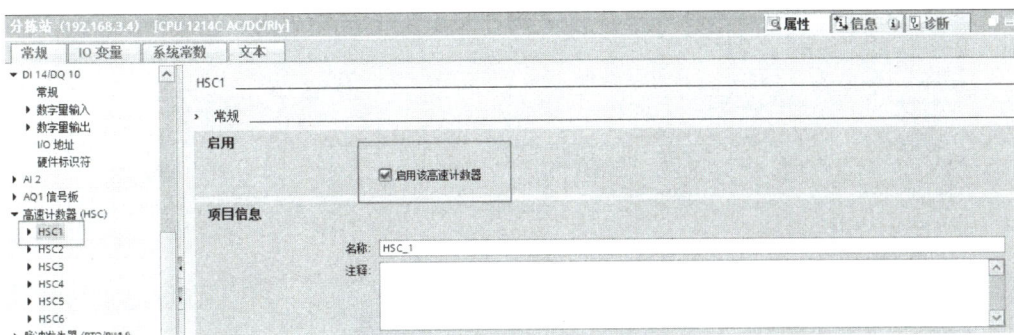

图 4-14　启用高速计数器 HSC1

③ 设置高速计数器功能，如图 4-15 所示。

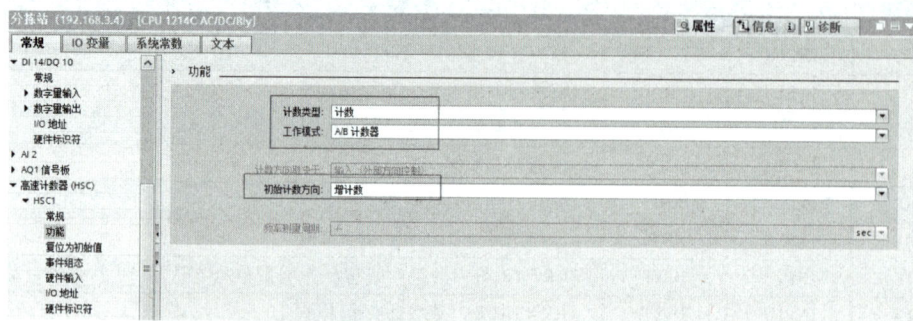

图 4-15　设置高速计数器功能

④ 复位为初始值设置，如图 4-16 所示。

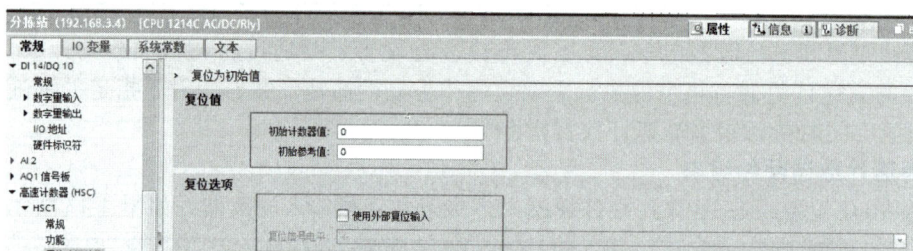

图 4-16　复位为初始值设置

⑤ 硬件输入设置，如图 4-17 所示。

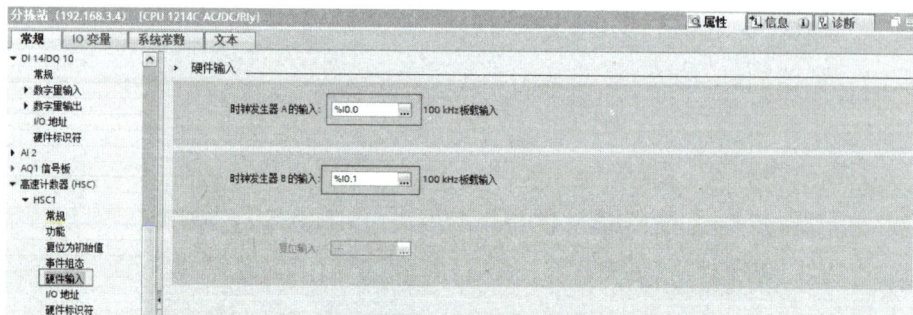

图 4-17　硬件输入设置

⑥ I/O 地址设置，如图 4-18 所示。

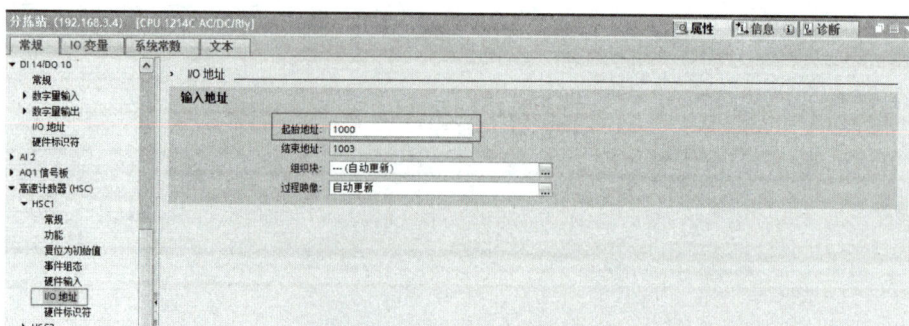

图 4-18　I/O 地址设置

⑦ 硬件标识符（硬件标识符为 257，应将指令输入的 HSC 值从 1 改为 257）如图 4-19 所示。

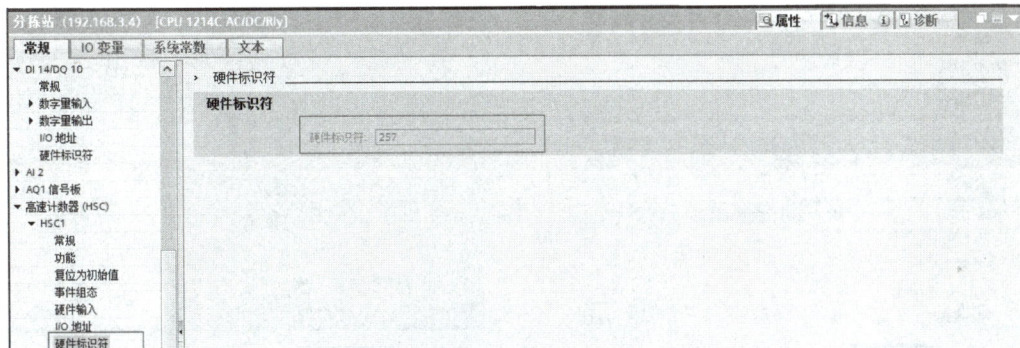

图 4-19　硬件标识符

⑧ 指令块参数更改后如图 4-20 所示。

至此，硬件组态部分已经完成，下面进行程序编写。

6. 高速计数器编程

如图 4-21 所示，展开项目树中的 PLC 的程序块，选择所需的硬件中断。

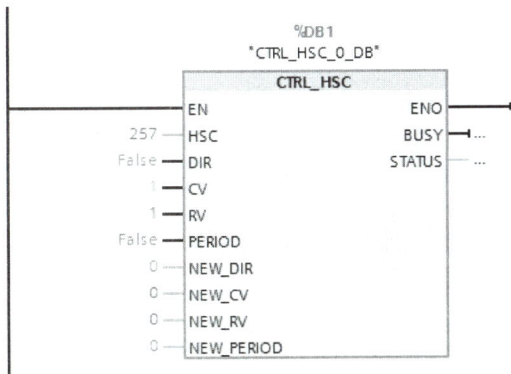

图 4-20　指令块参数更改后

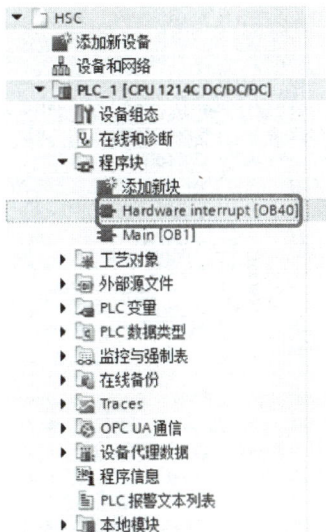

图 4-21　选择硬件中断

1）双击打开所需的硬件中断，如图 4-22 所示，在指令列表中找到 CTRL_HSC_EXT 指令，将指令拖入硬件中断的程序编辑器，会弹出图 4-23 所示的调用选项，只能选择"单个实例"，单击"确定"按钮。

2）如图 4-24 所示，新建数据块和变量，数据类型为 HSC_Count。展开该变量，可以看到图 4-25 所示的变量表。

将图中标记位置的变量值设置为 1，也就是将高速计数器的软件门使能。

3）如图 4-26 所示，在硬件中断内编程。

程序段 1：M0.5 作为标志位，在 OB1 第一个扫描周期置位，该标志位为 1 时表示参考值为 25，为 0 时表示参考值为 50。

当进入中断时，反转标志位，并赋值新的参考值。

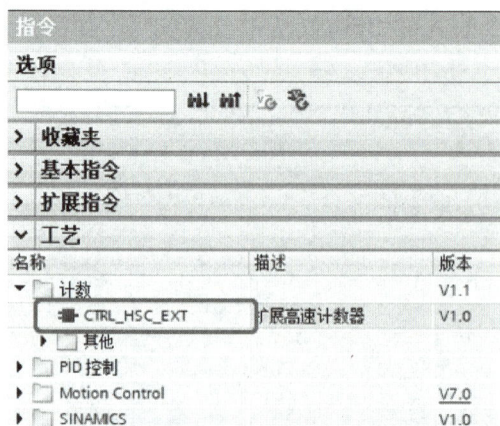

图 4-22　添加高速计数器

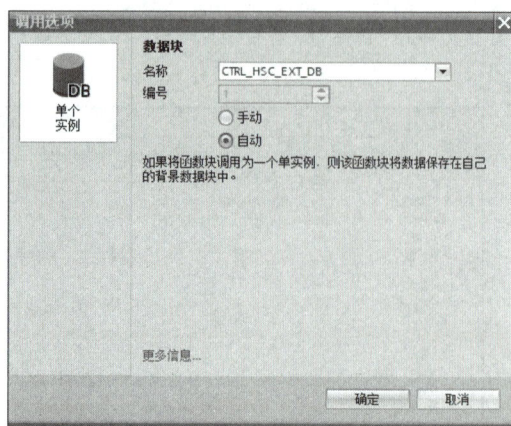

图 4-23　定义指令背景数据块

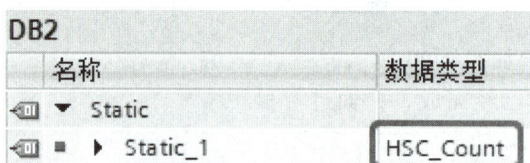

图 4-24　高速计数器变量

DB2							
名称	数据类型	起...	保持	从 HMI/OPC...	从 H...	在 HMI ...	设定值
▼ Static			☐	☑	☐	☐	☐
▼ Static_1	HSC_Count		☐	☑	☑	☑	☑
CurrentCount	DInt	0	☐	☑	☑	☑	☐
CapturedCount	DInt	0	☐	☑	☑	☑	☐
SyncActive	Bool	false	☐	☑	☑	☑	☐
DirChange	Bool	false	☐	☑	☑	☑	☐
CmpResult_1	Bool	false	☐	☑	☑	☑	☐
CmpResult_2	Bool	false	☐	☑	☑	☑	☐
OverflowNeg	Bool	false	☐	☑	☑	☑	☐
OverflowPos	Bool	false	☐	☑	☑	☑	☐
EnHSC	Bool	1	☐	☑	☑	☑	☐
EnCapture	Bool	false	☐	☑	☑	☑	☐
EnSync	Bool	false	☐	☑	☑	☑	☐
EnDir	Bool	false	☐	☑	☑	☑	☐
EnCV	Bool	false	☐	☑	☑	☑	☐
EnSV	Bool	false	☐	☑	☑	☑	☐
EnReference1	Bool	false	☐	☑	☑	☑	☐
EnReference2	Bool	false	☐	☑	☑	☑	☐
EnUpperLmt	Bool	false	☐	☑	☑	☑	☐
EnLowerLmt	Bool	false	☐	☑	☑	☑	☐
EnOpMode	Bool	false	☐	☑	☑	☑	☐
EnLmtBehavior	Bool	false	☐	☑	☑	☑	☐
EnSyncBehavior	Bool	false	☐	☑	☑	☑	☐
NewDirection	Int	0	☐	☑	☑	☑	☐
NewOpModeBeha...	Int	0	☐	☑	☑	☑	☐
NewLimitBehavior	Int	0	☐	☑	☑	☑	☐
NewSyncBehavior	Int	0	☐	☑	☑	☑	☐
NewCurrentCount	DInt	0	☐	☑	☑	☑	☐
NewStartValue	DInt	0	☐	☑	☑	☑	☐
NewReference1	DInt	0	☐	☑	☑	☑	☐
NewReference2	DInt	0	☐	☑	☑	☑	☐
NewUpperLimit	DInt	0	☐	☑	☑	☑	☐
New_Lower_Limit	DInt	0	☐	☑	☑	☑	☐

图 4-25　高速计数器变量表

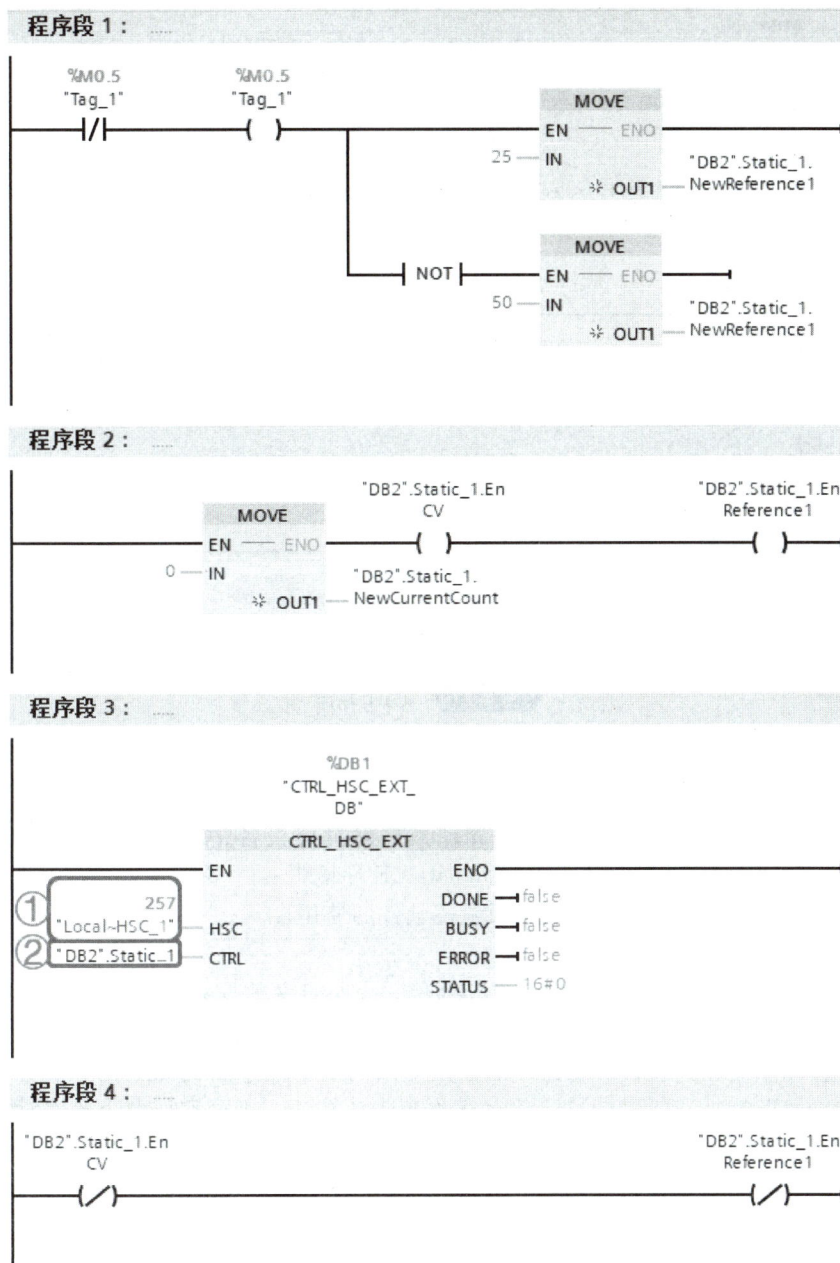

图 4-26　硬件中断编程

程序段 2：设置新的当前值为 0，设置新的当前值使能，设置新的参考值使能。

程序段 3：触发高速计数器指令。在标号①处输入高速计数器标识符，以 HSC1 为例，建议输入符号名 "Local～HSC_1"。在标号②处输入图 4-24 中新建的变量。

程序段 4：取消新的当前值使能，取消新的参考值使能。

4）如图 4-27 所示，在 OB1 中编写程序，只需将图 4-26 中的程序段 3 复制到 OB1 即可。

5）将硬件组态与程序下载到 CPU 后即可执行。当前的计数值可在 ID1000 中读出，也可以在 "DB2".Static_1.CurrentCount 中读出。关于高速计数器指令块，若不需要修改当前值、参考值等参数，可不需要调用，系统仍然可以计数。

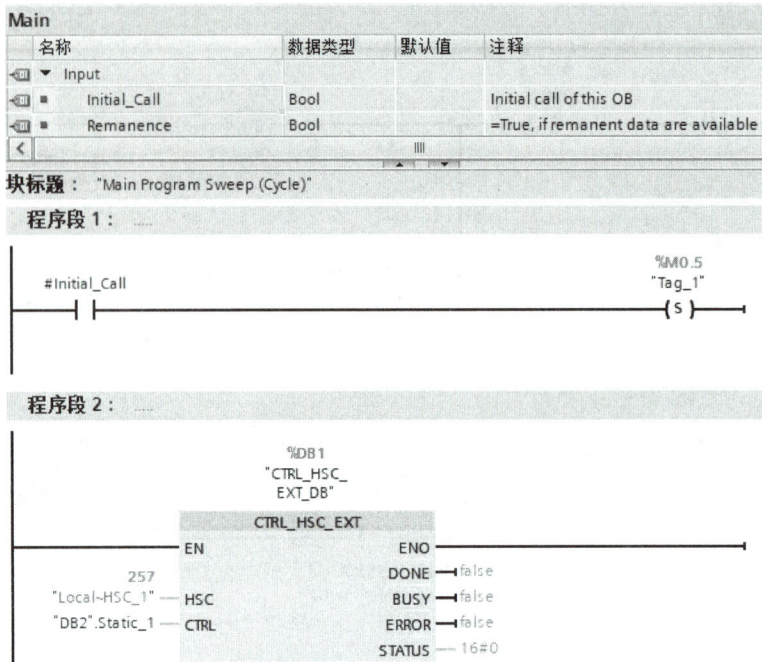

图 4-27 OB1 程序

任务5 认识人机界面

本设备配套使用的是北京昆仑通态公司研发的触摸屏设备，对应的组态软件为 MCGS 嵌入版组态软件，它能在嵌入式操作系统 Windows CE 环境中实时多任务运行。触摸屏通过以太网口与 PLC 网口连接。下面将介绍嵌入版组态软件的使用。

1. 定义数据对象

下面以数据对象"供料单元全线模式"为例，介绍定义数据对象的步骤。

① 单击工作台中的"实时数据库"窗口标签，进入实时数据库窗口。

② 单击"新增对象"按钮，在窗口的数据对象列表中增加新的数据对象，系统默认定义的名称为"Data1""Data2""Data3"等（多次单击该按钮，则可增加多个数据对象）。

③ 选中对象，单击"对象属性"按钮，或双击选中对象，打开"数据对象属性设置"窗口。

④ 将对象名称改为"供料单元全线模式"，对象类型选择开关型，单击"确认"按钮。

按照上述步骤，可以设置其他数据对象。

2. 设备连接

为了能够使触摸屏和 PLC 通信连接上，需把定义好的数据对象和 PLC 内部变量进行连接，具体操作步骤如下：

① 在"设备窗口"中双击"设备窗口"图标。

② 单击工具条中的"工具箱"按钮 🛠，打开设备工具箱。

③ 设备窗口界面如图 4-28 所示。在可选设备列表中，双击"Siemens_1200"。

④ 进入设备编辑窗口，将本地 IP 地址设为 192.168.3.6，远端 IP 地址设为 192.168.3.1，如图 4-29 所示。

⑤ 默认右侧窗口自动生成通道名称 I000.0 ~ I000.7，可以单击"删除全部通道"按钮进行删除，如图 4-30 所示。

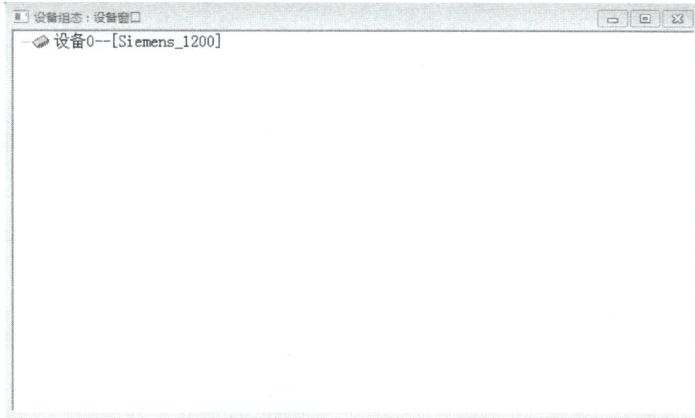

图 4-28 设备窗口界面

图 4-29 设置 IP 地址

图 4-30 删除全部通道

3. 变量连接

这里以"HMI 复位按钮"变量进行连接为例说明。

① 单击"添加设备通道"按钮，弹出图 4-31 所示对话框。

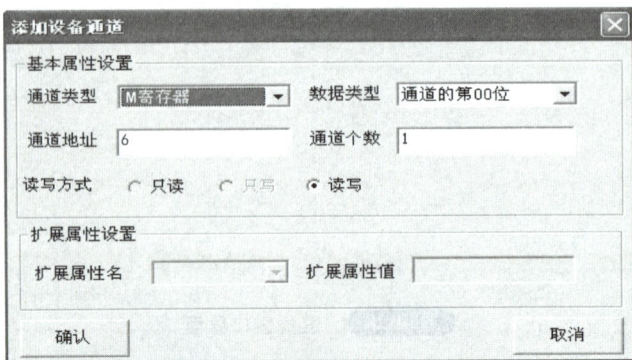

图 4-31 "添加设备通道"对话框

参数设置如下：

通道类型：M 寄存器。

数据类型：通道的第 00 位。

通道地址：6。

通道个数：1。

读写方式：读写。

② 单击"确认"按钮，完成基本属性设置。

③ 双击"读写 M6.0"通道对应的连接变量，从数据中心选择变量"HMI 复位按钮"。用同样的方法增加其他通道，连接变量，如图 4-32 所示，完成后单击"确认"按钮。

图 4-32 增加其他通道

4. 画面设置

① 在"用户窗口"中单击"新建窗口"按钮，建立"窗口0"。选中"窗口0"，单击"窗口属性"，进入用户窗口进行属性设置。

② 将窗口名称改为"分拣画面"，窗口标题改为"分拣画面"。

③ 单击"窗口背景"，在"自定义颜色"中选择所需的颜色，如图4-33所示。

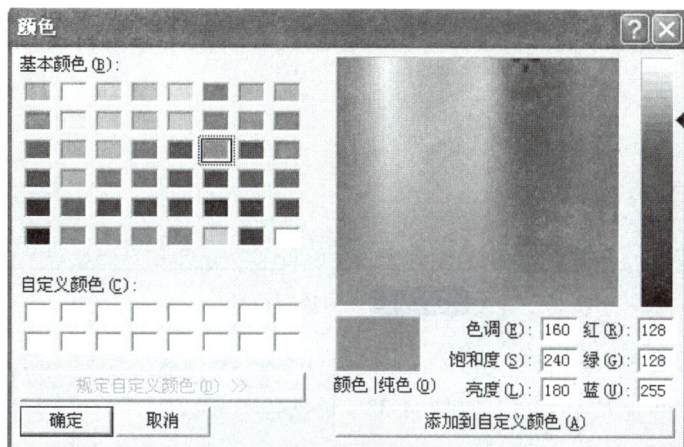

图 4-33 "颜色"对话框

5. 制作文字框图

以标题文字的制作为例进行说明。

① 单击工具条中的"工具箱"按钮 🛠，打开绘图工具箱。

② 选择工具箱内的"标签"按钮 **A**，鼠标的光标呈十字形，在窗口顶端中心位置拖拽鼠标，根据需要拉出一个大小适合的矩形。

③ 在光标闪烁位置输入文字"分拣单元界面"，按<Enter>键或在窗口任意位置单击，文字输入完毕。

④ 选中文字框，作如下设置：

a. 单击工具条上的"填充色"按钮 ，设定文字框的背景颜色为白色。

b. 单击工具条上的"线色"按钮 ，设置文字框的边线颜色为没有边线。

c. 单击工具条上的"字符字体"按钮 A⁴，设置文字字体为华文细黑，字型为粗体，大小为二号。

d. 单击工具条上的"字符颜色"按钮 A，将文字颜色设为藏青色。

⑤ 其他文字框的属性设置如下：背景颜色为同画面背景颜色，边线颜色为没有边线，文字字体为华文细黑，字型为常规，大小为二号。

6. 制作状态指示灯

以"单机/全线"指示灯为例进行说明。

① 单击绘图工具箱中的"插入元件"图标 ，弹出"对象元件库管理"对话框，选择"指示灯6"，单击"确定"按钮，双击指示灯，弹出"单元属性设置"对话框，如图4-34所示。

② 在"数据对象"选项卡中，单击右上角的"?"按钮，从数据中心选择"单机全线切换"变量。

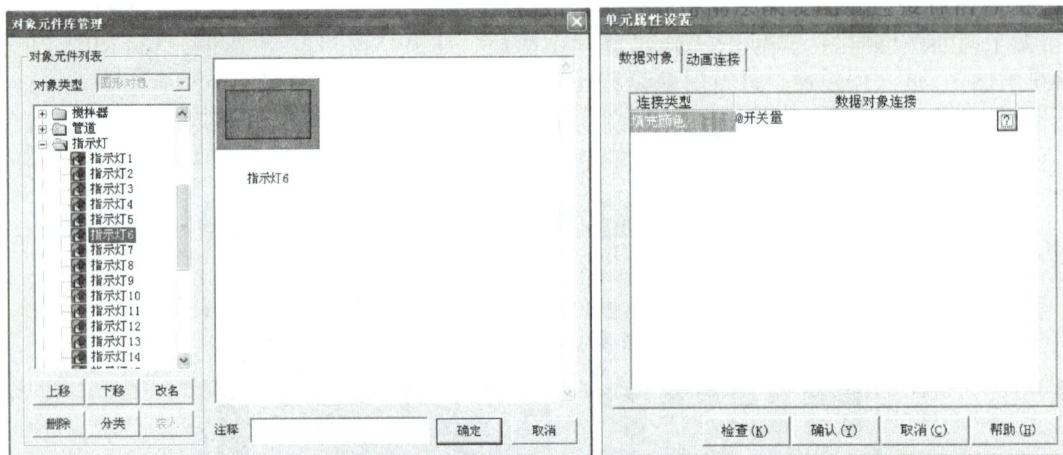

图 4-34　添加指示灯

③ 单击"动画连接"选项卡，单击"填充颜色"，右边会出现按钮 `>`，如图 4-35 所示。

④ 单击按钮 `>`，出现"标签动画组态属性设置"对话框，如图 4-36 所示。

⑤ 单击"属性设置"选项卡，填充颜色设为白色。

⑥ 单击"填充颜色"选项卡，分段点 0 对应颜色设为白色，分段点 1 对应颜色设为浅绿色，如图 4-37 所示，单击"确认"按钮完成。

注意：在"属性设置"选项卡中勾选"闪烁效果"，可以在闪烁效果界面中设置指示灯闪烁功能。

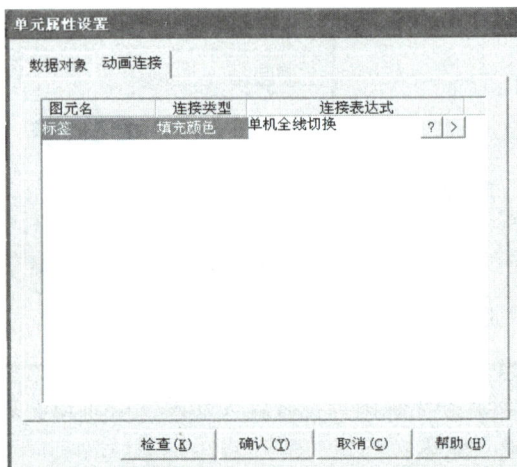

图 4-35　"单元属性设置"对话框

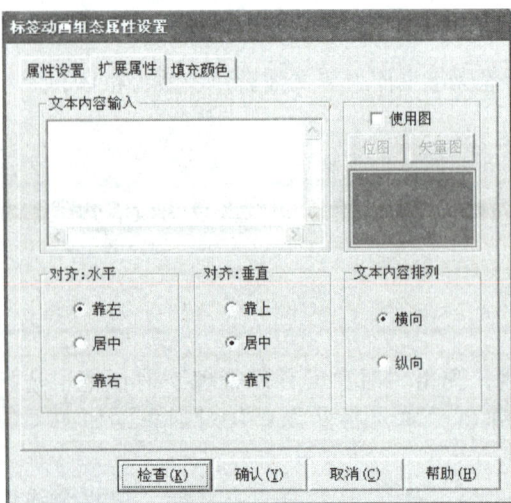

图 4-36　"标签动画组态属性设置"对话框

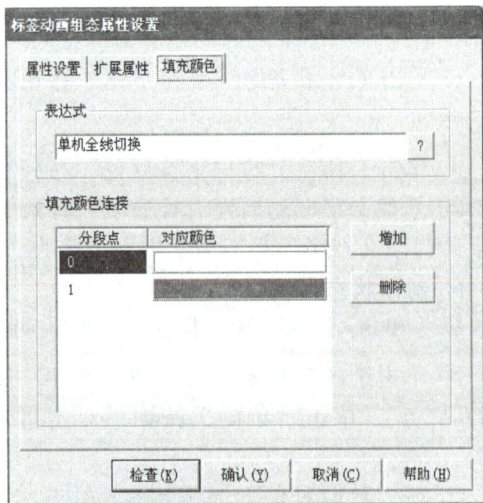

图 4-37　"填充颜色"选项卡

7. 制作切换旋钮

单击绘图工具箱中的"插入元件"按钮 ，弹出"对象元件库管理"对话框，选择"开关6"，单击"确定"按钮，双击旋钮，弹出"单元属性设置"对话框，如图4-38所示。在"数据对象"选项卡中，将"按钮输入"和"可见度"连接数据对象"单机全线切换"。

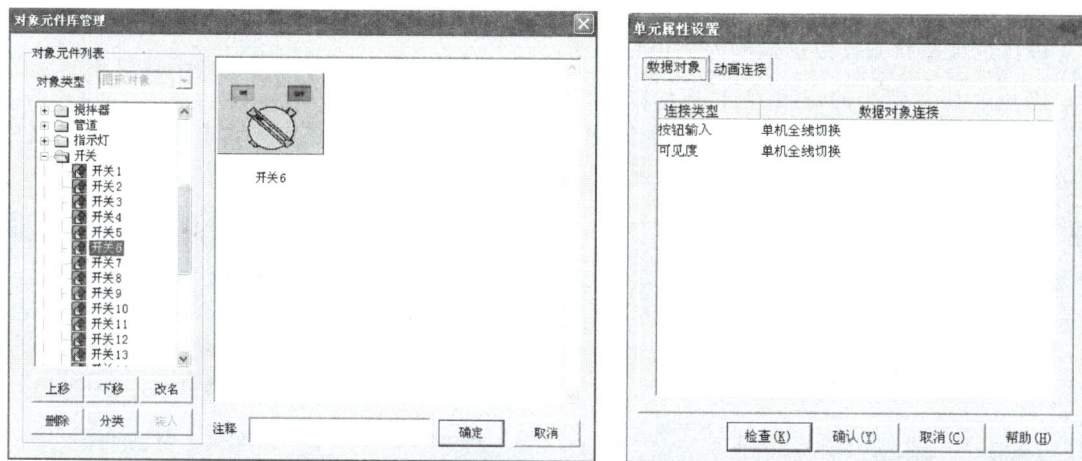

图 4-38　添加旋钮

8. 制作标准按钮

以启动按钮为例进行说明。

① 单击绘图工具箱中的按钮 ，在窗口中拖出一个大小合适的按钮，双击按钮，弹出图4-39所示的对话框。

② 在"基本属性"选项卡中，无论是"抬起"还是"按下"状态，文本都设置为"起动按钮"。"抬起"状态下，字体设置为宋体，字体大小设置为五号，背景颜色设置为浅绿色；"按下"状态下，字体大小设置为小五号，其他设置同"抬起"状态。

③ 在"脚本程序"选项卡中，"抬起"的脚本如下：

HMI 起动按钮 = 0

"按下"的脚本如下：

if 写入变频器频率 <= 0 then

　　HMI 起动按钮 = 0

　　! OpenSubWnd（窗口 2, 260, 187, 414, 212, 0）

else

　　HMI 起动按钮 = 1

endif

④ 其他保持默认，单击"确认"按钮完成。

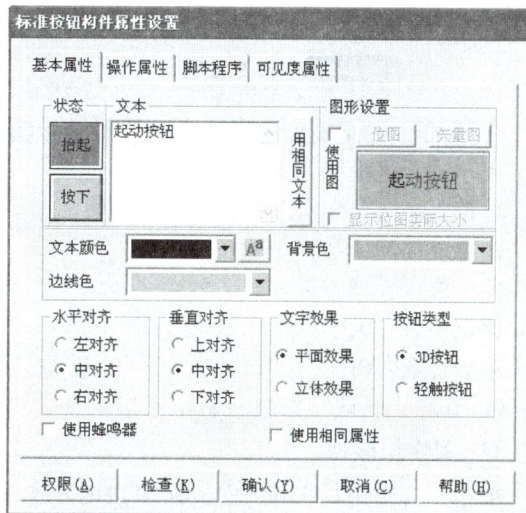

图 4-39　"标准按钮构件属性设置"对话框

9. 数值输入框

① 选中工具箱中的"输入框"按钮 ，拖动鼠标绘制1个输入框。

② 双击 输入框 进行属性设置，在"操作属性"选项卡中，在"对应数据对象的名称"下输入"写入变频器频率"，勾选"使用单位"，在其下选择单位"Hz"，最小值设为 0，最大值设为 50，小数位数设为 0。

设置结果如图 4-40 所示。

10. 数据显示

以白色金属料累计数据显示为例进行说明。

① 选中工具箱中的按钮 Ａ，拖动鼠标绘制 1 个显示框。

② 双击显示框，弹出"标签动画组态属性设置"对话框，在"输入输出连接"选项组中勾选"显示输出"，则在对话框中会出现"显示输出"选项卡，如图 4-41 所示。

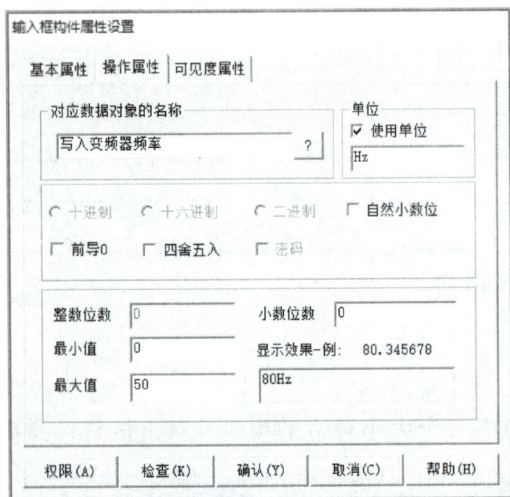

图 4-40 设置结果

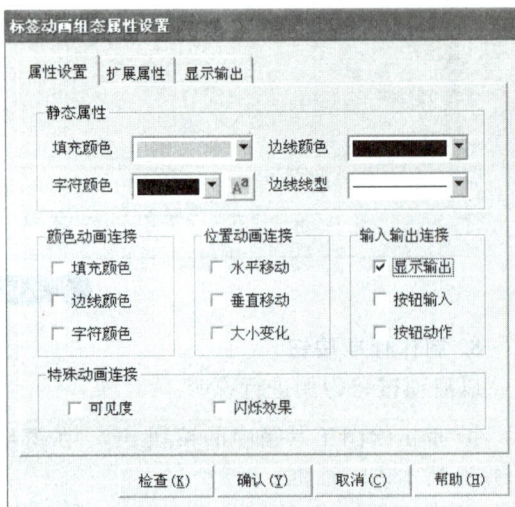

图 4-41 "标签动画组态属性设置"对话框

③ 单击"显示输出"选项卡，设置显示输出属性，其参数设置如下：

表达式：机械手当前位置。

单位：mm。

输出值类型：数值量输出。

输出格式：浮点数输出。

整数位数：0。

小数位数：0。

④ 单击"确认"按钮，制作完毕。

11. 制作矩形框

单击工具箱中的按钮 ▢，在窗口的左上方拖出一个大小适合的矩形，双击矩形，出现图 4-42 所示的对话框，属性设置如下：

① 单击工具条上的"填充色"按钮 ，设置矩形框的背景颜色为没有填充。

② 单击工具条上的"线色"按钮 ，设置矩形框的边线颜色为白色。

③ 其他保持默认，单击"确认"按钮完成。

12. 滑动输入器

① 选中工具箱中的"滑动输入器"按钮 ，当光标呈十字形后，拖动光标到适当大小，再调整滑动块到适当的位置。

② 双击滑动输入器构件，弹出图 4-43 所示的对话框，参数设置如下：

在"基本属性"选项卡中，滑块指向设为指向左（上）。

在"刻度与标注属性"选项卡中，主划线数目设为 11，次划线数目设为 2，小数位数设为 0。

在"操作属性"选项卡中，对应数据对象名称设为手爪当前位置_输送，滑块在最左（下）边时对应的值设为 1100，滑块在最右（上）边时对应的值设为 0。

其他保持默认。

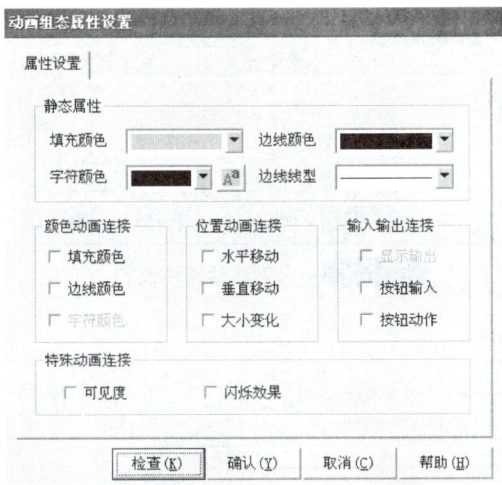

图 4-42　"动画组态属性设置"对话框

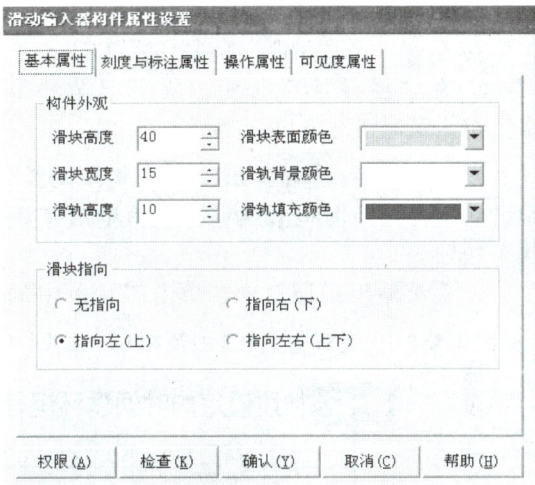

图 4-43　"滑动输入器构件属性设置"对话框

③ 单击"权限"按钮，弹出"用户权限设置"对话框，选择管理员组，按"确认"按钮完成。图 4-44 是制作完成的效果图。

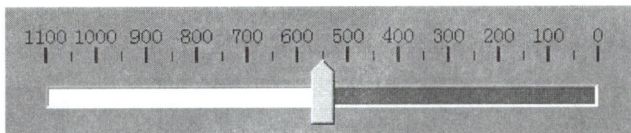

图 4-44　制作完成的效果图

13. 制作循环移动的文字框图

① 选择工具箱内的"标签"按钮 **A**，拖拽到窗口上方的中心位置，根据需要拉出一个大小适合的矩形。在光标闪烁位置输入文字"欢迎使用 YL-335B 型自动化生产线实训考核装备！"，按<Enter>键或在窗口任意位置单击，完成文字输入。

② 静态属性设置。文字框的背景颜色设为没有填充，文字框的边线颜色设为没有边线，字符颜色设为艳粉色，文字字体设为华文细黑，字型设为粗体，大小设为二号。

③ 为了使文字循环移动，在"位置动画连接"选项组中勾选"水平移动"，这时在对话框中出现"水平移动"选项卡，其属性设置如图 4-45 所示。

④ 为了实现水平移动动画连接，首先要确定对应连接对象的表达式，然后再定义表达式的值所对应的位置偏移量。在图 4-45 中定义一个内部数据对象"移动"作为表达式，它是一个与文字对象的位置偏移量成比例的增量值。当表达式"移动"的值为 0 时，文字对象的位置向右移动 0 点（即不动）；当表达式"移动"的值为 1 时，对象的位置向左移动 5 点（-5）。这就是说，"移动"变量与文字对象的位置之间的关系是斜率为-5 的线性关系。

⑤ 触摸屏图形对象所在的水平位置设置为：以左上角为坐标原点，单位为像素点，向左

为负方向，向右为正方向。TPC7062Ti 的分辨率是 800×480 像素，文字串"欢迎使用 YL-335B 型自动化生产线实训考核装备！"向左全部移出的偏移量约为 -700 像素，故表达式"移动"的值为 +140。文字循环移动的方式是，如果文字串向左全部移出，则返回初始位置重新移动。

⑥ 组态"循环策略"的具体操作如下：

a. 在"运行策略"中，双击"循环策略"进入策略组态窗口。

b. 双击图标 弹出"策略属性设置"对话框，将循环时间设为 100ms，单击"确认"按钮。

c. 在策略组态窗口中，单击工具条中的"新增策略行"图标 ，增加策略行，如图 4-46 所示。

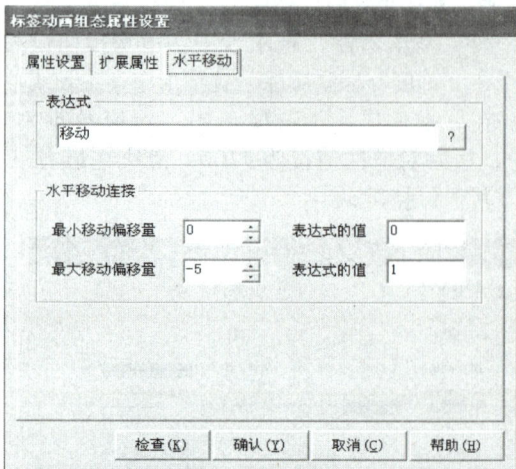

图 4-45 水平移动属性设置

图 4-46 增加策略行

d. 单击策略工具箱中的"脚本程序"按钮，将鼠标指针移到"策略块"图标 上，单击，即可添加脚本程序构件，如图 4-47 所示。

图 4-47 添加脚本程序构件

e. 双击 进入策略条件设置，在表达式中输入 1（即始终满足条件）。

f. 双击 进入脚本程序编辑环境，输入下面的程序：

```
if 移动 <= 140 then
    移动 = 移动+1
else
    移动 = -140
endif
```

g. 单击"确认"按钮，脚本程序编写完毕。

4.2 项目描述

1. 分拣单元的功能

如图 4-48 所示，分拣单元是 YL-335B 中的最末单元，完成对上一单元送来的已加工、装配的工件进行分拣，使不同颜色的工件从不同的料槽分流。当输送单元送来工件放到传送带上并为入料口光电开关检测到时，即起动变频器，工件开始送入分拣区进行分拣。

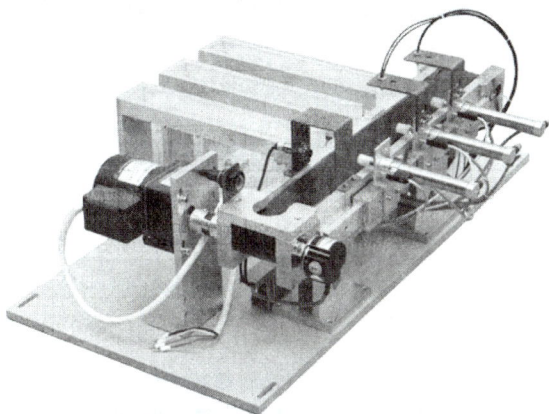

分拣单元的功能

图 4-48 分拣单元的机械结构总成

2. 分拣单元的控制要求

1）设备的工作目标是完成对白色芯金属工件、白色芯塑料工件、黑色芯金属工件和黑色芯塑料工件的分拣。为了在分拣时准确推出工件，要求使用旋转编码器进行定位检测，并且工件材料和芯体颜色属性应在推料气缸前的适当位置被检测出来。

2）设备通电和气源接通后，若分拣单元的三个气缸均处于缩回位置，则"正常工作"指示灯 HL1 常亮，表示设备准备好，否则该指示灯以 0.5Hz 频率闪烁。

分拣单元的
控制要求

3）若设备准备好，按下起动按钮，系统起动，"设备运行"指示灯 HL2 常亮。当传送带进料口有已装配的工件时，变频器起动，驱动电机以 30Hz 固定频率把工件带往分拣区。

如果工件为白色芯金属件，则该工件到达 1 号滑槽中间时，传送带停止，工件被推到 1 号槽中；如果工件为白色芯塑料，则该工件到达 2 号滑槽中间时，传送带停止，工件被推到 2 号槽中；如果工件为黑色芯，则该工件到达 3 号滑槽中间时，传送带停止，工件被推到 3 号槽中。工件被推出滑槽后，该工作单元的一个工作周期结束。仅当工件被推出滑槽后，才能再次向传送带下料。如果在运行期间按下停止按钮，该工作单元在本工作周期结束后停止运行。

4.3　项目计划

在学习了前面的知识后，应对分拣单元已有了全面的了解，为了有计划地完成本项目，要先做好任务分工和实施计划。

1. 任务分工和实施计划（见表 4-13）

5 人一组，组内成员要有明确分工，角色及职责安排如下：

负责人：担任小组组长，负责整个项目的统筹安排、成果汇报等工作。

调试员：负责 PLC 程序的设计与调试。

装配工：负责分拣单元的机械部分、传感器、气路的安装，并配合调试员进行调试。

接线工：负责分拣单元的电气接线，并配合调试员进行调试。

安全员：负责整个实施过程的操作规范及安全方面的监督，以及材料准备和资料整理。

表 4-13　分拣单元项目的任务分工和实施计划

实施步骤	实施内容	完成人	计划完成时间	备注说明
1	根据控制要求准备材料			
2	安装机械部分、传感器、电磁阀组			
3	气动回路设计、安装、调试			
4	电气线路设计及连接			
5	程序设计、编译及调试			
6	成果资料整理、总结汇报			

2. 所需材料和工具

在实施项目前，请按照材料和工具清单（见表 4-14）逐一检查分拣单元所需的材料、工具是否齐全，并填好各种材料的规格及数量。

表 4-14　分拣单元的材料和工具清单

工具	规格	数量	材料	规格	数量
内六角扳手			分拣单元结构组件		
橡胶锤			光纤传感器		
螺丝刀			磁性开关		
斜口钳			电感式接近开关		
尖嘴钳			旋转编码器		
剥线钳			变频器		
压线钳			步进电机		
万用表			电磁阀组		
钟表螺丝刀			PLC		

4.4　项目实施

任务 1　组装分拣单元的机械部分

分拣单元机械装配可按如下 4 个阶段进行：

1）完成传送机构的组装，装配传送带装置及其支座，然后将其安装到底板上，安装过程如图 4-49 所示，传送机构安装组成图如图 4-50 所示。

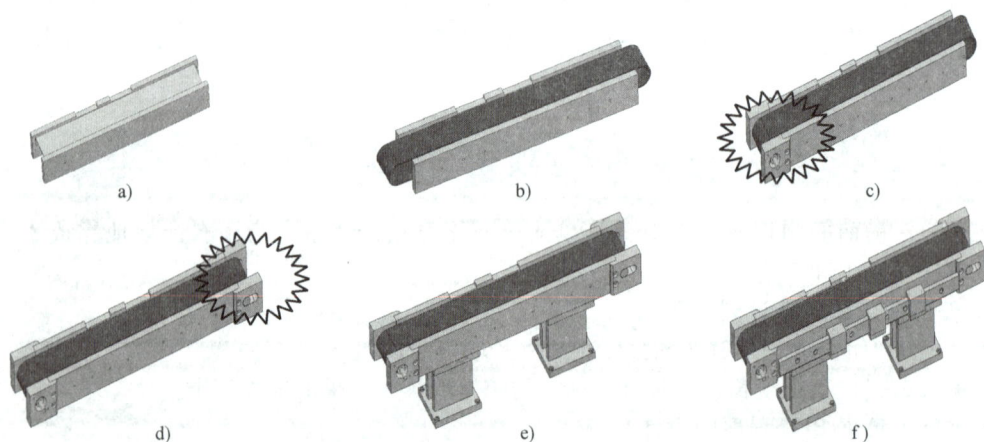

图 4-49　传送机构组件安装过程

a）固定不锈钢铝板和连接支撑　b）套入平带　c）套入主动带轮及端板
d）安装平带和端板　e）安装支撑件　f）安装导轨及滑块

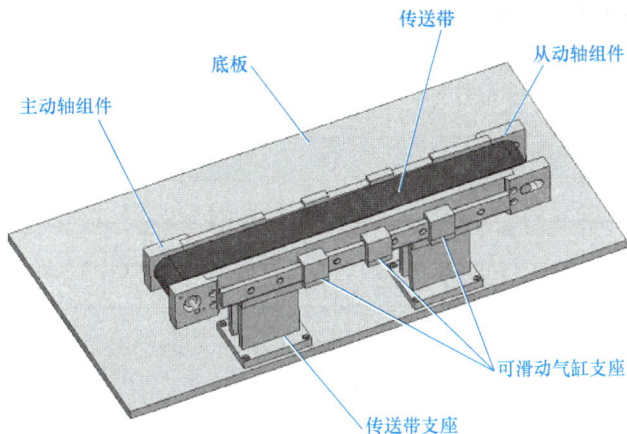

图 4-50　传送机构安装组成图

2）完成驱动电动机组件装配，进一步装配联轴器，把驱动电动机组件与传送机构相连接并固定在底板上，如图 4-51 所示。

3）继续完成推料气缸支架、推料气缸、传感器支架、出料槽及支撑板等的装配，如图 4-52 所示。

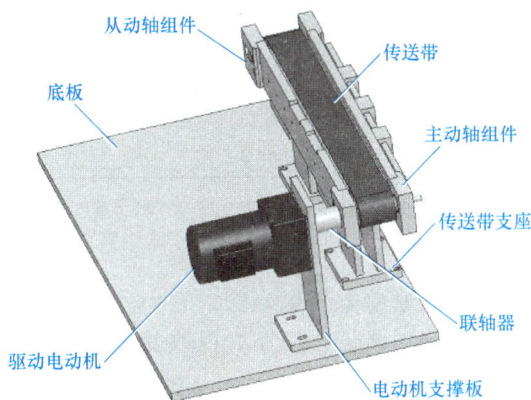

图 4-51　驱动电动机组件安装

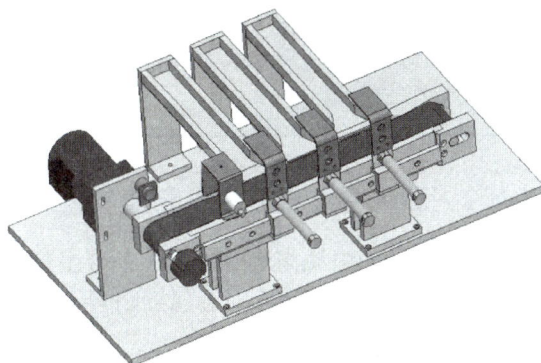

图 4-52　机械部件安装完成后的效果图

4）最后完成各传感器、电磁阀组件、装置侧接线端口等装配。分拣单元机械安装工作单见表 4-15。

传送带安装时应注意以下几点：

①传送带托板与传送带两侧板的固定位置应调整好，以免传送带安装后凹入侧板表面，造成推料被卡住的现象。

②主动轴和从动轴的安装位置不能错，主动轴和从动轴安装板的位置不能相互调换。

③传送带的张紧度应调整适中。

④要保证主动轴和从动轴的平行。

⑤为了使传动部分平稳可靠、噪声小，特使用滚动轴承为动力回转件，但滚动轴承及其安装配合零件均为精密结构件，对其拆装需要一定的技能和专用的工具，建议不要自行拆卸。

表 4-15　分拣单元机械安装工作单

安装步骤	计划时间	实际时间	工具	是否返工,返工原因及解决方法
传送机构支撑架的安装				
电动机的安装				
推料机构的安装				
传感器的安装				
电磁阀组的安装				
整体安装				
调试过程	传送带转动是否正常：　　是　　否 　原因及解决方法：			
	气缸推出是否顺利：　　是　　否 　原因及解决方法：			
	气路是否能正常换向：　　是　　否 　原因及解决方法：			
	其他故障及解决方法：			

任务 2　设计并连接分拣单元的气路

　　分拣单元的电磁阀组使用了 3 个带手控开关的二位五通单电控电磁阀,它们安装在汇流板上。这三个电磁阀分别对金属、白料和黑料推动气缸的气路进行控制,以改变各自的动作状态。

　　分拣单元气动回路的工作原理图如图 4-53 所示。其中,1A、2A 和 3A 分别为分拣气缸 1、

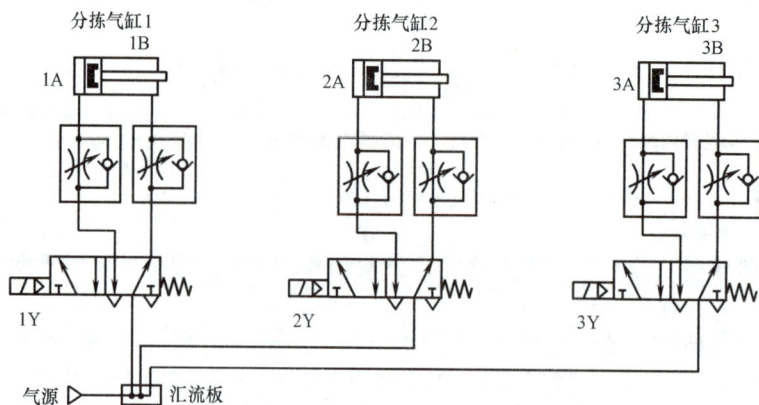

图 4-53　分拣单元气动回路的工作原理图

分拣气缸2和分拣气缸3，1B、2B和3B分别为安装在各分拣气缸的前极限工作位置的磁性开关，1Y、2Y和3Y分别为控制3个分拣气缸电磁阀的电磁控制端。

安装气路的同时填写气路连接工作单，见表4-16。

表4-16　分拣单元气路连接工作单

调试内容	是	否	不正确原因
气路连接是否有漏气现象			
推杆1气缸伸出是否顺畅			
推杆2气缸缩回是否顺畅			
推杆3气缸伸出是否顺畅			
备注			

任务3　设计并连接分拣单元的电路

分拣单元装置侧接线端口信号端子的分配见表4-17。由于要判别工件材料和芯体颜色属性，需在传感器支架上安装电感式接近开关和光纤传感器，但光纤传感器2可不使用。

表4-17　分拣单元装置侧接线端口信号端子的分配

输入端口中间层			输出端口中间层		
端子号	设备符号	信号线	端子号	设备符号	信号线
2	DECODE	旋转编码器B相	2	1Y	推杆1电磁阀
3		旋转编码器A相	3	2Y	推杆2电磁阀
4	SC1	光纤传感器1	4	3Y	推杆3电磁阀
5	SC2	光纤传感器2			
6	SC3	进料口工件检测			
7	SC4	电感式接近开关			
8	1B	推杆1磁性开关			
9	2B	推杆2磁性开关			
10	3B	推杆3磁性开关			
11#~17#端子没有连接			5#~14#端子没有连接		

分拣单元的PLC选用S7-1200 CPU 1214C AC/DC/RLY主单元。本项目工作任务仅要求以30Hz的固定频率驱动电动机运转，只需用固定频率方式控制变频器即可，故选用变频器的端子"5"（DIN1）作为电动机起动和频率控制端口，PLC的I/O分配见表4-18，接线原理图如图4-54所示。

为了实现固定频率输出，变频器的参数应进行如下设置：

① 命令源参数P0700=2（由端子排输入），选择频率设定的信号源参数P1000=3（固定频率）。

② DIN1功能参数P0701=16（直接选择+ON命令），P1001=30Hz。

③ 斜坡上升时间参数P1120设定为1s，斜坡下降时间参数P1121设定为0.2s。

注意：由于驱动电动机功率很小，此参数设定不会引起变频器过电压跳闸。

表 4-18 分拣单元 PLC 的 I/O 分配

输入信号				输出信号			
序号	PLC 输入点	信号名称	信号来源	序号	PLC 输出点	信号名称	信号输出目标
1	I0.0	旋转编码器 A 相	装置侧	1	Q0.0	电动机正转	变频器
2	I0.1	旋转编码器 B 相		2	Q0.1		
3	I0.2			3	Q0.2		
4	I0.3	进料口工件检测		4	Q0.3		
5	I0.4	金属工件检测		5	Q0.4	推杆 1 电磁阀	
6	I0.5	工件颜色检测		6	Q0.5	推杆 2 电磁阀	
7	I0.6			7	Q0.6	推杆 3 电磁阀	
8	I0.7	推杆 1 到位		8	Q0.7	黄色指示灯 HL1	按钮指示灯模块
9	I1.0	推杆 2 到位		9	Q1.0	绿色指示灯 HL2	
10	I1.1	推杆 3 到位		10	Q1.1	红色指示灯 HL3	
11	I1.2	停止按钮	按钮指示灯模块				
12	I1.3	起动按钮					
13	I1.4						
14	I1.5	单机/全线					

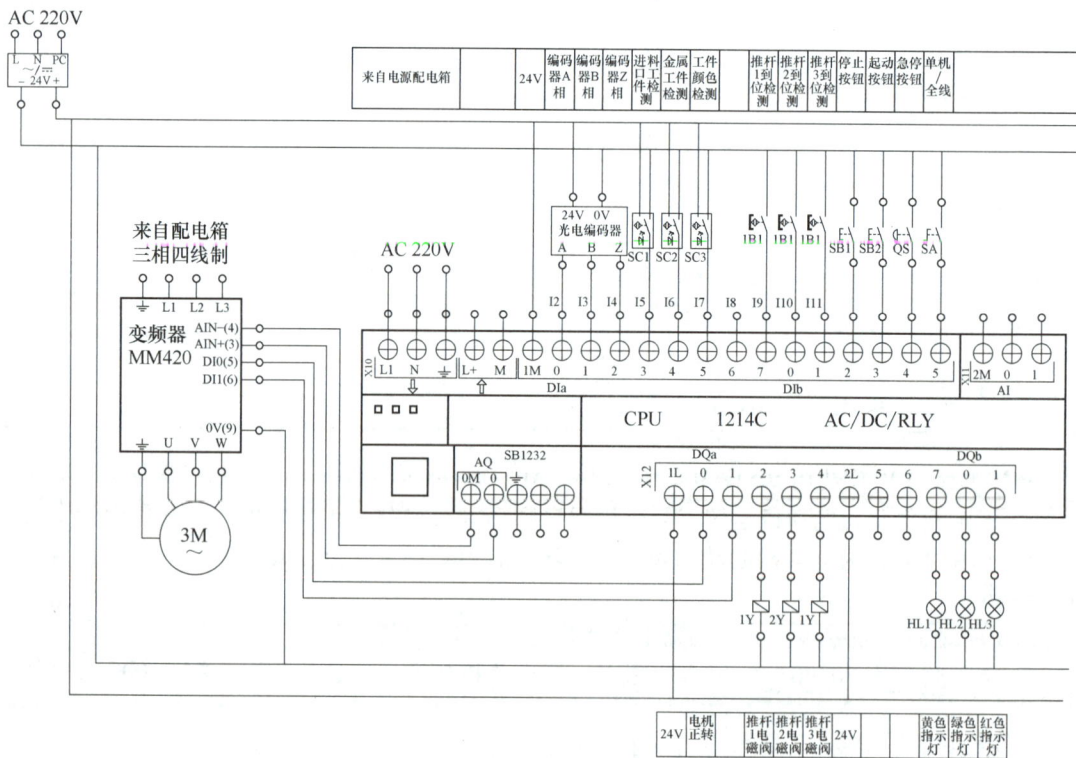

图 4-54 分拣单元 PLC 的 I/O 接线原理图

分拣单元电气线路安装及调试工作单见表 4-19。

表 4-19　分拣单元电气线路安装及调试工作单

调试内容	正确	错误	原因
旋转编码器 A 相信号			
旋转编码器 B 相信号			
进料口工件信号检测			
金属信号检测			
工件颜色信号检测			
推杆 1 气缸伸出到位检测			
推杆 2 气缸伸出到位检测			
推杆 3 气缸伸出到位检测			

任务 4　设计并调试分拣单元的 PLC 程序

1. 旋转编码器脉冲当量测量

分拣单元使用了旋转编码器,用于计算工件在传送带上的位置,编码器直接连接到传送带主动轴上。该旋转编码器的三相脉冲采用 NPN 型集电极开路输出,工作电源为 DC 12 ~ 24V。A、B 两相输出端直接连接到 PLC 的高速计数器输入端。

计算工件在传送带上的位置时,需确定每两个脉冲之间的距离(即脉冲当量)。分拣单元主动轴的直径为 $d = 43$mm,则减速电机每旋转一周,传送带上工件移动的距离 $L = \pi d = 3.14 \times 43$mm $= 135.02$mm。故脉冲当量 μ 为 $\mu = L/500 \approx 0.27$mm,即工件每移动 0.27mm,光电编码器就发出一个脉冲。

根据传送带主动轴直径计算旋转编码器的脉冲当量,其结果只是一个估算值。在分拣单元安装调试时,除了要尽量减少安装偏差,还需现场测量脉冲当量值,方法如下:

1) 分拣单元安装调试时,必须仔细调整电机与主动轴联轴的同心度和传送带的张紧度。调节张紧度的两个调节螺栓应平衡调节,避免传送带运行时跑偏。传送带张紧度以电机在输入频率为 1Hz 时能顺利起动,低于 1Hz 时难以起动为宜。测量时可把变频器设置为在 BOP 进行操作(起动/停止和频率调节)的运行模式,即设定参数 P0700 = 1(使能 BOP 上的起动/停止按钮),P1000 = 1(使能电动电位器的设定值)。

2) 安装调整结束后,变频器参数设置为:

P0700 = 2(指定命令源为"由端子排输入")

P0701 = 16(确定数字输入 DIN1 为"直接选择+ON 命令")

P1000 = 3(频率设定值的选择为"固定频率")

P1001 = 25Hz(DIN1 的频率设定值)

3) 编写并运行 PLC 程序,如图 4-55 所示,将程序置于"监控模式"。

在传送带进料口中心处放下工件后,按起动按钮起动运行。工件被传送一段较长的距离后,按下停止按钮停止运行。观察 PLC 软件监控界面上 VD0 的读数,将此值填写到表 4-20 的"高速计数脉冲数"一栏中。然后在传送带上测量工件移动的距离,把测量值填写到"工件移动距离"一栏中。计算高速计数脉冲数除以 4 的值,填写到"编码器脉冲数"一栏中。根据脉冲当量 μ 计算值 = 工件移动距离/编码器脉冲数,计算脉冲当量值并填写到相应栏目中。

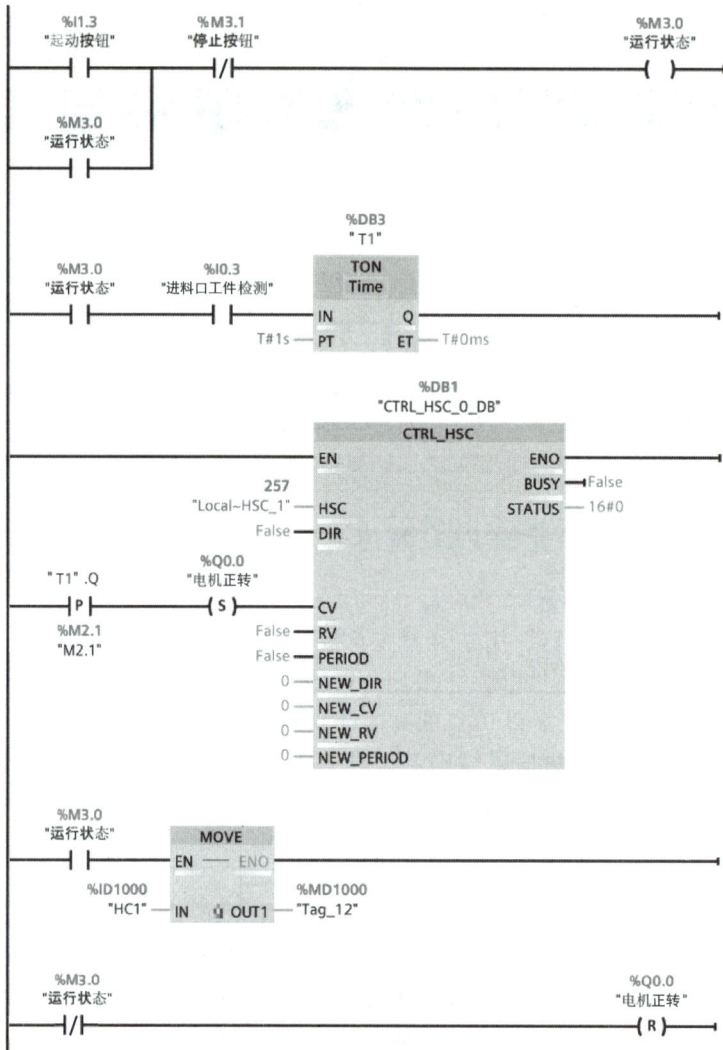

图 4-55　脉冲当量测试程序

表 4-20　脉冲当量现场测试数据

序号	工件移动距离 （测量值）	高速计数脉冲数 （测试值）	编码器脉冲数 （计算值）	脉冲当量 μ （计算值）
第一次				
第二次				
第三次				

4）重新把工件放到进料口中心处，按下起动按钮，即进行第二次测试，并记录数据。进行三次测试后，求出脉冲当量 μ 的平均值 $=(\mu1+\mu2+\mu3)/3$。

2. 分拣单元的编程思路

1）分拣单元的主要工作是分拣控制，工作状态显示的要求比较简单，可直接在主程序中编写，也可写一个子程序供主程序调用。

2）主程序的流程与前面所述的供料、加工等单元是类似的，如图 4-56 所示。

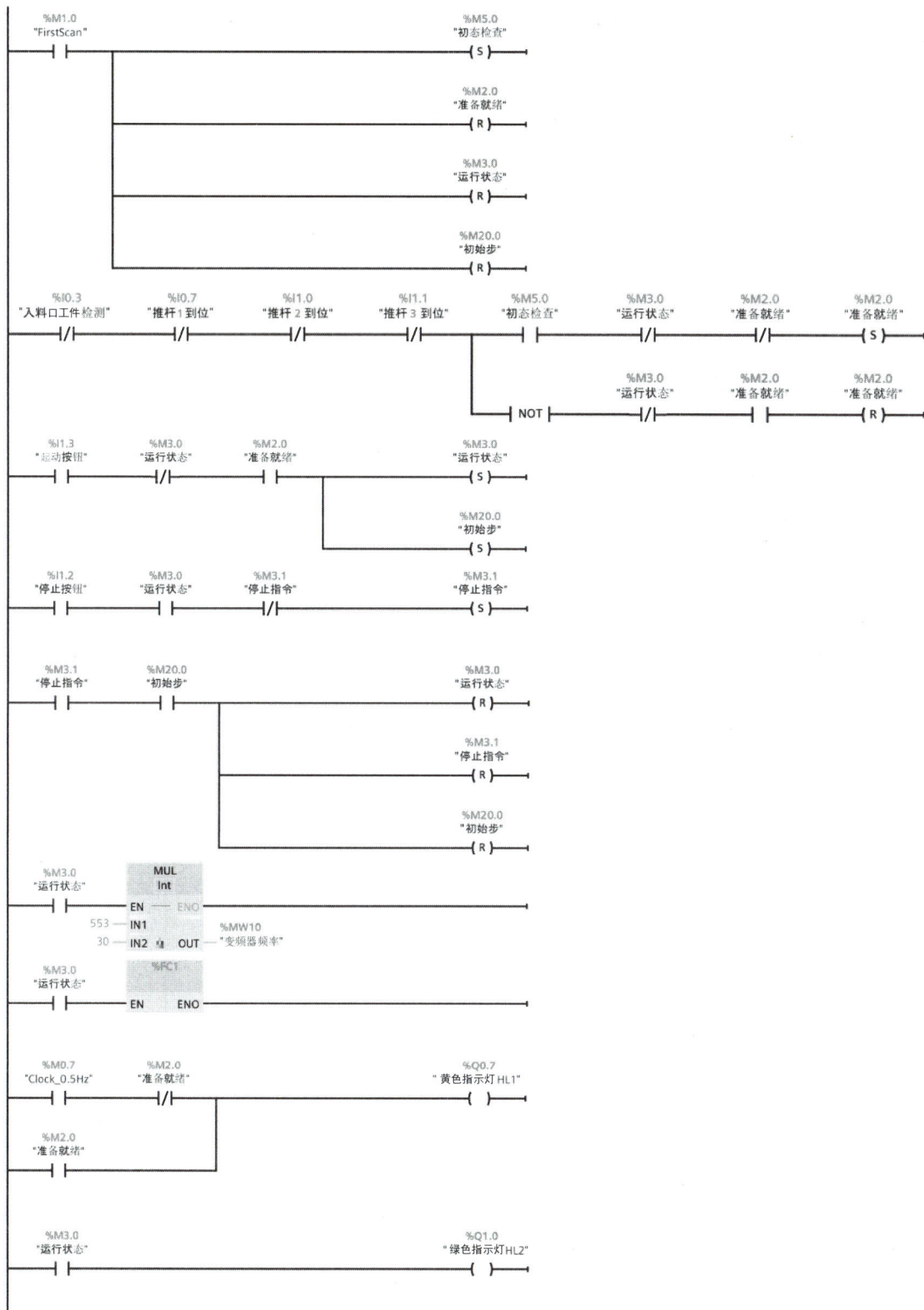

图 4-56 分拣单元主程序

3）分拣控制子程序也是一个步进顺序控制程序，如图 4-57 所示。其编程思路如下：

```
                                    %DB2
                              "CTRL_HSC_0_DB"
    %M20.0                       CTRL_HSC
    "初始步"
    ──┤├──────────┬─────┤EN                  ENO├──────────────
                  │  257─┤HSC               BUSY├─False
              False─┤DIR             STATUS├─16#0
                  1─┤CV
                  1─┤RV
              False─┤PERIOD
                  0─┤NEW_DIR
                  0─┤NEW_CV
                  0─┤NEW_RV
                  0─┤NEW_PERIOD
```

```
                                              "定时器用数据块".
                                                Static_1
    %I0.3          %M3.0          %M3.1          TON
 "进料口工件检测"    "运行状态"       "停止指令"        Time               %M20.1
                  │                                                    "Tag_1"
    ├──┤├──────────┤├──────────────┤/├─────┤IN      Q├─────────────( S )
                                    T#1s─┤PT     ET├─T#0ms
                                                                     %M20.0
                                                                     "初始步"
                                                                    ─( R )
```

```
    %M20.1          %M3.0                                             %Q0.0
    "Tag_1"         "运行状态"                                          "电机正转"
    ──┤├──────────────┤├──────────┬──────────────────────────────────( S )
                                  │
                                  │   %M3.4
                                  │  "联机方式"        MOVE
                                  ├────┤/├────────┤EN    ENO├
                                  │              │
                                  │   %MW10        │    %QW2
                                  │ "变频器频率"  IN ✱ OUT1├─"模拟量输出1"
                                  │
                                  │   %M3.4
                                  │  "联机方式"        MOVE
                                  ├────┤/├────────┤EN    ENO├
                                  │              │
                                  │   %MW10        │    %QW2
                                  │ "变频器频率"  IN ✱ OUT1├─"模拟量输出1"
                                  │
                                  │                                   %M20.2
                                  │                                   "Tag_2"
                                  ├──────────────────────────────────( S )
                                  │
                                  │                                   %M20.1
                                  │                                   "Tag_1"
                                  └──────────────────────────────────( R )
```

```
                %ID1000         %ID1000
    %M20.2    "高数计数器当前    "高数计数器当前     %I0.5          %M4.1
    "Tag_2"       值"             值"          "工件颜色检测"      "白芯标志"
    ──┤├──────┬───>=───────────────<=───────────┤├──────────────( S )
              │   DInt            DInt
              │   330             370
              │
              │   %I0.4                                          %M4.0
              │ "金属工件检测"                                    "金属保持"
              ├────┤├───────────────────────────────────────────( S )
              │
              │   %ID1000
              │ "高数计数器当前                                   %M20.3
              │     值"                                          "Tag_4"
              ├───>=──────────┬────────────────────────────────( S )
              │   DInt        │
              │   500         │                                 %M20.2
              │               │                                 "Tag_2"
              └───────────────┴────────────────────────────────( R )
```

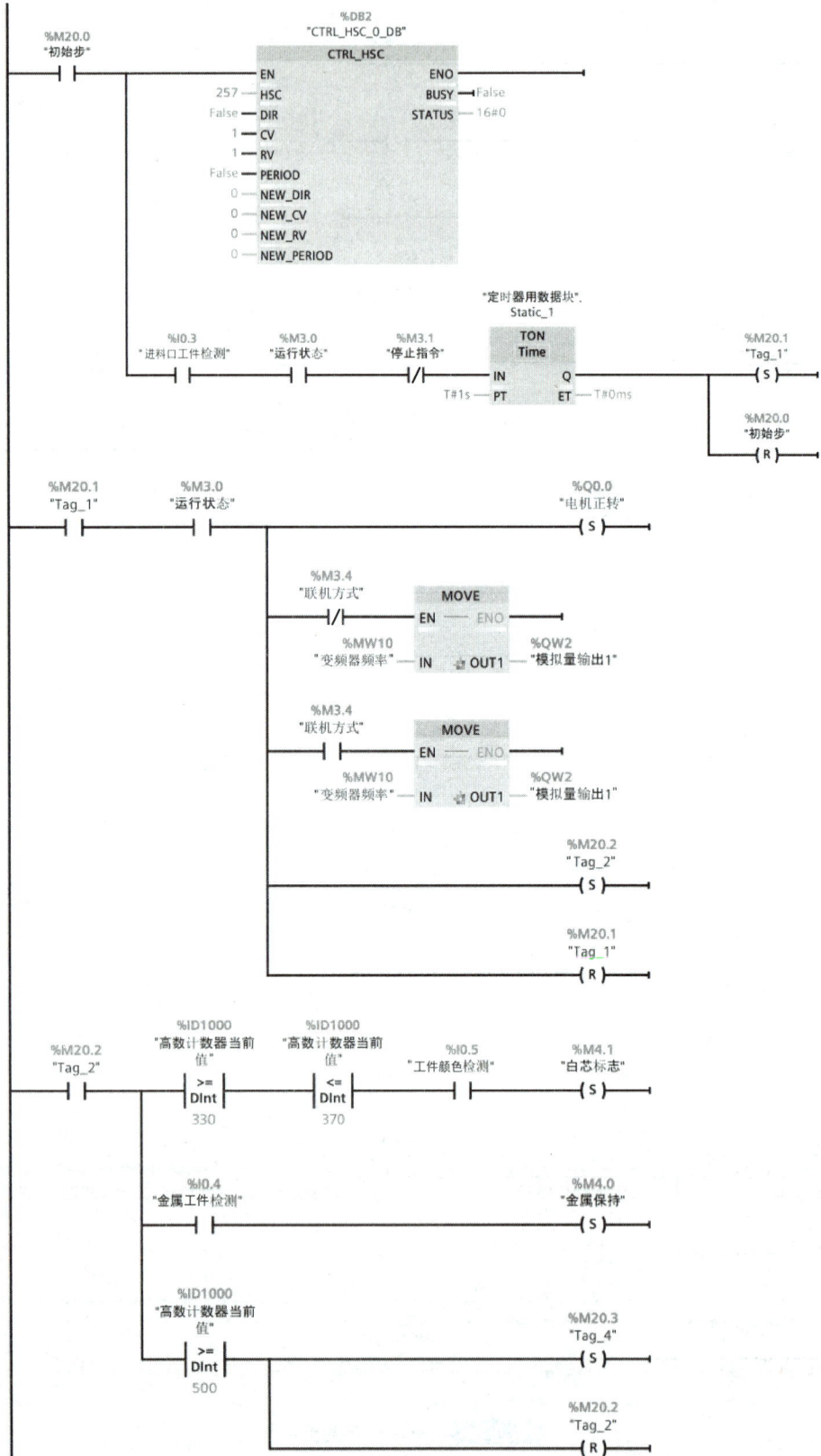

图 4-57　分拣控制子程序

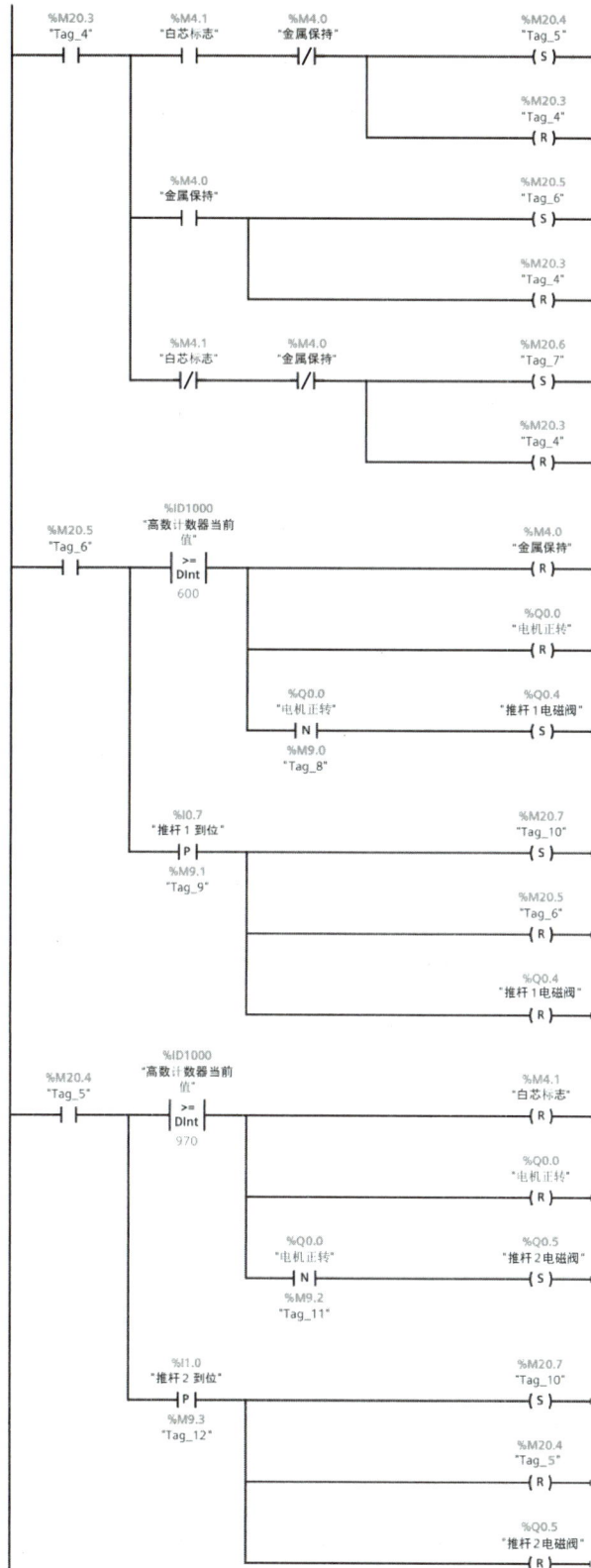

图 4-57　分拣控制子程序（续）

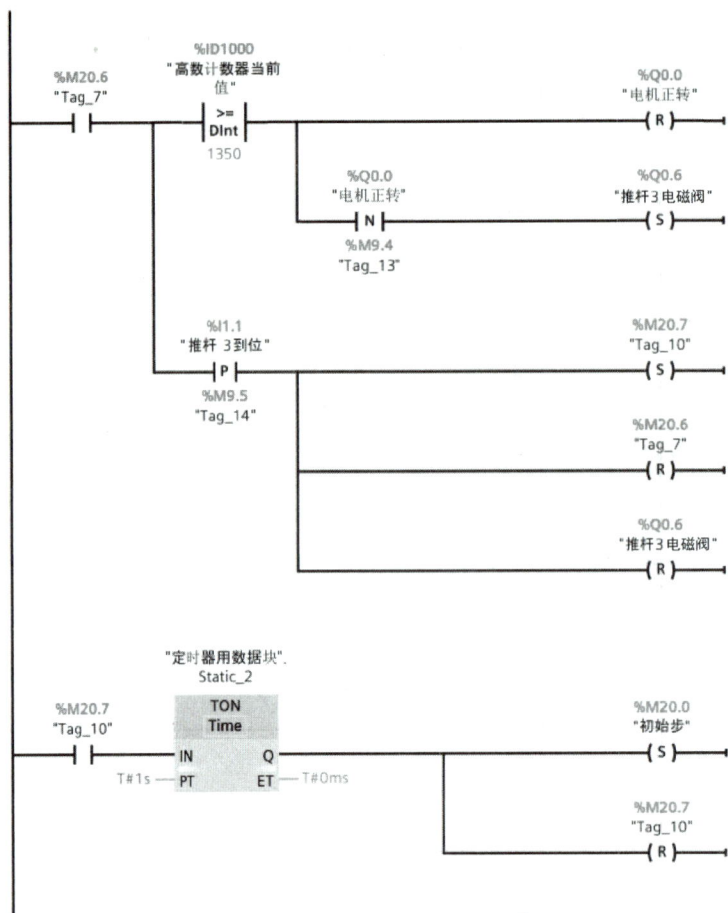

图 4-57 分拣控制子程序（续）

① 当检测到工件下料到进料口后，调用 CTRL_HSC，变频器以固定频率起动驱动电机运转。

② 当工件经过传感器支架上的光纤探头和电感式接近开关时，根据这两个传感器动作与否，判别工件的属性，并决定程序的流向。HSC1 当前值与传感器位置值的比较可采用触点比较指令实现。

③ 根据工件属性和分拣任务要求，在相应的推料气缸位置把工件推出。推料气缸返回后，步进顺序控制子程序返回至初始步。

3. 分拣单元的调试与运行

① 调整气动部分，检查气路是否正确，气压是否合理、恰当，气缸的动作速度是否合适。

② 检查磁性开关的安装位置是否到位，磁性开关工作是否正常。

③ 检查 I/O 接线是否正确。

④ 检查传感器安装是否合理，灵敏度是否合适，以保证检测的可靠性。

⑤ 放入工件，运行程序，观察分拣单元的运行是否满足任务要求。

⑥ 调试各种可能出现的情况，比如突然加入工件，系统也要能可靠工作。

⑦ 优化程序。

分拣单元初态调试工作单见表 4-21。

表 4-21　分拣单元初态调试工作单

	调试内容	是	否	原因
1	传送带是否处于静止状态			
2	推杆 1 气缸是否处于缩回状态			
3	推杆 2 气缸是否处于缩回状态			
4	推杆 3 气缸是否处于缩回状态			
5	指示灯 HL1 状态是否正常			
6	指示灯 HL2 状态是否正常			

任务 5　组态分拣单元的人机界面

1. 人机界面的控制要求

分拣单元控制要求的主令信号是通过按钮指示灯模块发出的，下面给出由人机界面提供主令信号并显示系统工作状态的工作任务。

1）设备的工作目标、通电和气源接通后的初始位置，以及具体的分拣要求，均与原工作任务相同，起停操作和工作状态指示不是通过按钮指示灯盒操作指示，而是在触摸屏上实现的。

2）当在传送带进料口处放下已装配的工件时，变频器即起动，驱动电机以触摸屏给定的速度把工件带往分拣区（频率为 40~50Hz 可调）。

各料槽工件累计数据在触摸屏上给以显示，且数据在触摸屏上可以清零。

根据以上要求完成人机界面组态和分拣程序的编写。

分拣单元人机界面设计

2. 人机界面组态

分拣单元界面效果如图 4-58 所示，界面中包含了以下方面的内容：

1）状态指示：单机/全线、运行、停止。

2）切换旋钮：单机全线切换。

3）按钮：起动按钮、停止按钮、清零累计。

4）数据输入：写入变频器频率。

5）数据输出显示：白芯金属工件累计、白芯塑料工件累计、黑色芯体工件累计。

6）矩形框。

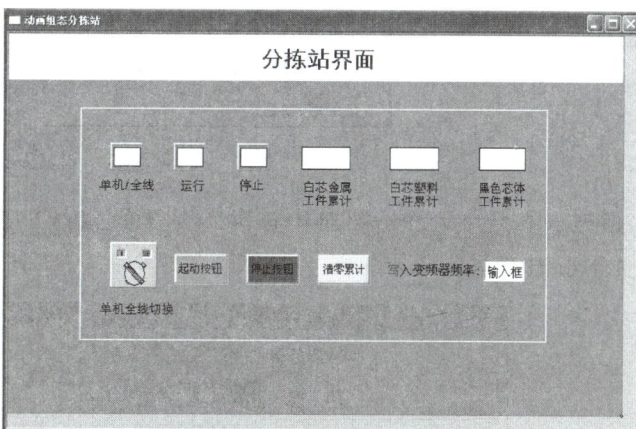

图 4-58　分拣单元界面效果

表 4-22 列出了触摸屏组态画面各元件对应的 PLC 地址。

表 4-22　触摸屏组态画面各元件对应的 PLC 地址

元件类别	名称	输入地址	输出地址	备注
位状态切换开关	单机全线切换	M0.1	M0.1	
位状态开关	起动按钮		M0.2	
	停止按钮		M0.3	
	清零累计		M0.4	

（续）

元件类别	名称	输入地址	输出地址	备注
位状态指示灯	单机/全线指示灯		M0.1	
	运行指示灯		M0.0	
	停止指示灯		M0.0	
数值输入元件	写入变频器频率	MW1002	MW1002	最小值40,最大值50
数值输出元件	白芯金属工件累计	MW70		
	白芯塑料工件累计	MW72		
	黑色芯体工件累计	MW74		

4.5 总结与评价

4.5.1 分拣单元知识图谱

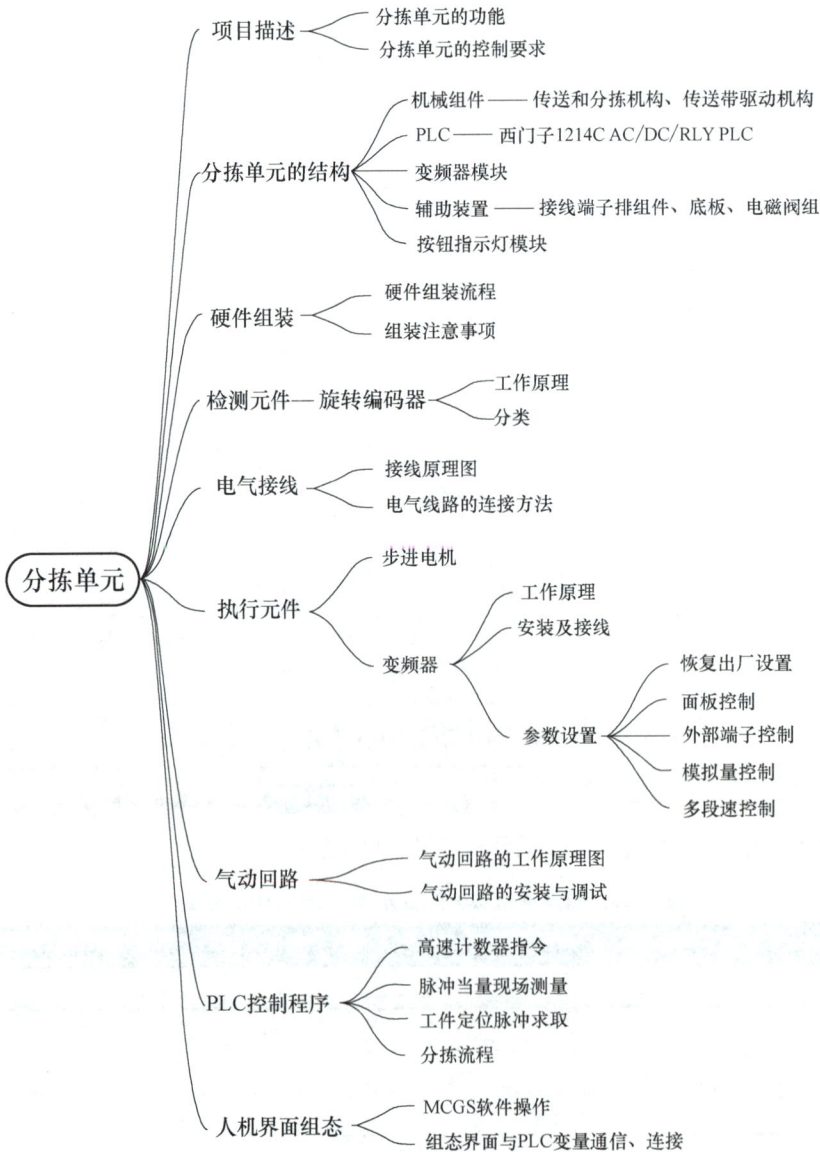

- 分拣单元
  - 项目描述
    - 分拣单元的功能
    - 分拣单元的控制要求
  - 分拣单元的结构
    - 机械组件 —— 传送和分拣机构、传送带驱动机构
    - PLC —— 西门子1214C AC/DC/RLY PLC
    - 变频器模块
    - 辅助装置 —— 接线端子排组件、底板、电磁阀组
    - 按钮指示灯模块
  - 硬件组装
    - 硬件组装流程
    - 组装注意事项
  - 检测元件—旋转编码器
    - 工作原理
    - 分类
  - 电气接线
    - 接线原理图
    - 电气线路的连接方法
  - 执行元件
    - 步进电机
    - 变频器
      - 工作原理
      - 安装及接线
      - 参数设置
        - 恢复出厂设置
        - 面板控制
        - 外部端子控制
        - 模拟量控制
        - 多段速控制
  - 气动回路
    - 气动回路的工作原理图
    - 气动回路的安装与调试
  - PLC控制程序
    - 高速计数器指令
    - 脉冲当量现场测量
    - 工件定位脉冲求取
    - 分拣流程
  - 人机界面组态
    - MCGS软件操作
    - 组态界面与PLC变量通信、连接

4.5.2　分拣单元项目评价

参考表 4-23 中的评价指标，根据工艺和控制要求完成项目的自评、小组互评和教师评价。

表 4-23　分拣单元项目评价表

评价内容及标准		分值	得分
通电前电路检查	1. 电线金属材料外露，导线端子连接处接线松动、不牢固或外露金属过长，每处扣 1 分	5	
	2. 电路接线没有绑扎或电路接线凌乱，每处扣 1 分	5	
	3. 线槽有没盖住、翘起或未完全盖住现象，每处扣 1 分	5	
通电前气路检查	4. 气路有漏气现象，每处扣 1 分	5	
	5. 节流阀调整不当（气缸运行过程中存在爬行或者冲击现象），每处扣 1 分	5	
	6. 绑扎工艺工整美观，如有气管缠绕、绑扎变形现象，每处扣 1 分	5	
初始状态功能测试	7. 三个气缸均处于缩回状态	6	
	8. 设备准备好后，"正常工作"指示灯 HL1 常亮，否则以 1Hz 频率闪烁	6	
	9. 进料口处无物料	6	
运行过程功能测试	10. 按下起动按钮，系统起动，"设备运行"指示灯 HL2 常亮	6	
	11. 在进料口处人工放入物料，变频器起动	6	
	12. 传送带以 30Hz 频率把工件带入分拣区	6	
	13. 白色芯体金属工件推入 1 号槽中间，传送带停止	6	
	14. 白色芯体塑料工件推入 2 号槽中间，传送带停止	6	
	15. 黑色芯体工件推入 3 号槽中间，传送带停止	6	
	16. 按下停止按钮，本工作周期结束后停止运行	6	
职业素养	17. 小组内成员都能积极参与、相互沟通、配合默契	5	
	18. 场地清扫干净，工具、桌椅等摆放整齐	5	
合　计		100	

4.6　分拣单元的常见故障及其处理方法

PLC 侧故障情况及其处理方法与项目 1 供料单元的情况基本相同，不再赘述，这里只介绍装置侧的常见故障及其处理方法，见表 4-24。

分拣单元常见故障及其处理方法

表 4-24　装置侧的常见故障及其处理方法

常见故障	处理方法
电缆线接口接触不良	检查插针和插口情况
端子接线错误和接口接触不良	用万用表检查接口

（续）

常见故障	处理方法
电磁阀线圈电线接触不良	拆开接口维修
气管插口有漏气现象	重插或维修
调节阀关闭致气缸不动	调整气流量
磁性开关不检测	调整位置或检查电路
电感式接近开关不工作	调节位置或检查电路
光纤传感器不工作	调整光纤传感器和检查电路
编码器不工作	检查线路或同轴禁锢处
光电开关不工作	调整距离或检查电路
传送带不动或打滑	检查电机轴位置或调整禁锢处

4.7 拓 展 训 练

设备通电和气源接通后，若工作单元的三个气缸满足初始位置要求，则"正常工作"指示灯 HL1 常亮，表示设备准备好，否则该指示灯以 1Hz 频率闪烁。

若设备准备好，按下起动按钮，系统起动，"设备运行"指示灯 HL2 常亮。当在传送带进料口人工放下已装配的工件时，变频器起动，驱动电机把工件带往分拣区。（变频器的上／下坡时间不小于 1s。）

满足套件关系 1 的工件（1 个白芯白色塑料外壳工件和 1 个白芯金属工件搭配组合成一组套件，不考虑两个工件的排列顺序）为第 1 种套件组合；满足套件关系 2 的工件（1 个黑芯金属工件和 1 个黑芯白色塑料外壳工件搭配组合成一组套件，不考虑两个工件的排列顺序）为第 2 种套件组合。工件分拣到各工位的原则如下：

a. 工位 1 和工位 2 可存放上述两种套件的任一种，即各工位装入套件的种类没有限制。例如，工位 1 正在装入属于套件 1 的工件，当装满一套打包清空后，也允许装入属于套件 2 的工件。

b. 如果传送带送来的工件均满足工位 1 与工位 2 的推入条件，优先推入工位 1。

c. 如果传送带送来的工件均不满足工位 1 和工位 2 的推入条件，应将其传送到工位 3 并推入。

d. 当工件被推出滑槽后，该工作单元的一个工作周期结束，然后再次向传送带下料，开始下一个工作周期。每种套件都只推出一套后，则测试完成。在最后一个工作周期结束后，设备退出运行状态，指示灯 HL2 熄灭。

e. 当所有工作结束时，工位 1 和工位 2 不能有其他多余的工件。

说明：假设分拣单元将工件分拣推出到相应的出料槽后，即被后续的打包工艺设备取出，打包工艺设备受本生产线控制。

4.8 思 考 提 升

一、选择题

1. 旋转编码器是通过（　　　），将输出至轴上的机械、几何位移量转换成脉冲或数字信号的传感器，主要用于速度或位置（角度）的检测。

A. 磁电转换　　　　B. 光电转换　　　　C. 压电转换　　　　D. 电感转换

2. 根据旋转编码器产生脉冲的方式的不同，可以分为三大类，分拣单元采用的旋转编码器是（　　　）。

A. 增量式　　　　B. 绝对式　　　　C. 复合式　　　　D. 都不是

3. 分拣单元采用的旋转编码器分辨率为 500 线，电机主动轴的直径 $d = 43$mm，下列说法正确的是（　　　）。

A. 电机旋转一周，工件移动的距离 $L = \pi d = 3.14 \times 43$mm $= 135.02$mm

B. 脉冲当量 $\mu = \pi d/500 \approx 0.27$mm

C. 脉冲当量 $\mu = d/500 = 0.086$mm

D. 电机旋转一周，工件移动的距离 $L = 500d = 21500$mm

4. 西门子 MM420 变频器的模拟量输入接线端子为（　　　）。

A. 1、2 号端子　　　B. 3、4 号端子　　　C. 5、6 号端子　　　D. 12、13 号端子

5. 仅当快速调试有效时，才能修改电机的参数，设置哪个参数才能进入快速调试？（　　　）

A. P0100 = 30　　　B. P0010 = 30　　　C. P0100 = 1　　　D. P0010 = 1

6. 要实现外部端子控制变频器起停，PLC 应将定变频器频率的参数设置为（　　　）。

A. P0700 = 1，P1000 = 1　　　　　　B. P0700 = 1，P1000 = 2

C. P0700 = 2，P1000 = 2　　　　　　D. P0700 = 2，P1000 = 3

二、判断题

1. 测得脉冲当量为 0.273mm，当工件从进料口移至 1 号槽中心时，测得距离为 167.5mm，则旋转编码器发出的脉冲数约为 614 个。（　　　）

2. 西门子 MM420 变频器恢复出厂设置时，应将参数 P0010 设置为 30，P0970 设置为 1。（　　　）

3. 用于判别分拣单元进料口放入工件的材料是否为金属时，应在传感器支架上安装磁性开关。（　　　）

三、思考题

1. 分拣单元在执行物料分拣过程时，白色芯工件应该被推入 2 号槽，但是在调试过程中却总是被推入 3 号槽，分析可能的原因。

2. 不能保证工件每次都能被精确地推入对应槽内，分析可能存在的原因。

3. 分拣单元传送带正常运行，但是旋转编码器不能正常计数，分析可能的原因。

项目5

自动化生产线输送单元设计与调试

【课前导语】

快递小哥首现国庆 70 周年庆典

在国庆 70 周年庆典活动中，数十名快递小哥骑着快递车开路，上千名快递小哥徒步跟随，这个由来自京东物流、顺丰速运、苏宁物流、圆通速递等多家物流快递企业的"快递小哥"，美团等生活服务平台的"配送小哥"，以及新婚夫妇、小朋友、老年模特、广场舞大妈等群体组成的方阵，成为这幅由 10 万名群众构成的新中国发展画卷中难以忽视的靓丽风景线。新时代、新生活、新职业，快递小哥已悄然成为物流输送行业中不可或缺的一部分。他们通过自己的努力，不仅实现了个人收入的提升、行业社会地位的提高，更把我们所在的城市也建设得更加美好。

【知识目标】

➢ 了解输送单元的结构及工作过程。
➢ 熟悉伺服电机及伺服驱动器的工作原理。
➢ 掌握伺服驱动器的参数设置方法。
➢ 熟练掌握人机界面组态软件的使用方法和调试技巧。
➢ 掌握 PLC 硬件组态和编程调试技巧。
➢ 熟悉输送单元 PLC 控制程序的设计思路和技巧。

【能力目标】

➢ 能够正确组装输送单元的机械部分。
➢ 能够正确安装原点开关、磁性开关、限位开关等检测元件并接线调试。
➢ 能够绘制输送单元气动回路的工作原理图，并正确安装和调试气动元件。
➢ 能够设计输送单元的电气接线图，并正确连接线路。
➢ 能够根据要求正确设置伺服驱动器的参数。
➢ 能够编写输送单元的 PLC 控制程序，并下载调试。
➢ 能够设计并组态输送单元的测试界面。

【素养目标】

➢ 培养学生精益求精的工匠精神。
➢ 培养学生良好的道德修养和积极向上的奋斗精神。

5.1 项目准备

任务1 认识输送单元的结构

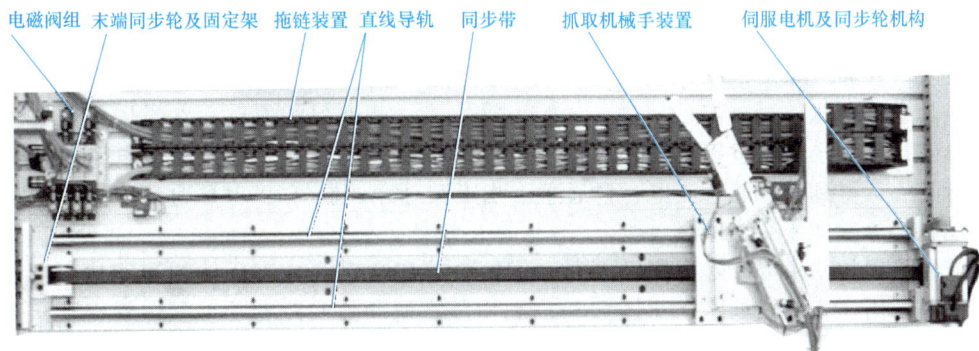

输送单元通过驱动抓取机械手装置精确定位到指定单元的物料台，在物料台上抓取工件，把抓取到的工件输送到指定地点然后放下。

输送单元在系统中担任着重要角色，它接收来自触摸屏的系统主令信号，读取网络上各从站的状态信息，加以综合后向各从站发送控制要求，以协调整个系统的工作。

输送单元的结构如图5-1所示，主要包括抓取机械手装置、直线运动组件（包括伺服电机、伺服驱动器、同步轮、同步带等）、拖链装置、PLC模块和接线端口以及按钮指示灯模块等部件。

输送单元的结构

电磁阀组　末端同步轮及固定架　拖链装置　直线导轨　同步带　抓取机械手装置　伺服电机及同步轮机构

图 5-1 输送单元的结构

任务2 认识输送单元的检测元件

输送单元除了使用前面已经学习过的磁性开关检测机械手的当前位置状态，还使用了原点开关和限位开关。

原点开关是一个无触点的电感式接近开关，用来提供直线运动的起始点信号。关于电感式接近开关的工作原理及选用、安装注意事项请参阅项目4。

左、右限位开关均是有触点的微动开关，用来提供越程故障时的保护信号。当滑动溜板在运动中越过左或右极限位置时，限位开关会动作，从而向系统发出越程故障信号。

任务3 认识伺服电机及伺服驱动器

现代高性能的伺服系统大多数采用永磁交流伺服系统，其中包括永磁同步交流伺服电机和全数字交流永磁同步伺服驱动器两部分。

1. 交流伺服电机的工作原理

伺服电机内部的转子是永磁铁，驱动器控制的U、V、W三相电形成电磁场，转子在该磁场的作用下转动，同时电机自带的编码器反馈信号给驱动器，驱动器将反馈值与目标值进行比较后，调整转子转动的角度。伺服电机的精度决定于编码器的精度（线数）。

交流永磁同步伺服驱动器主要有伺服控制单元、功率驱动单元、通信接口

伺服电机及
伺服驱动器

单元、伺服电机及相应的反馈检测器件组成，其中伺服控制单元包括位置控制器、速度控制器、转矩和电流控制器等，如图 5-2 所示。

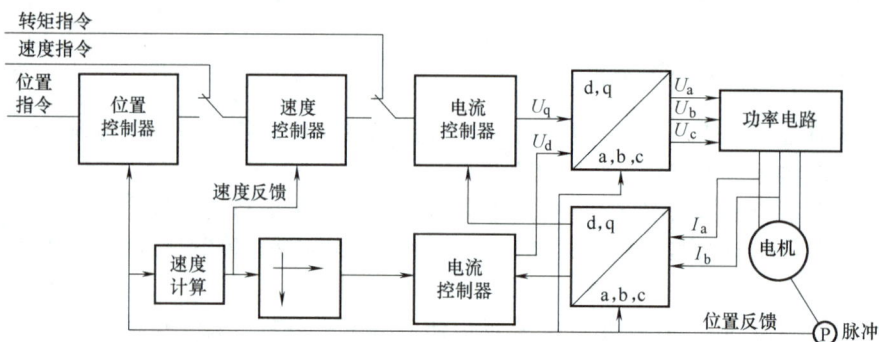

图 5-2　伺服控制单元

伺服驱动器均采用数字信号处理器（DSP，Digital Signal Processor）作为控制核心，其优点是可以实现比较复杂的控制算法，实现数字化、网络化和智能化。功率器件普遍采用以智能功率模块（IPM，Intelligent Power Module）为核心设计的驱动电路，IPM 内部集成了驱动电路，同时具有过电压、过电流、过热、欠电压等故障检测及保护电路，在主回路中还加入了软起动电路，以减小起动过程对驱动器的冲击。功率驱动单元首先通过整流电路对输入的交流电进行整流，得到相应的直流电，再通过三相正弦脉宽调制（PWM）电压型逆变器进行变频来驱动三相永磁同步交流伺服电机。

逆变器采用的功率器件是集驱动电路、保护电路和功率开关于一体的智能功率模块，拓扑结构则是采用三相桥式电路（见图 5-3）。利用脉宽调制技术改变功率晶体管交替导通的时间来改变逆变器输出波形的频率，即改变每半个周期内功率开关的通断时间比，来控制逆变器输出电压的幅值与频率，从而实现对电机驱动系统的高效、精准控制。

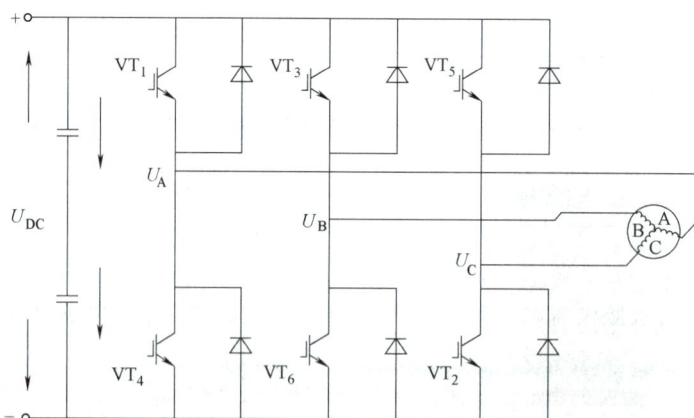

图 5-3　三相桥式电路

2. 交流伺服系统的位置控制模式

图 5-2 和图 5-3 说明如下两点：

1）虽然从位置控制器输入的是脉冲信号，但伺服驱动器输出到伺服电机的三相电压波形基本是正弦波（高次谐波被绕组电感滤除），而不是三相脉冲序列。

2）伺服系统用作定位控制时，位置指令输入到位置控制器，速度控制器输入端前面的电子开关切换到位置控制器输出端，电流控制器输入端前面的电子开关切换到速度控制器输出端。因此，位置控制模式下的伺服系统是一个三闭环控制系统，其中两个内环分别是电流环和速度环。

由自动控制理论可知，这样的系统结构提高了控制系统的快速性、稳定性和抗干扰能力，在足够高的开环增益下，系统的稳态误差接近为零。也就是说，在稳态时，伺服电机以指令脉冲和反馈脉冲近似相等时的速度运行；反之，在达到稳态前，系统将在偏差信号作用下驱动电机加速或减速。若指令脉冲突然消失（例如紧急停机时，PLC 立即停止向伺服驱动器发出驱动脉冲），伺服电机仍会运行到反馈脉冲数等于指令脉冲消失前的脉冲数才停止。

3. 位置控制模式下电子齿轮的概念

在位置控制模式下，等效的单闭环系统框图如图 5-4 所示。

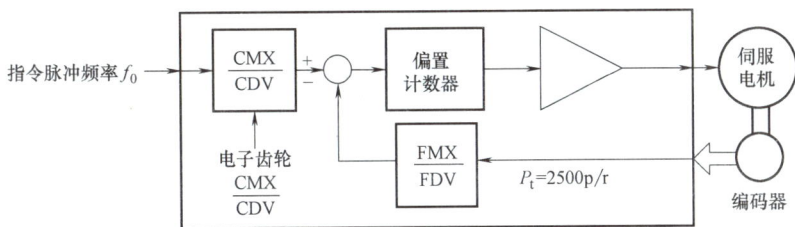

图 5-4 等效的单闭环位置控制系统框图

CMX/CDV—电子齿轮比 FMX/FDV—分-倍频值

图 5-4 中，指令脉冲信号和电机编码器反馈脉冲信号进入驱动器后，均通过电子齿轮变换进行偏差计算。电子齿轮实际是一个分-倍频器，通过合理配置其分-倍频值，可以灵活地调整指令脉冲的频率和数量，从而精确控制运动行程。

例如 YL-335B 所使用的松下 MINAS A6 系列交流伺服电机和驱动器，其电机编码器反馈脉冲为 2500p/r。在默认情况下，驱动器反馈脉冲电子齿轮的分-倍频值设置为 4 倍频（即 FMX/FDV＝4）。如果希望指令脉冲为 6000p/r，那么就应把指令脉冲电子齿轮的分-倍频值设置为 10000/6000，从而实现 PLC 每输出 6000 个脉冲，伺服电机旋转一周，驱动机械手恰好移动 60mm 的整数倍关系。

任务 4 认识伺服驱动系统

1. A6 伺服驱动设备介绍

在 YL-335B 的输送单元中采用了松下 MHMF022L1U2M 永磁同步交流伺服电机，以及 MADLN15SG 全数字交流永磁同步伺服驱动装置作为运输机械手的运动控制装置。

MHMF022L1U2M 的含义：MHM 表示电机类型为高惯量，F 表示 A6 系列；02 表示电机的额定功率为 200W；2 表示电压规格为 200V；L 表示编码器为绝对式编码器；1 表示编码器的分辨率位数为 23 位，对应的最大脉冲数为 8388608（2^{23}），提供了极高的定位精度；U2M 表示编码器输出信号线数为 7 根线。伺服电机的结构示意图如图 5-5 所示。

MADLN15SG 的含义：MADL 表示松下 A6 系列 A 型驱动器，N 表示无安全功能，1 表示驱动器最大输出电流为 8A，5 表示电源电压规格为单相/三相 200V，S 表示接口规格为模拟量/脉冲输入，G 表示该驱动器具备通用通信功能。伺服驱动器的外观和面板示意图如图 5-6 所示。

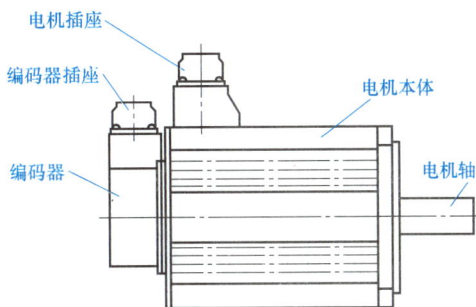

图 5-5 伺服电机的结构示意图

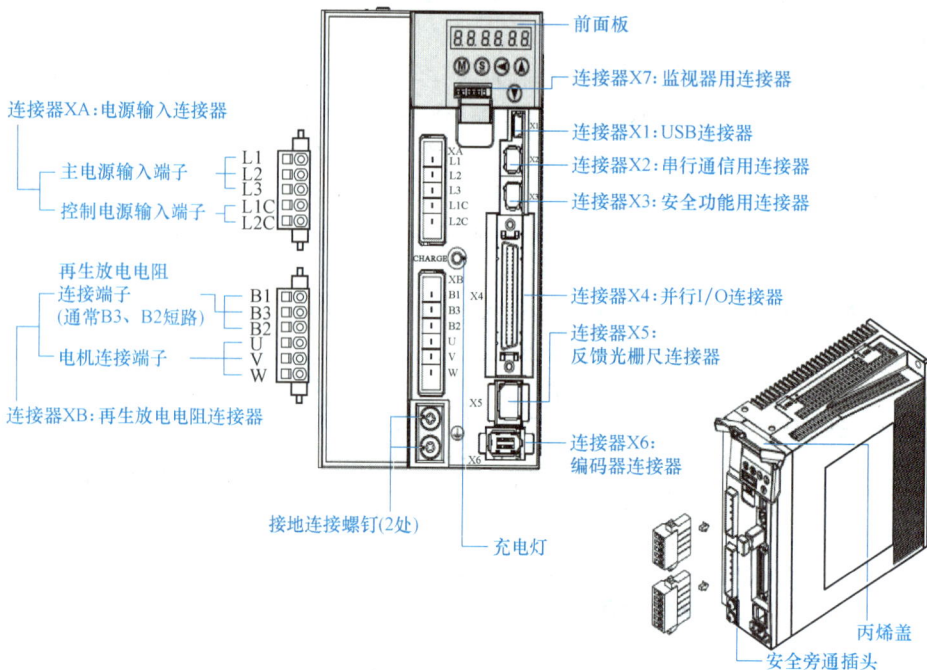

图 5-6　伺服驱动器的外观和面板示意图

2. A6 伺服驱动设备的接线

MADLN15SG 伺服驱动器面板上有多个接线端口，其中几个端口的说明如下：

XA：电源输入接口，AC 220V 电源连接到 L1、L3 主电源端子，同时连接到控制电源端子 L1C、L2C 上。

XB：电机接口和外置再生放电电阻接口。U、V、W 端子用于连接电机。必须注意，电源电压务必按照驱动器铭牌上的指示，电机接线端子（U、V、W）不可以接地或短路。交流伺服电机的旋转方向不像感应电机那样可以通过交换三相相序来改变，必须保证驱动器上的 U、V、W、E 接线端子与电机主回路接线端子按规定的次序——对应，否则可能造成驱动器的损坏。电机的接线端子、驱动器的接地端子以及滤波器的接地端子必须保证可靠地连接到同一个接地点上，同时机身也必须接地。虽然 B1、B3、B2 端子是外接放电电阻端子，但 YL-335B 没有使用外接放电电阻。

X6：连接到电机编码器的信号接口。连接电缆应选用带有屏蔽层的双绞电缆，屏蔽层应接到电机侧的接地端子上，并且应确保将编码器电缆屏蔽层连接到插头的外壳（FG）上。

X4：I/O 控制信号端口，其部分引脚信号定义与选择的控制模式有关，不同模式下的接线请参考松下 A6 系列伺服电机手册。在 YL-335B 输送单元中，伺服电机用于定位控制，选用位置控制模式。

伺服驱动器的电气接线图如图 5-7 所示。

3. 伺服驱动器的参数设置与调整

松下的伺服驱动器有 7 种控制方式，即位置控制、速度控制、转矩控制、位置/速度控制、位置/转矩控制、速度/转矩控制、全闭环控制。位置控制方式就是输入一系列的指令脉冲串来使电机定位运行，电机转速与脉冲的频率相关，电机转动的角度与脉冲个数相关。速度控制方式有两种：一是通过输入直流 −10～10V 指令电压调速，二是选用驱动器内设置的速度来调速。转矩控制方式是通过输入直流 −10～10V 指令电压调节电机的输出转矩，但在这种

供电电源来自电源配电箱

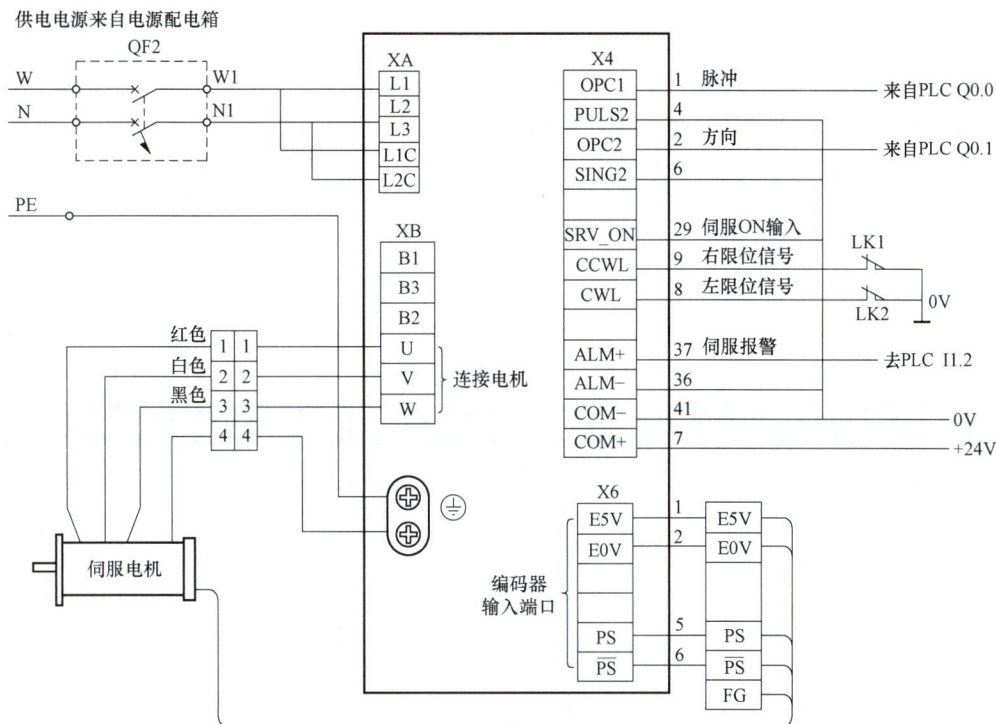

图 5-7　伺服驱动器的电气接线图

方式下运行必须要进行速度限制，一般有以下两种限速方法：一种是设置驱动器内的参数来限速，另一种是输入模拟量电压进行限速。

4. 参数设置方式操作说明

　　MADLN15SG 伺服驱动器的参数共有 218 个，可以在驱动器的面板上进行设置，如图 5-8 所示。

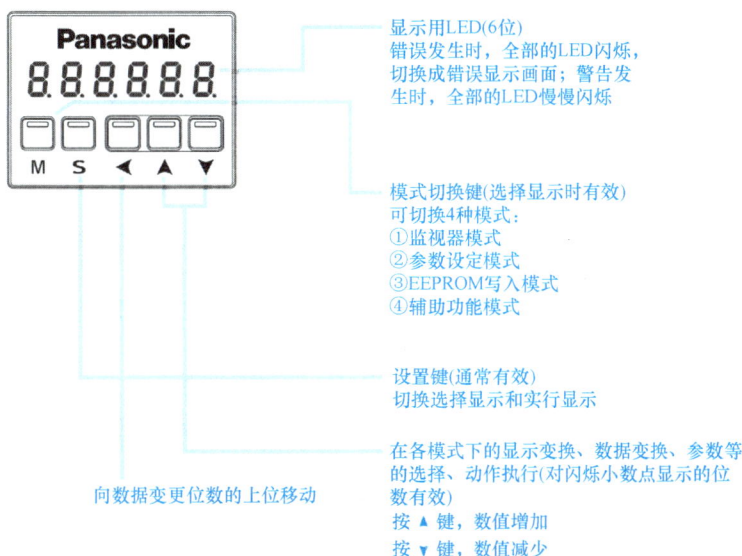

伺服驱动器
的参数设置

显示用LED(6位)
错误发生时，全部的LED闪烁，切换成错误显示画面；警告发生时，全部的LED慢慢闪烁

模式切换键(选择显示时有效)
可切换4种模式：
①监视器模式
②参数设定模式
③EEPROM写入模式
④辅助功能模式

设置键(通常有效)
切换选择显示和实行显示

在各模式下的显示变换、数据变换、参数等的选择、动作执行(对闪烁小数点显示的位数有效)
按 ▲ 键，数值增加
按 ▼ 键，数值减少

向数据变更位数的上位移动

图 5-8　伺服驱动器面板

面板的操作说明:

① 参数设置。先按"S"键,再按"M"键选择到"Pr00"后,按向上、向下或向左的方向键选择通用参数的项目,按"S"键进入,然后按向上、向下或向左的方向键调整参数。调整完后,长按"S"键返回,再选择其他项进行调整。

② 参数保存。按"M"键选择到"EE-SET"后按"S"键确认,出现"EEP-",然后按向上键3s,出现"FINISH"或"RESET",然后系统重新通电就完成了保存。

5. 部分参数说明

伺服驱动装置工作于位置控制模式时,控制要求较为简单,伺服驱动器可采用自动增益调整模式。根据上述要求,伺服驱动器参数设置见表5-1。

表5-1 伺服驱动器参数设置

序号	参数编号	参数名称	设定值	功能和含义
1	Pr5.28	LED初始状态	1	显示电机转速
2	Pr0.01	控制模式	0	位置控制(相关代码P)
3	Pr5.04	驱动禁止输入设定	2	当左或右(POT或NOT)限位开关动作时,则会发生Err38行程限位禁止输入信号出错报警。设置此参数值必须在控制电源断电重启之后才能修改成功
4	Pr0.04	惯量比	250	
5	Pr0.02	实时自动增益设置	1	实时自动调整为标准模式,运行时负载惯量的变化情况很小
6	Pr0.03	实时自动增益的机械刚性选择	13	此参数值越大响应越快
7	Pr0.06	指令脉冲旋转方向设置	0	
8	Pr0.07	指令脉冲输入方式	3	
9	Pr0.08	电机每旋转一转的脉冲数	6000	

注:其他参数的说明及设置请参阅松下MINAS A6系列伺服电机和驱动器的使用说明书。

任务5 认识PLC的运动控制功能

西门子S7-1200有两个内置PTO/PWM发生器,用以建立高速脉冲串(PTO)或脉宽调制(PWM)信号波形。一个发生器指定给数字输出点Q0.0,另一个发生器指定给数字输出点Q0.1。

当组态一个输出为PTO操作时,生成一个50%占空比脉冲串用于步进电机或伺服电机的速度和位置的开环控制。内置PTO功能提供了脉冲串输出,脉冲周期和数量可由用户控制,但应用程序必须通过PLC内置I/O提供方向和限位控制。

1. 使用运动控制工艺对象

下面给出一个简单的例子,阐述使用工艺对象编程的方法和步骤。表5-2是这个例子中实现伺服电机运行所需的位移。

使用工艺对象编程的步骤如下:

1)单击"插入新对象",选择"运动控制",将名称改为"机械手运动控制工艺配置",如图5-9所示。

2)测量单位选择"mm",如图5-10所示。

表 5-2　伺服电机运行的运动包络

序号	起止站点	位移/mm	移动方向
1	供料单元→加工单元	290	
2	供料单元→装配单元	775	
3	供料单元→分拣单元	1050	
4	分拣单元→供料单元	0	

图 5-9　新增对象

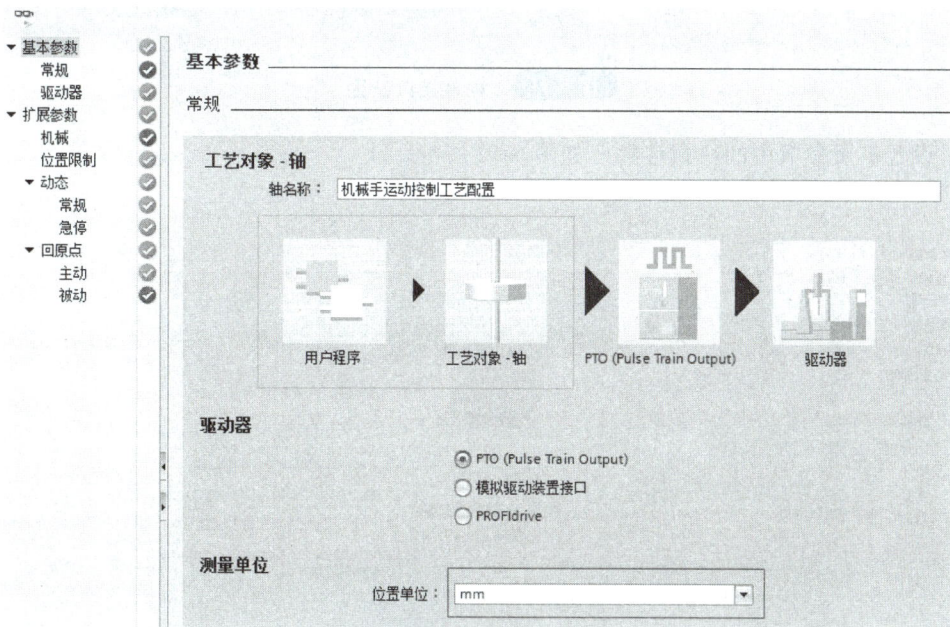

图 5-10　测量单位设置

3）选择硬件接口，如图 5-11 所示。

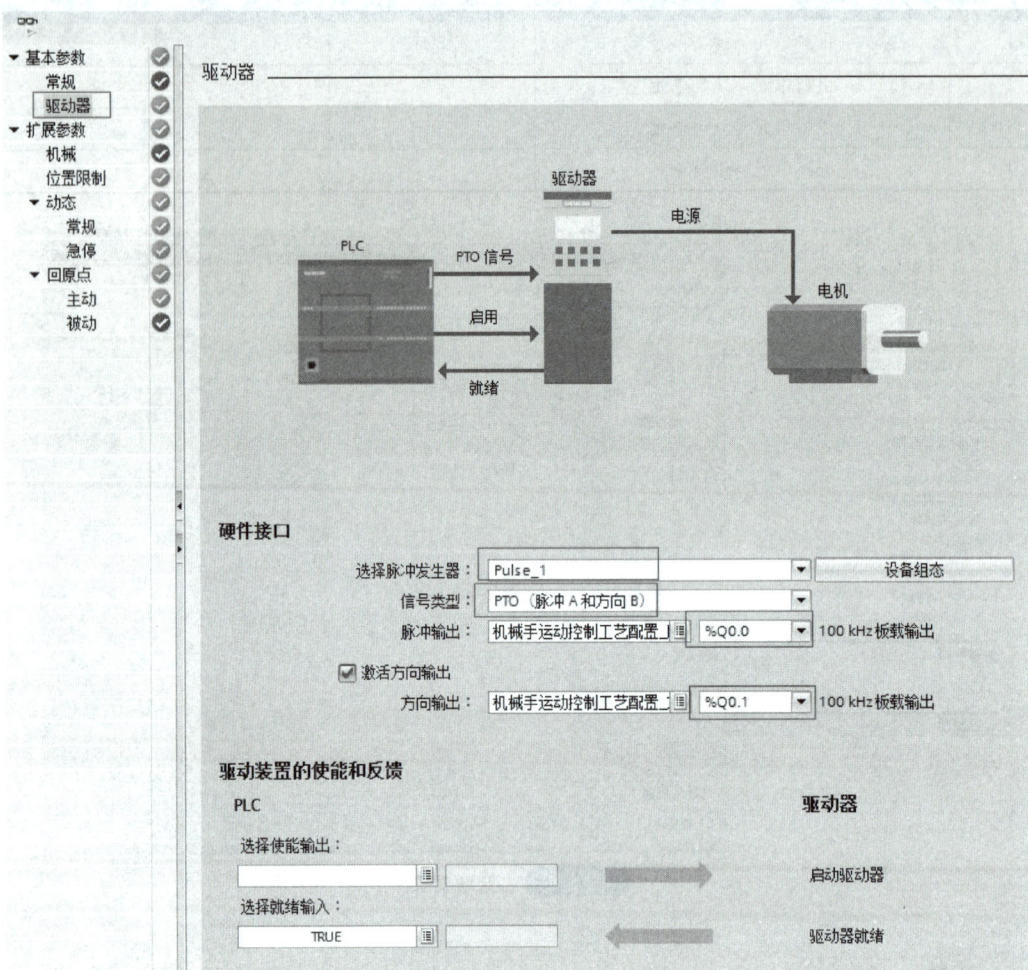

图 5-11 硬件接口设置

4）设置扩展参数中的机械参数，如图 5-12 所示。

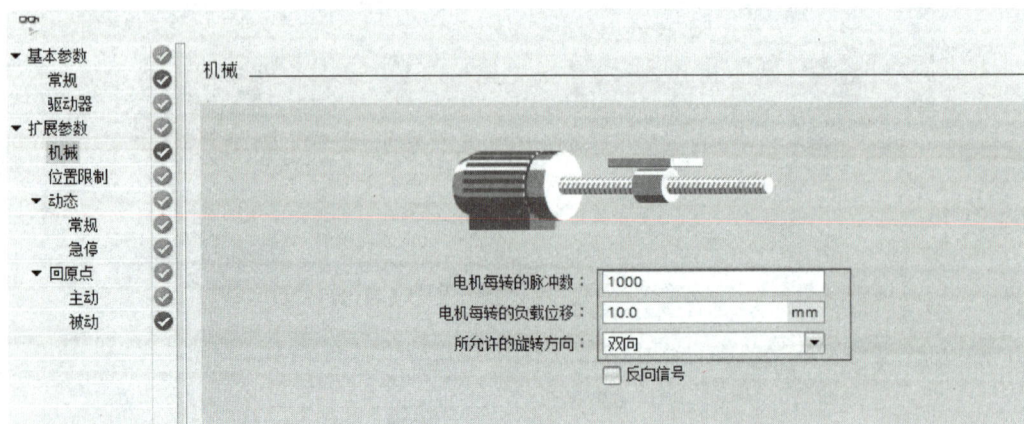

图 5-12 机械参数设置

5）设置硬件限位开关，如图 5-13 所示。

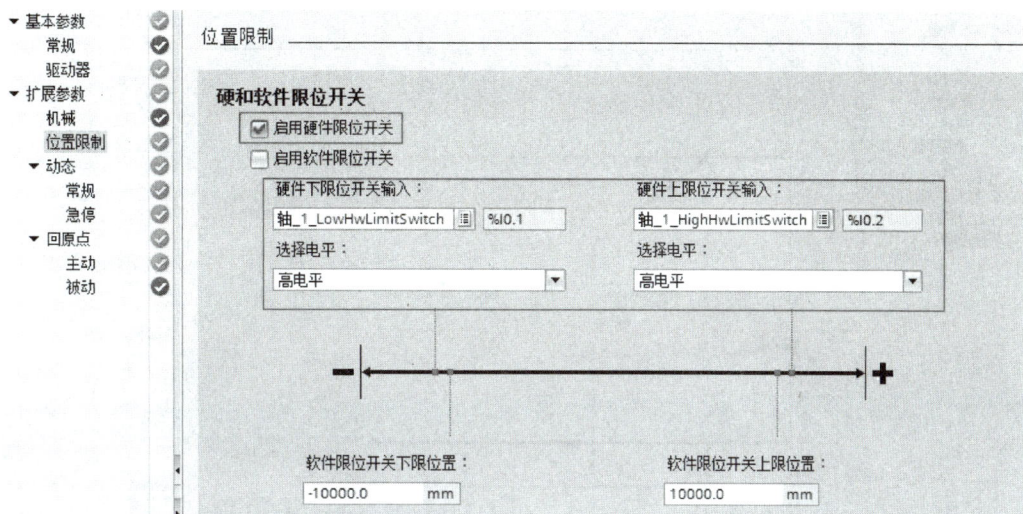

图 5-13　硬件限位开关设置

6）常规选项设置如图 5-14 所示。

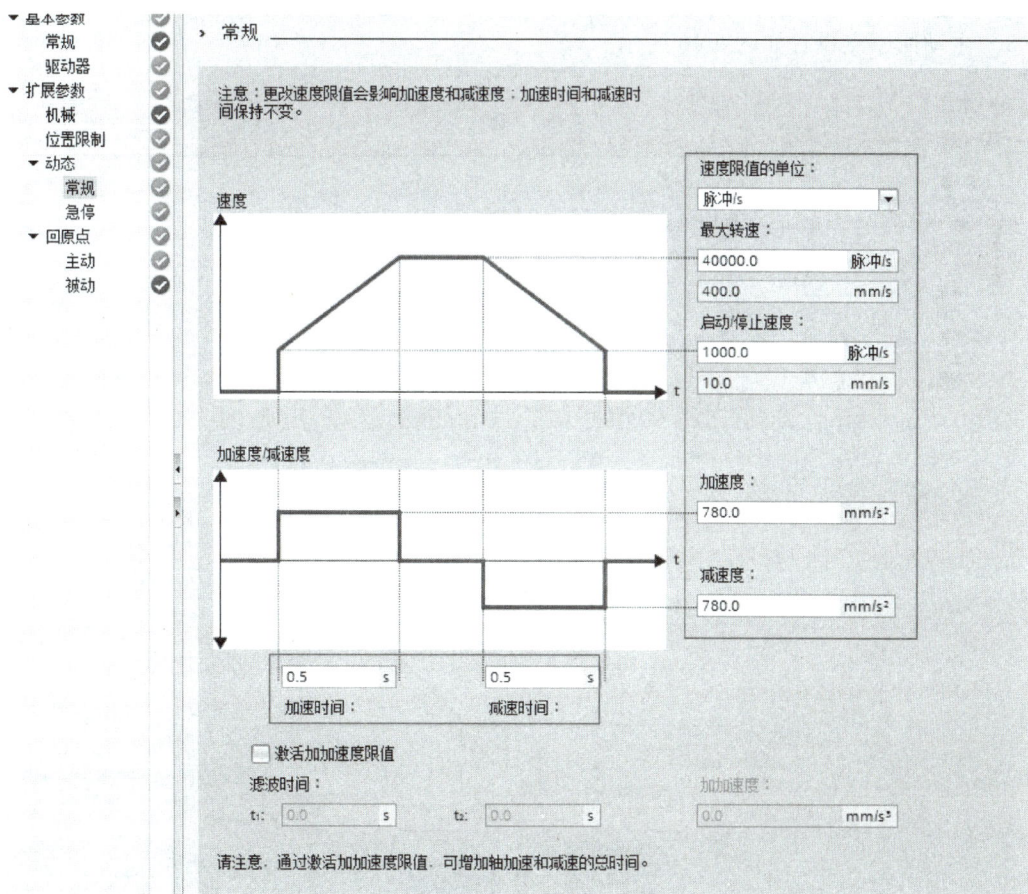

图 5-14　常规选项设置

7）急停选项设置如图 5-15 所示。

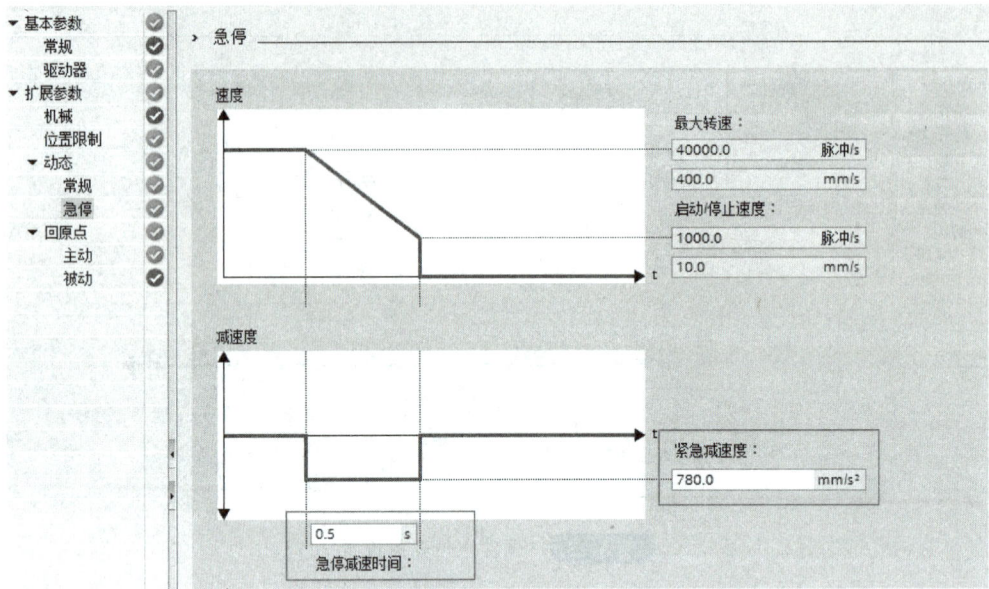

图 5-15　急停选项设置

8）主动回原点设置如图 5-16 所示。

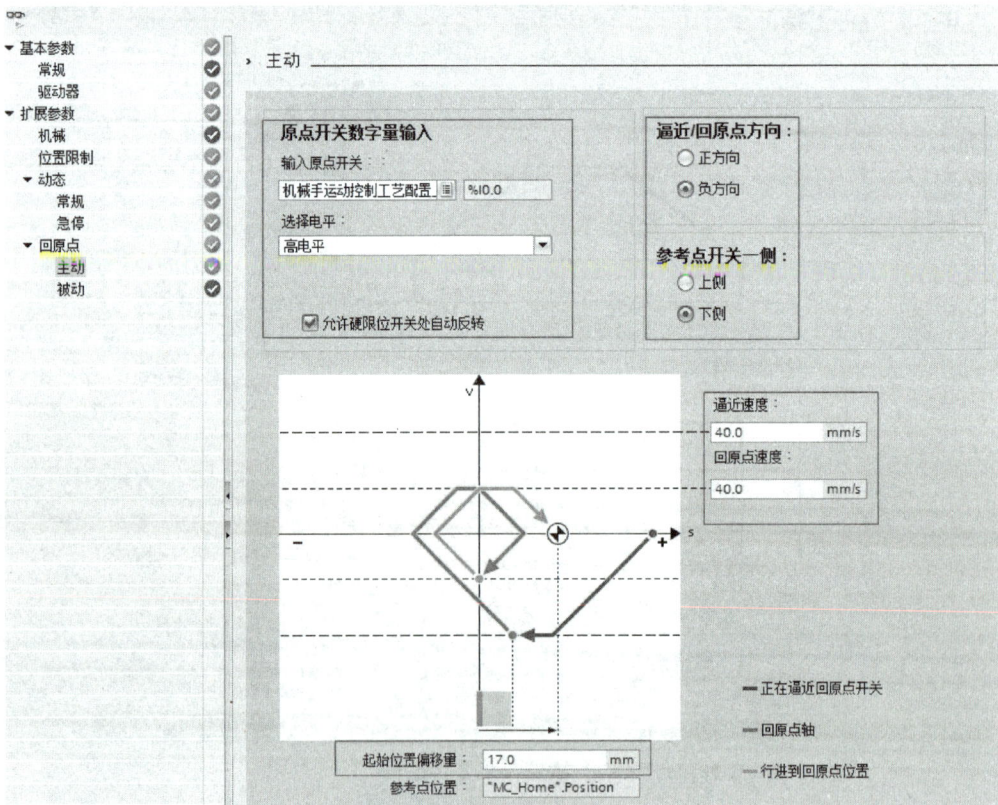

图 5-16　主动回原点设置

2. 运动控制指令

运动控制指令可以在程序中调用，如图 5-17 所示。

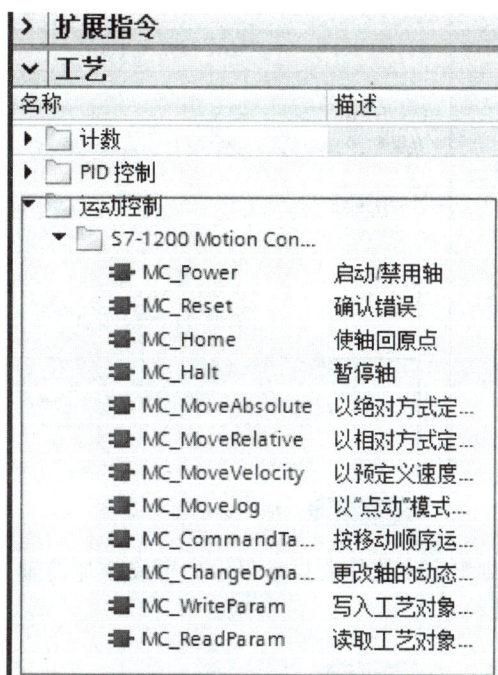

图 5-17 运动控制指令

（1）MC_Power 指令 在程序里一直被调用，并且要在其他运动控制指令之前调用并使能，如图 5-18 所示。

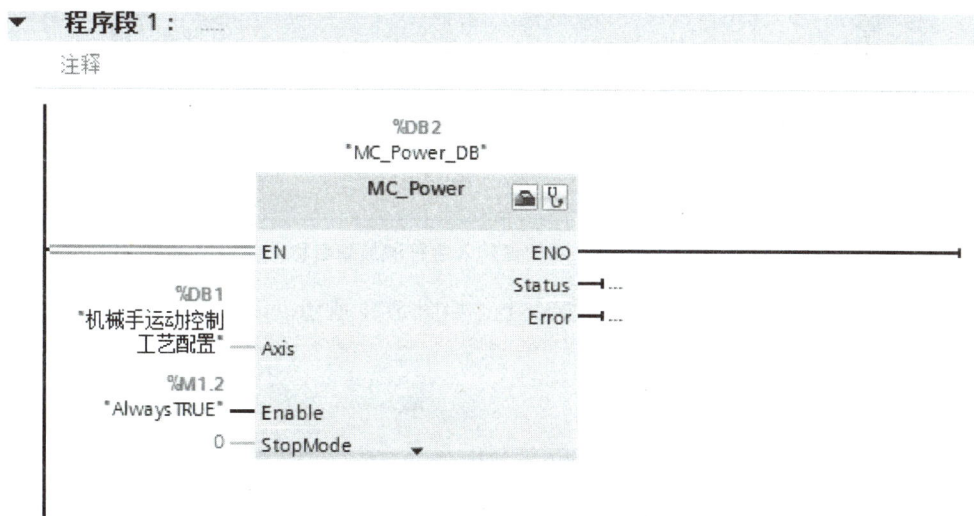

图 5-18 MC_Power 指令

1）输入参数：

➢ EN：该输入端是 MC_Power 指令的使能端。

➢ Axis：轴名称。

可以用以下几种方式添加轴名称：

① 用鼠标直接从 Portal 软件左侧项目树中拖拽轴的工艺对象，如图 5-19 所示。

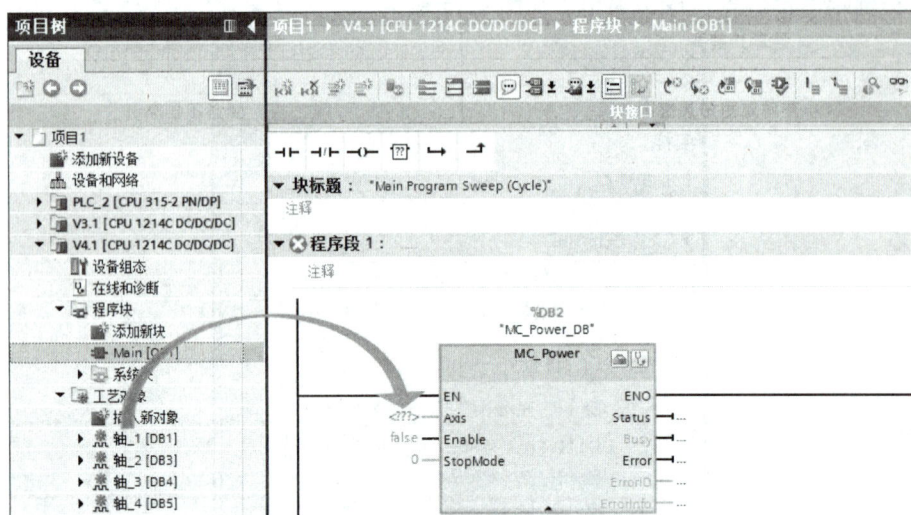

图 5-19 拖拽轴的工艺对象

② 用键盘输入字符，则 Portal 软件会自动显示出可以添加的轴名称，如图 5-20 所示。

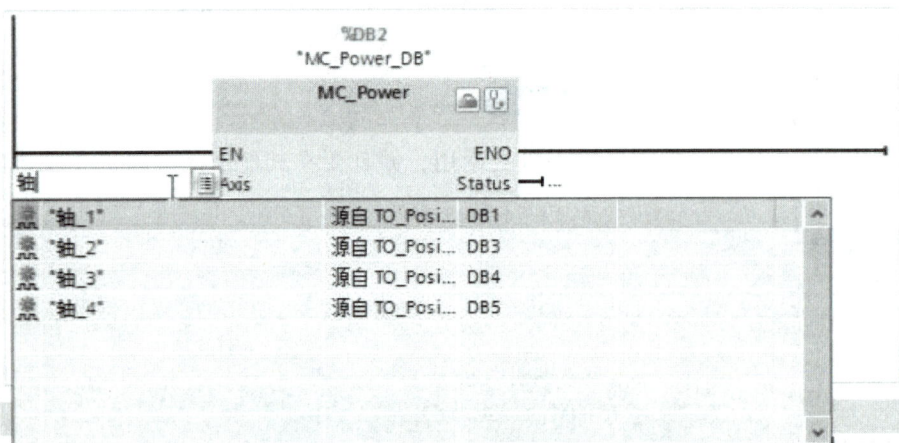

图 5-20 用键盘输入字符添加轴名称

③ 用复制的方式把轴的名称粘贴到指令上，如图 5-21 所示。

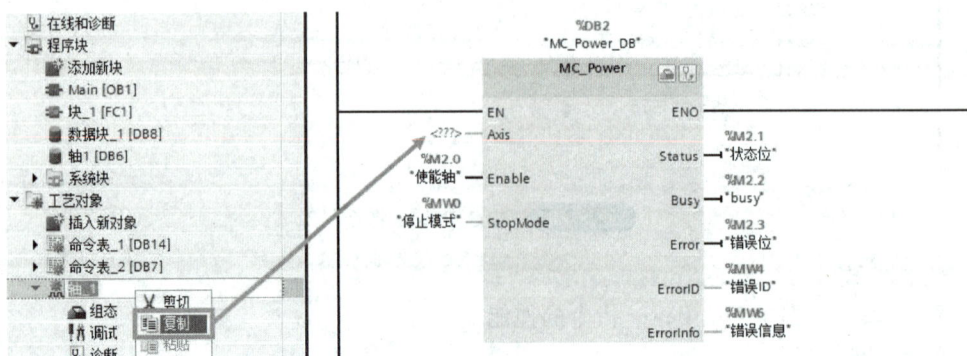

图 5-21 用复制的方式添加轴名称

④ 还可以用鼠标双击"Aixs"，系统会弹出右边带可选按钮的白色长条框，这时用鼠标单击"选择"按钮，就会出现图 5-22 所示的列表。

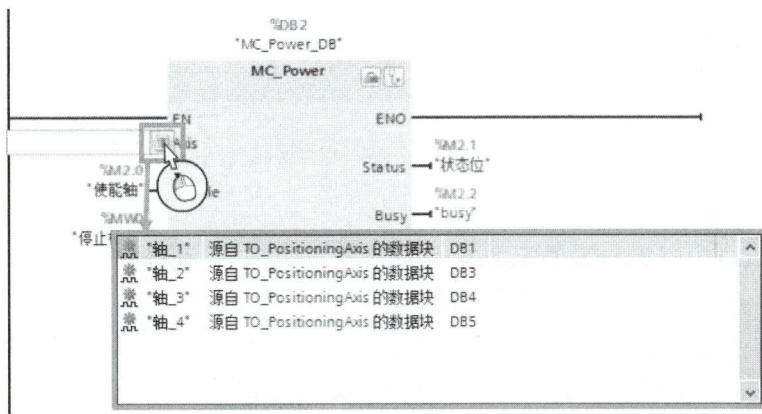

图 5-22　使用列表添加轴名称

➢ Enable：轴使能端。

Enable=0：根据 StopMode 设置的模式来停止当前轴的运行。

Enable=1：如果组态了轴的驱动信号，则 Enable=1 时将接通驱动器的电源。

➢ StopMode：轴停止模式。

StopMode=0：紧急停止，按照轴工艺对象参数中的"急停"速度或时间来停止轴。

StopMode=1：立即停止，PLC 立即停止发脉冲。

StopMode=2：带有加速度变化率控制的紧急停止。如果用户组态了加速度变化率，则轴在减速时会把加速度变化率考虑在内，减速曲线会变得平滑。

2）输出参数：

➢ ENO：使能输出。

➢ Status：轴的使能状态。

➢ Busy：标记 MC_Power 指令是否处于活动状态。

➢ Error：标记 MC_Power 指令是否产生错误。

➢ ErrorID：当 MC_Power 指令产生错误时，用 ErrorID 表示错误号。

➢ ErrorInfo：当 MC_Power 指令产生错误时，用 ErrorInfo 表示错误信息。

（2）MC_Home 指令　使轴归位，设置参考点，将轴坐标与实际的物理驱动器位置进行匹配，如图 5-23 所示。

1）输入参数：

➢ EN：该输入端是 MC_Reset 指令的使能端。

➢ Axis：轴名称。

➢ Execute：MC_Reset 指令的启动位，用上升沿触发。

➢ Position：位置值。

● Mode=1 时：对当前轴位置的修正值。

● Mode=0、2、3 时：轴的绝对位置值。

➢ Mode：回原点模式值。

● Mode=0：绝对式直接回零点，轴的位置值为参数"Position"的值。

● Mode=1：相对式直接回零点，轴的位置值等于当前轴位置+参数"Position"的值。

● Mode=2：被动回零点，轴的位置值为参数"Position"的值。

程序段2:

注释

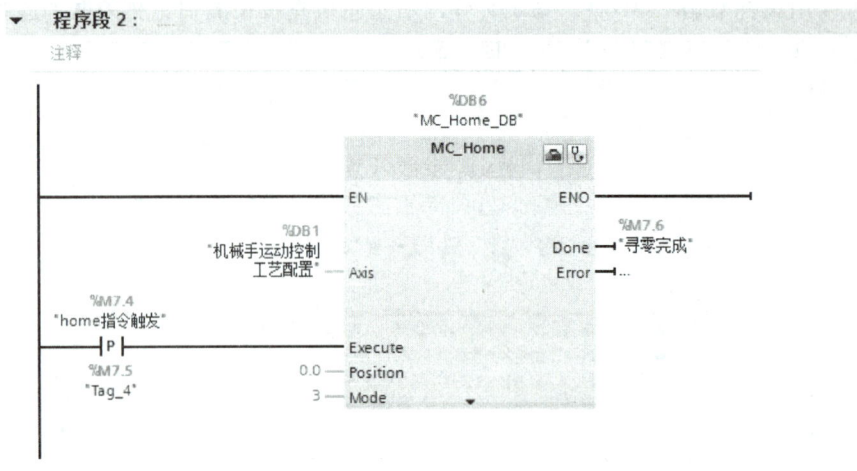

图 5-23 MC_Home 指令

- Mode = 3:主动回零点,轴的位置值为参数"Position"的值。

2)输出参数:

➢ ENO:使能输出。

➢ Done:标记任务是否完成,上升沿有效。

➢ Busy:标记指令是否处于活动状态。

➢ Error:标记指令是否产生错误。

➢ ErrorID:用 ErrorID 表示错误号。

➢ ErrorInfo:用 ErrorInfo 表示错误信息。

(3)MC_MoveAbsolute 指令 使轴以某一速度进行绝对位置定位,但在使能绝对位置指令之前,轴必须回原点。因此,MC_MoveAbsolute 指令之前必须有 MC_Home 指令,如图 5-24 所示。

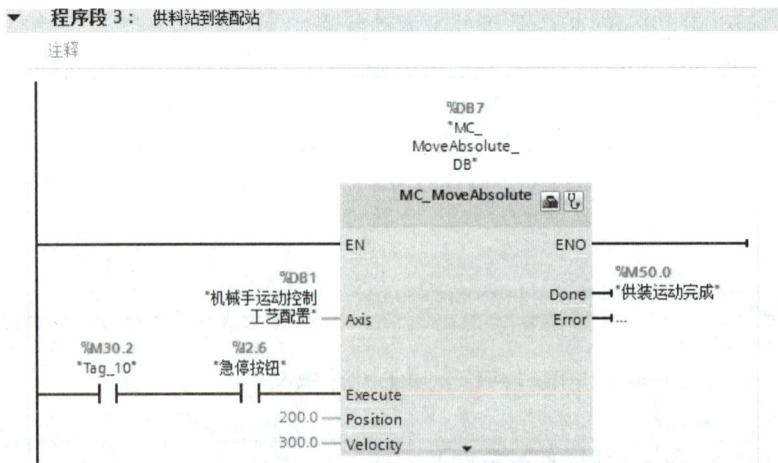

图 5-24 MC_MoveAbsolute 指令

1)输入参数:

➢ EN:指令的使能端。

➢ Axis:轴名称。

➤ Execute：指令的启动位，用上升沿触发。

➤ Position：绝对目标位置值。

➤ Velocity：绝对运动的速度

2）输出参数：

➤ ENO：使能输出。

➤ Done：标记任务是否完成，上升沿有效。

➤ Busy：标记指令是否处于活动状态。

➤ Error：标记指令是否产生错误。

➤ ErrorID：用 ErrorID 表示错误号。

➤ ErrorInfo：用 ErrorInfo 表示错误信息。

（4）MC_ReadParam 指令 可在用户程序中读取轴工艺对象和命令表对象中的变量，如图 5-25 所示。

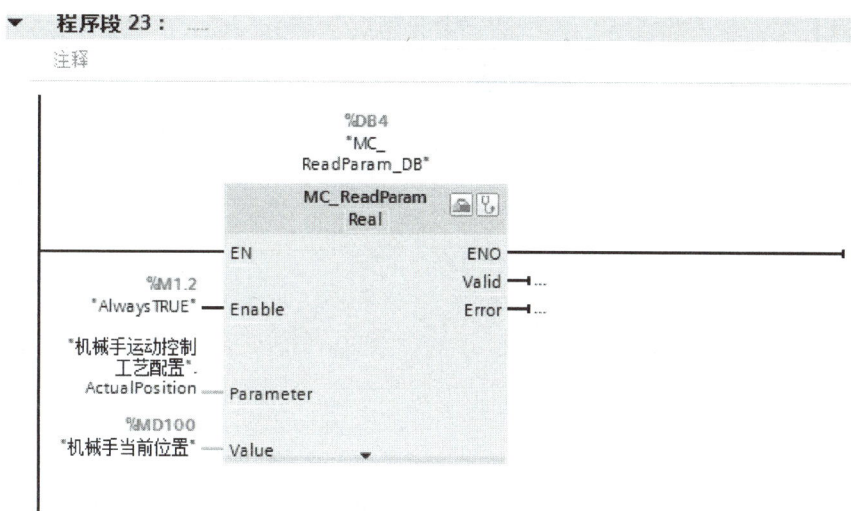

图 5-25 **MC_ReadParam 指令**

1）输入参数：

➤ EN：指令的使能端。

➤ Enable：读取参数使能。

➤ Parameter：需要读取的参数。

➤ Value：读取参数保存的位置。

2）输出参数：

➤ ENO：使能输出。

➤ Done：标记任务是否完成，上升沿有效。

➤ Busy：标记指令是否处于活动状态。

➤ Error：标记指令是否产生错误。

➤ ErrorID：用 ErrorID 表示错误号。

➤ ErrorInfo：用 ErrorInfo 表示错误信息。

（5）MC_Halt 指令 停止所有运动并以组态的减速度停止轴，如图 5-26 所示。

1）输入参数：

➤ EN：该输入端是 MC_Reset 指令的使能端。

➤ Axis：轴名称。

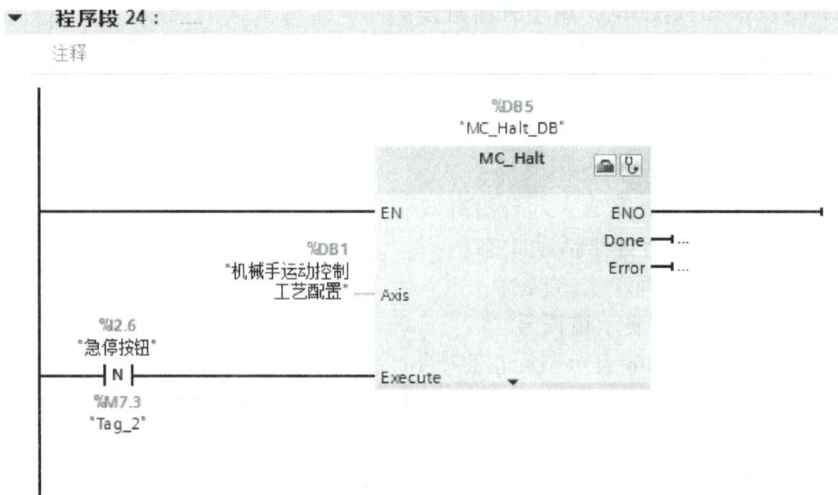

图 5-26　MC_Halt 指令

➢ Execute：MC_Reset 指令的启动位，用上升沿触发。

2）输出参数：

➢ ENO：使能输出。

➢ Done：标记任务是否完成，上升沿有效。

➢ Busy：标记指令是否处于活动状态。

➢ Error：标记指令是否产生错误。

➢ ErrorID：用 ErrorID 表示错误号。

➢ ErrorInfo：用 ErrorInfo 表示错误信息。

5.2　项目描述

1. 输送单元的功能

输送单元通过驱动抓取机械手装置精确定位到指定工作单元的物料台，在物料台上抓取工件，把抓取到的工件输送到指定地点然后放下。

输送单元在网络系统中担任着主站的角色，它接收来自触摸屏的系统主令信号，读取网络上各从站的状态信息，加以综合后向各从站发送控制要求，以协调整个系统的工作。

输送单元的功能

2. 输送单元的控制要求

输送单元单站运行的目标是测试设备传送工件的功能。要求其他各工作单元已经就位，如图 5-27 所示，并且在供料单元的物料台上放置了工件。具体测试要求如下。

1）输送单元在通电后，按下复位按钮 SB1，执行复位操作，使抓取机械手装置回到原点位置。在复位过程中，"正常工作"指示灯 HL1 以 1Hz 频率闪烁。

当抓取机械手装置回到原点位置，且输送单元各个气缸满足初始位置的要求，则复位完成，"正常工作"指示灯 HL1 常亮。按下起动按钮 SB2，设备起动，"设备运行"指示灯 HL2 也常亮，开始功能测试过程。

2）正常功能测试。

① 抓取机械手装置从供料单元物料台抓取工件，抓取的动作顺序是：手臂伸出→手爪夹紧抓取工件→提升台上升→手臂缩回。

输送单元的控制要求

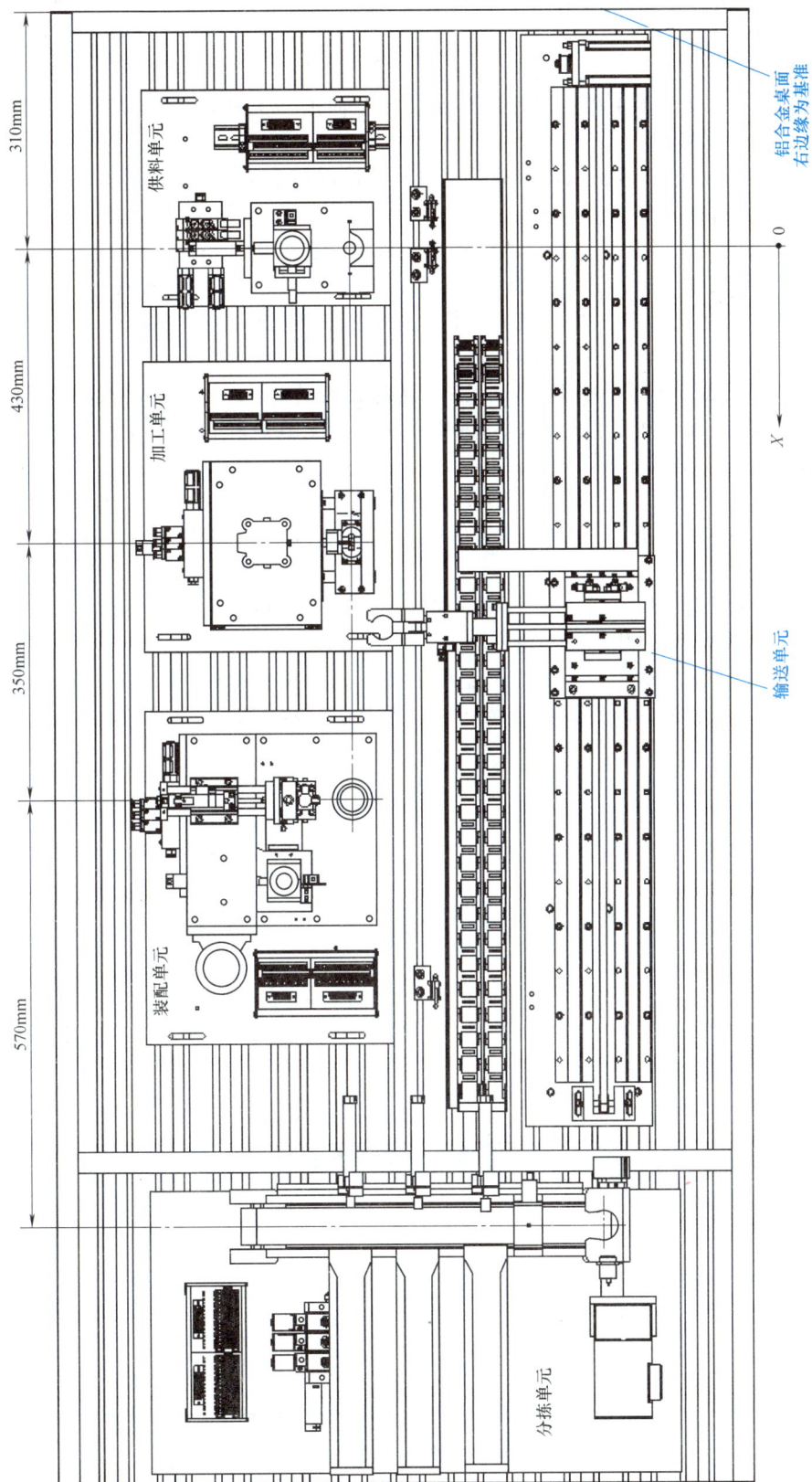

图 5-27 自动生产线设备俯视图

② 抓取动作完成后，伺服电动机驱动机械手装置向加工单元移动，移动速度不小于300mm/s。

③ 机械手装置移动到加工单元加工台的正前方后，即把工件放到加工单元加工台上。抓取机械手装置在加工单元放下工件的动作顺序是：手臂伸出→提升台下降→手爪松开放下工件→手臂缩回。

④ 放下工件动作完成2s后，抓取机械手装置执行抓取加工单元工件的操作，其动作顺序与在供料单元抓取工件的动作顺序相同。

⑤ 抓取动作完成后，伺服电动机驱动机械手装置移动到装配单元装配台的正前方，然后把工件放到装配单元装配台上，其动作顺序与在加工单元放下工件的动作顺序相同。

⑥ 放下工件动作完成2s后，抓取机械手装置执行抓取装配单元工件的操作，其动作顺序与在供料单元抓取工件的动作顺序相同。

⑦ 抓取动作完成后，机械手手臂缩回，摆台逆时针旋转90°，伺服电动机驱动机械手装置从装配单元向分拣单元运送工件，到达分拣单元传送带上方进料口后把工件放下，其动作顺序与在加工单元放下工件的动作顺序相同。

⑧ 放下工件动作完成后，机械手手臂缩回，然后执行返回原点的操作。伺服电动机驱动机械手装置以400mm/s的速度返回，返回900mm后，摆台顺时针旋转90°，然后以100mm/s的速度低速返回原点停止。

当抓取机械手装置返回原点后，一个测试周期结束。当供料单元的物料台上放置了工件时，再按一次起动按钮SB2，开始新一轮的测试。

3）非正常运行的功能测试。若在工作过程中按下急停按钮QS，则系统立即停止运行。在急停复位后，应从急停前的断点开始继续运行。但是若急停按钮按下时，输送站机械手装置正在向某一目标点移动，则急停复位后输送站机械手装置应首先返回原点位置，然后再向原目标点运动。

在急停状态，绿色指示灯HL2以1Hz频率闪烁，直到急停复位后恢复正常运行时，HL2恢复常亮。

5.3 项目计划

在学习了前面的知识后，应对输送单元已有了全面的了解，为了有计划地完成本项目，要先做好任务分工和实施计划。

1. 任务分工和实施计划（见表5-3）

表5-3 输送单元项目的任务分工和实施计划

实施步骤	实施内容	完成人	计划完成时间	备注说明
1	根据控制要求准备材料			
2	安装机械部分、传感器、电磁阀组			
3	气动回路设计、安装、调试			
4	电气线路设计及连接			
5	程序设计、编译及调试			
6	成果资料整理、总结汇报			

5人一组，组内成员要有明确分工，角色及职责安排如下：

负责人：担任小组组长，负责整个项目的统筹安排、成果汇报等工作。

调试员：负责 PLC 程序的设计与调试。

装配工：负责输送单元的机械部分、传感器、气路的安装，并配合调试员进行调试。

接线工：负责输送单元的电气接线，并配合调试员进行调试。

安全员：负责整个实施过程的操作规范及安全方面的监督，以及材料准备和资料整理。

2. 所需材料和工具

在实施项目前，请按照材料和工具清单（见表 5-4）逐一检查输送单元的所需材料、工具是否齐全，并填好各种材料的规格及数量。

表 5-4　输送单元的材料和工具清单

工具	规格	数量	材料	规格	数量
内六角扳手			输送单元结构组件		
橡胶锤			原点开关		
螺丝刀			磁性开关		
斜口钳			左、右限位开关		
尖嘴钳			伺服驱动器		
剥线钳			伺服电机		
压线钳			电磁阀组		
万用表			PLC		
钟表螺丝刀					

5.4　项目实施

任务 1　组装输送单元的机械部分

为了提高安装的速度和准确性，对输送单元的安装同样遵循先构成组件、再进行总装的原则具体的安装步骤如下：

（1）直线运动组件的安装（见图 5-28）

1）在底板上装配直线导轨。直线导轨是精密机械运动部件，其安装、调整都要遵循一定的方法和步骤。而且输送单元中使用的导轨长度较长，需要快速准确地调整好两导轨的相互位置，使其运动平稳、受力均匀、运动噪声小。

2）装配大溜板和 4 个滑块组件。将大溜板与两直线导轨上的 4 个滑块的位置找正并进行固定，在拧紧固定螺栓时，应一边推动大溜板左右运动一边拧紧螺栓，直到滑动顺畅为止。

3）连接同步带。将连接了 4 个滑块的大溜板从导轨的一端取出。由于用于滚动的钢球嵌在滑块的橡胶套内，一定要避免橡胶套受到破坏或用力太大致使钢球掉落。将两个同步带固定座安装在大溜板的反面，用于固定同步带的两端。

接下来分别将调整端同步轮安装支架组件和电机侧同步轮安装支架组件上的同步轮套入同步带的两端，在此过程中应注意电机侧同步轮安装支架组件的安装方向和两组件的相对位置，并将同步带两端分别固定在各自的同步带固定座内，同时也要注意保持连接安装好后的同步带平顺一致。完成以上安装任务后，再将滑块套在柱形导轨上，套入时，一定不能损坏滑块内的滑动滚珠以及滚珠的保持架。

4）同步轮安装支架组件的装配。先将电机侧同步轮安装支架组件用螺栓固定在导轨安装底板上，再将调整端同步轮安装支架组件与底板连接，然后调整好同步带的张紧度，锁紧螺栓。

5）伺服电机的安装。将电机安装板固定在电机侧同步轮支架组件的相应位置，将电机与电机安装板活动连接，并在主动轴、电机轴上分别套接同步轮，安装好同步带，调整电机位置，锁紧连接螺栓，最后安装左右限位开关以及原点支架。

注意：在以上各构成零件中，轴承以及轴承座均为精密机械零部件，拆卸以及组装需要较熟练的技能和专用工具，因此不可轻易对其进行拆卸或修配工作。

图 5-29 所示为完成装配的直线运动组件。

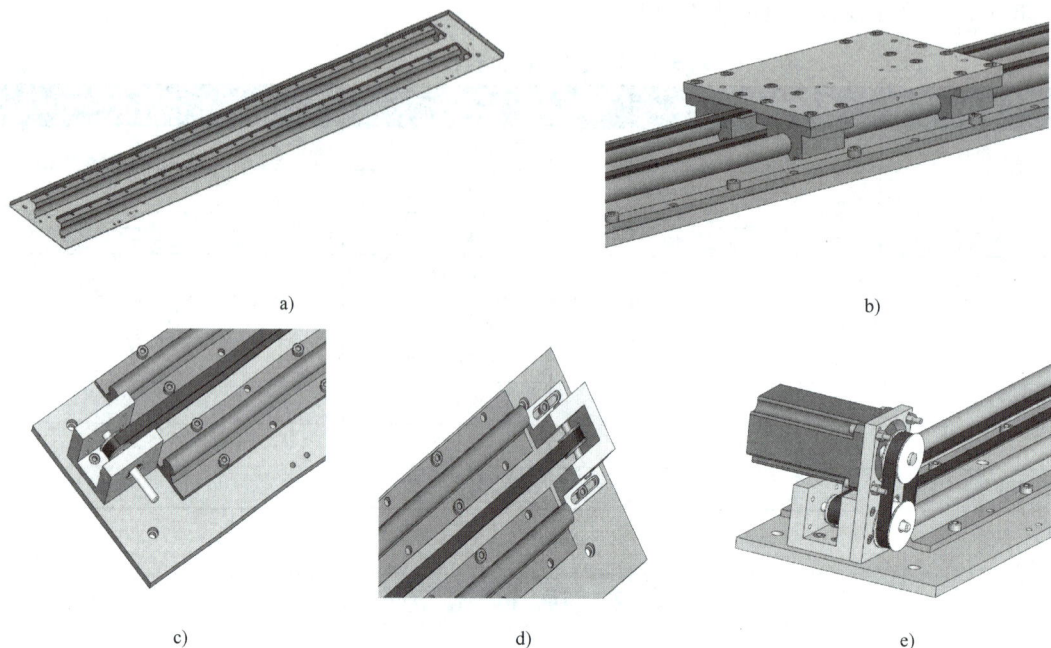

a)

b)

c)   d)   e)

图 5-28 直线运动组件装配过程

a）在底板上安装两条直线导轨 b）装配滑块和大溜板 c）固定同步带固定座 d）固定同步轮安装座 e）安装电机

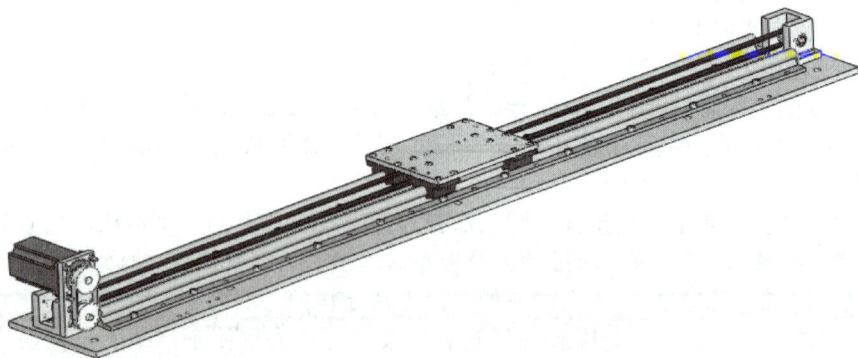

图 5-29 直线运动组件装配完成图

（2）机械手装置的装配

1）提升机构的组装如图 5-30 所示。

2）把气动摆台固定在组装好的提升机构上，然后在气动摆台上固定导杆气缸安装板。安装时注意要先找好导杆气缸安装板与气动摆台连接的原始位置，以便有足够的回转角度。

3）连接气动手爪和导杆气缸，然后把导杆气缸固定到导杆气缸安装板上，完成抓取机械手装置的装配。

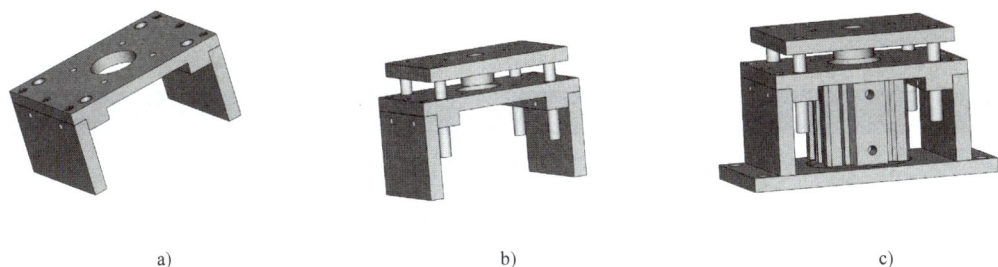

图 5-30 提升机构的组装

a）机械手支撑板 b）提升机构 c）提升气缸

（3）抓取机械手装置的组装 将抓取机械手装置固定到直线运动组件的大溜板上，如图 5-31 所示。然后，检查摆台上的导杆气缸、气动手爪组件的回转位置是否满足在其余各工作单元上抓取和放下工件的要求，并进行适当的调整。

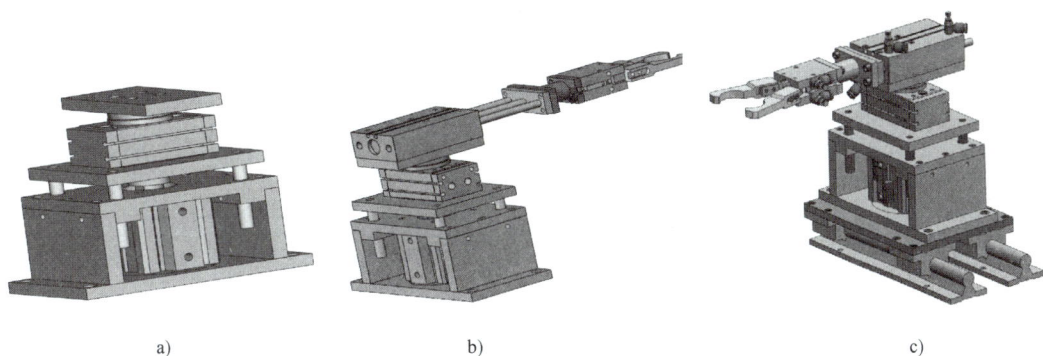

图 5-31 抓取机械手装置的组装

a）旋转机构 b）机械手 c）抓取机械手完成图

最后，把机械手搬运部分和输送部分组装在一起，如图 5-32 所示。

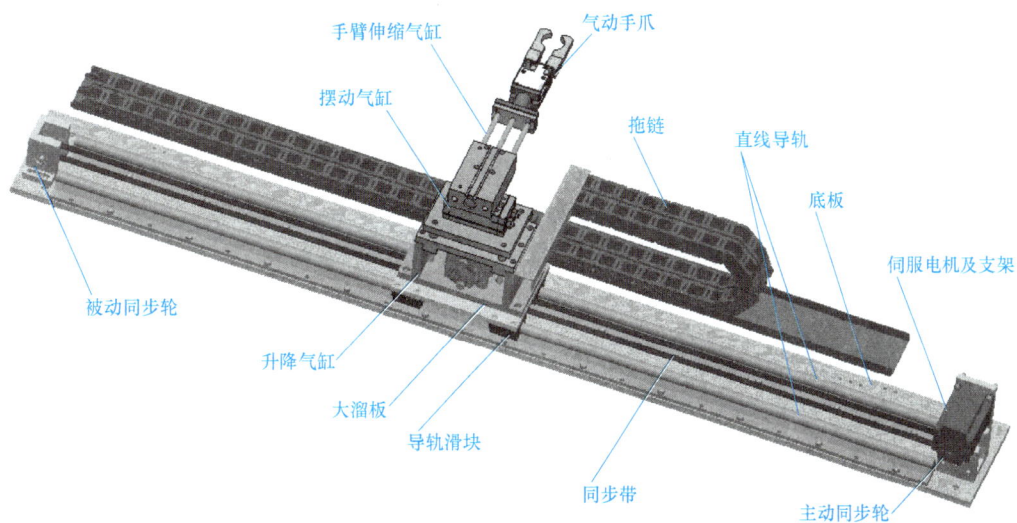

图 5-32 组装后的整体效果图

输送单元机械安装工作单见表5-5。

表5-5　输送单元机械安装工作单

安 装 步 骤	计划时间	实际时间	工具	是否返工,返工原因及解决方法
直线导轨的安装				
抓取机械手的安装				
伺服电机的安装				
传感器的安装				
电磁阀组的安装				
整体安装				
调试过程	传送带转动是否正常：　　是　　否 原因及解决方法： 气缸推出是否顺利：　　是　　否 原因及解决方法： 气路是否能正常换向：　　是　　否 原因及解决方法： 其他故障及解决方法：			

（4）气路连接和电气配线敷设　图5-31c为装配完成的抓取机械手装置。当抓取机械手装置作往复运动时，连接到机械手装置上的气管和电气连接线也随之运动。确保这些气管和电气连接线运动顺畅，防止其在移动过程中拉伤或脱落，是安装过程中重要的一环。

连接到机械手装置上的管线首先应绑扎在安装支架上，然后沿拖链敷设并进入管线线槽中。绑扎管线时要注意管线引出端到绑扎处应保留足够的长度，以免机构运动时管线被拉紧而脱落。沿拖链敷设时注意管线间不要相互交叉。

任务2　设计并连接输送单元的气路

输送单元抓取机械手装置上所有气缸连接的气管应沿拖链敷设，而且要插接到电磁阀组上。其气动回路的工作原理图如图5-33所示。

在气动回路中，驱动摆动气缸和手爪气缸的电磁阀采用的是二位五通双电控电磁阀，其外形如图5-34所示。

双电控电磁阀与单电控电磁阀的区别：对于单电控电磁阀，在无电控信号时，阀芯在弹簧力的作用下会被复位；而对于双电控电磁阀，在两端都无电控信号时，阀芯的位置取决于前一个电控信号。

注意：双电控电磁阀的两个电控信号不能同时为"1"，即在控制过程中不允许两个线圈

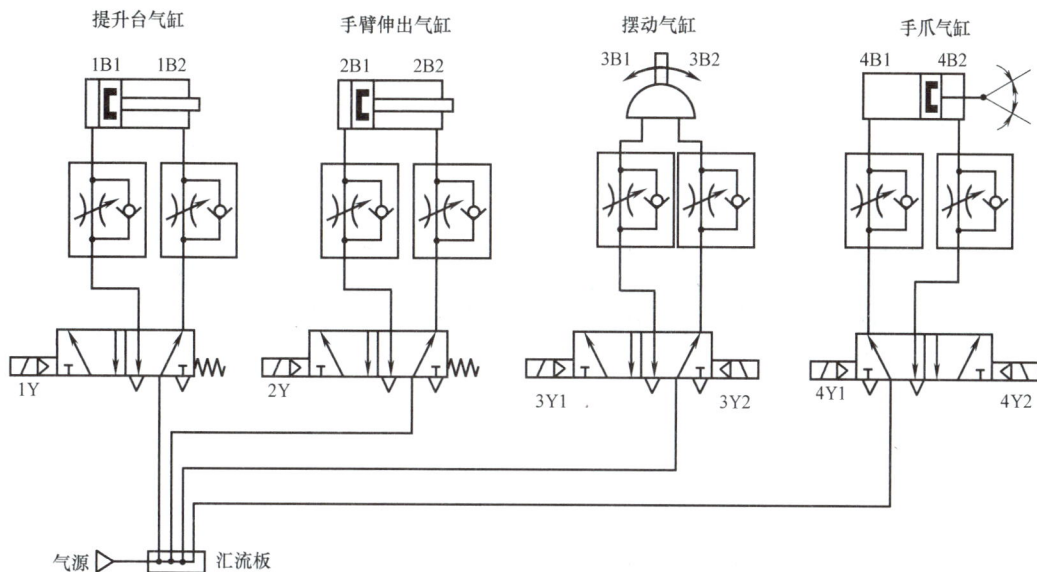

图 5-33　输送单元气动回路的工作原理图

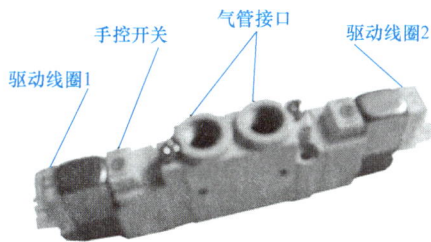

图 5-34　二位五通双电控电磁阀的外形

同时得电，否则可能会造成电磁线圈烧毁。当然，在这种情况下阀芯的位置是不确定的。

输送单元气路连接工作单见表5-6。

表 5-6　输送单元气路连接工作单

调试内容	是	否	不正确原因
气路连接是否有漏气现象			
提升台气缸伸出是否顺畅			
手臂伸出气缸缩回是否顺畅			
摆动气缸伸出是否顺畅			
手爪气缸伸出是否顺畅			
备注			

任务 3　设计并连接输送单元的电路

1. PLC 的选型和 I/O 接线

输送单元所需的 I/O 点较多。其中，输入信号包括来自按钮指示灯模块的按钮、开关等主令信号，以及各构件的传感器信号等；输出信号包括输出到抓取机械手装置各电磁阀的控制信号，以及输出到伺服电机驱动器的脉冲信号和驱动方向信号；此外，尚需考虑在需要时输出信号到按钮指示灯模块的指示灯，以显示本单元或系统的工作状态。

由于需要输出驱动伺服电机的高速脉冲，PLC 应采用晶体管输出型。基于上述考虑，输送单元选用西门子 S7-1200 CPU 1214C DC/DC/DC PLC 主单元。PLC 的 I/O 分配见表 5-7，接线原理图如图 5-35 所示。

表 5-7　输送单元 PLC 的 I/O 分配

输入信号				输出信号			
序号	PLC 输入点	信号名称	信号来源	序号	PLC 输出点	信号名称	信号来源
1	I0.0	原点检测	装置侧	1	Q0.0	脉冲	装置侧
2	I0.1	右限位保护		2	Q0.1	方向	
3	I0.2	左限位保护		3	Q0.2		
4	I0.3	机械手抬升下限位	装置侧	4	Q0.3	升降电磁阀	
5	I0.4	机械手抬升上限位		5	Q0.4	左旋电磁阀	
6	I0.5	机械手旋转左限位		6	Q0.5	右旋电磁阀	
7	I0.6	机械手旋转右限位		7	Q0.6	手爪伸缩电磁阀	
8	I0.7	机械手伸出到位		8	Q0.7	手爪夹紧电磁阀	
9	I1.0	机械手缩回到位		9	Q1.0	手爪放松电磁阀	
10	I1.1	机械手爪夹紧检测		10	Q1.1		
11	I1.2	伺服报警		11			
12	I1.3			12	Q2.0		
13	I1.4			13	Q2.1		
14	I1.5			14	Q2.2		
15	I1.6			15	Q2.3		
16	I1.7			16	Q2.4		
17	I2.0			17	Q2.5	黄色指示灯 HL1	按钮指示灯模块
18	I2.1			18	Q2.6	绿色指示灯 HL2	
19	I2.2			19	Q2.7	红色指示灯 HL3	
20	I2.3						
21	I2.4	停止按钮	按钮指示灯模块				
22	I2.5	起动按钮					
23	I2.6	急停按钮					
24	I2.7	单机/全线					

图 5-35 中，左右两极限开关 K2 和 K1 的动合触点分别连接到 PLC 输入点 I0.2 和 I0.1。必须注意的是，K2、K1 均提供一对转换触点，它们的静触点应连接到公共点 COM 上，而动断触点必须连接到伺服驱动器的控制端口 CNX5 的 CWL（8 脚）和 CCWL（9 脚）作为硬联锁保护，其目的是防范由于程序错误引起冲极限故障而造成设备损坏。接线时要加以注意。

晶体管输出型的 S7-1200 系列 PLC 供电电源采用 DC 24V 的直流电源，这与前面各工作单元的继电器输出型 PLC 不同，接线时也要予以注意，千万不要把 AC 220V 电源连接到其电源输入端。

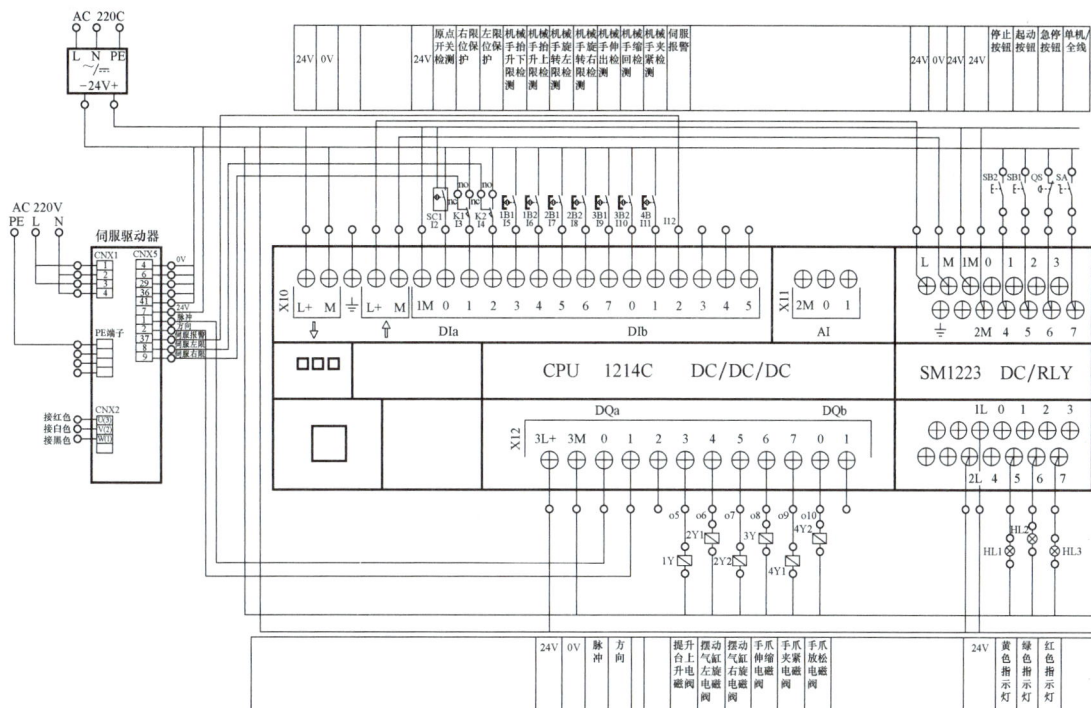

图 5-35　输送单元 PLC 的 I/O 接线原理图

2. 伺服电机参数设置

完成系统的电气接线后，需要对伺服电机驱动器进行参数设置，见表 5-8。

表 5-8　伺服电机驱动器参数设置

序号	参数编号	参数名称	设定值	功能和含义
1	Pr5.28	LED 初始状态	1	显示电机转速
2	Pr0.01	控制模式	0	位置控制（相关代码 P）
3	Pr5.04	驱动禁止输入设定	2	当左或右（POT 或 NOT）限位开关动作时，则会发生 Err38 行程限位禁止输入信号出错报警。设置此参数值必须在控制电源断电重启之后才能修改成功
4	Pr0.04	惯量比	250	
5	Pr0.02	实时自动增益设置	1	实时自动调整为标准模式，运行时负载惯量的变化情况很小
6	Pr0.03	实时自动增益的机械刚性选择	13	此参数值越大，响应越快
7	Pr0.06	指令脉冲旋转方向设置	0	
8	Pr0.07	指令脉冲输入方式	3	
9	Pr0.08	电机每旋转一转的脉冲数	6000	

3. 输送单元的电路连接注意事项

1）控制输送单元生产过程的 PLC 装置安装在工作台两侧的抽屉板上。PLC 侧接线端口的接线端子采用两层端子结构，上层端子用以连接各信号线，其端子号与装置侧接线端口的接线端子相对应，底层端子用以连接 DC 24V 电源的 24V 端和 0V 端。

2）输送单元装置侧接线端口的接线端子采用三层端子结构，上层端子用以连接 DC 24V

电源的 24V 端，底层端子用以连接 DC 24V 电源的 0V 端，中间层端子用以连接各信号线。

3）输送单元装置侧接线端口和 PLC 侧接线端口之间通过专用电缆连接。其中，25 针接头电缆连接 PLC 的输入信号，15 针接头电缆连接 PLC 的输出信号。

4）输送单元工作用的 DC 24V 直流电源是通过专用电缆由 PLC 侧的接线端子提供，经接线端子排引到输送单元上的。接线时应注意，装配单元侧接线端口中输入信号端子的上层端子（24V）只能作为传感器的正电源端，切勿用于电磁阀等执行元件的负载。电磁阀等执行元件的正电源端和 0V 端应连接到输出信号端子下层端子的相应端子上。每一端子连接的导线不应超过两根。

5）按照输送单元 PLC 的接线原理图和规定的 I/O 地址接线。为方便接线，一般应先接下层端子，后接上层端子。要仔细辨明原理图中的端子功能标注。要注意气缸磁性开关的棕色和蓝色两根线，原点开关的棕色、黑色、蓝色三根线，作为限位开关的微动开关的棕色、蓝色两根线的极性不能接反。

6）导线线端应处理干净，无线芯外露，裸露铜线不得超过 2mm，一般应做冷压插针处理。线端还应套规定的线号。

7）导线在端子上的压接，以用手稍用力外拉不动为宜。

8）导线走向应平顺有序，不得重叠挤压折曲而导致顺序凌乱。线路应用黑色尼龙扎带进行绑扎，以不使导线外皮变形为宜。装置侧接线完成后，应用扎带绑扎，力求整齐美观。

9）输送单元的按钮指示灯模块按照端子接口的规定连接。

10）输送单元拖链中的气路管线和电气线路要分开敷设，长度要略长于拖链，管线在拖链中不能相互交叉、打折、纠结，要有序排布，并用尼龙扎带绑扎。

11）进行松下 MINAS A6 系列伺服电机驱动器接线时，驱动器上的 L1、L2 和 L3、L4 要分别与 AC 220V 电源的 L 和 N 端相连接；U、V、W、D 端与伺服电机电源端连接。接地端一定要可靠连接保护地线。伺服驱动器的信号输出端要和伺服电机的信号输入端连接。注意伺服驱动器使能信号线的连接。

12）参照松下 MINAS A6 系列伺服驱动器的说明书，对伺服驱动器的相应参数进行设置，如位置环工作模式、加减速时间等。

4. 气路连接和电气配线敷设

当抓取机械手装置进行往复运动时，连接到机械手装置上的气管和电气连接线也随之运动。因此，一定要确保这些气管和电气连接线运动顺畅，不要使其在移动过程拉伤或脱落。

连接到机械手装置上的管线首先要绑扎在拖链安装支架上，然后再沿拖链敷设并进入管线线槽中。绑扎管线时要注意管线引出端到绑扎处应保留足够的长度，以免机构运动时管线被拉紧而脱落。沿拖链敷设时注意管线间不要相互交叉，如图 5-36 所示。输送单元电气线路安装及调试工作单见表 5-9。

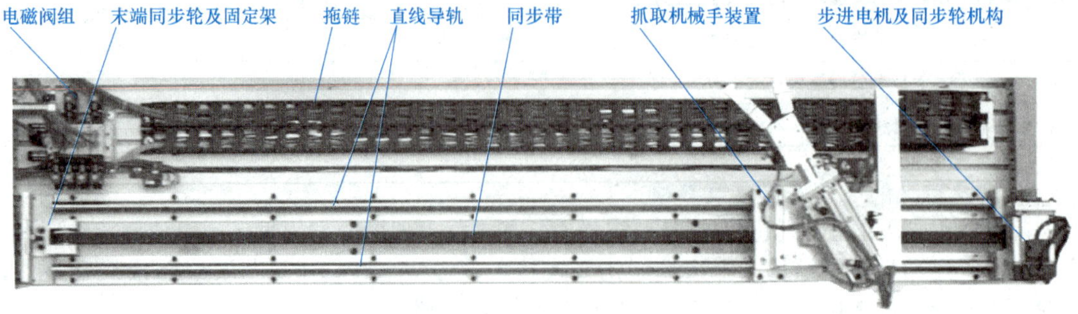

电磁阀组　　末端同步轮及固定架　　拖链　　直线导轨　　同步带　　抓取机械手装置　　步进电机及同步轮机构

图 5-36 装配完成的输送单元装置侧

表 5-9 输送单元电气线路安装及调试工作单

调 试 内 容	正确	错误	原 因
原点开关检测信号			
左限位保护信号			
右限位保护信号			
提升台上限检测信号			
提升台下限检测信号			
摆动气缸左限检测			
摆动气缸右限检测			
手臂伸出检测信号			
手臂缩回检测信号			
手爪夹紧检测信号			
伺服报警检测			

任务 4 设计并调试输送单元的 PLC 程序

1. 输送单元的编程思路

输送单元的整个功能测试过程应包括通电后复位、传送功能测试、紧急停止处理和状态指示等部分，其中传送功能测试是一个步进顺序控制过程，在子程序中可采用步进指令驱动实现，输送单元程序控制的关键点是伺服电机的定位控制。综上所述，主程序应包括通电初始化、复位过程（子程序）、准备就绪后投入运行等阶段。图 5-37 所示为主程序中使用的与轴运动指令相关的程序段，而初态检查、进入运行状态和状态指示灯显示的相关程序与前 4 个工作单元基本类似，这里略过。

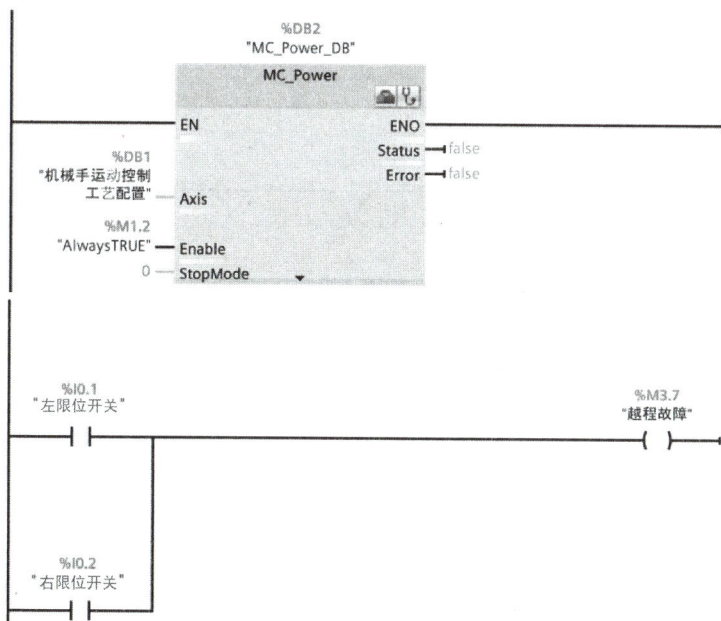

图 5-37 主程序中调用的轴运动指令块

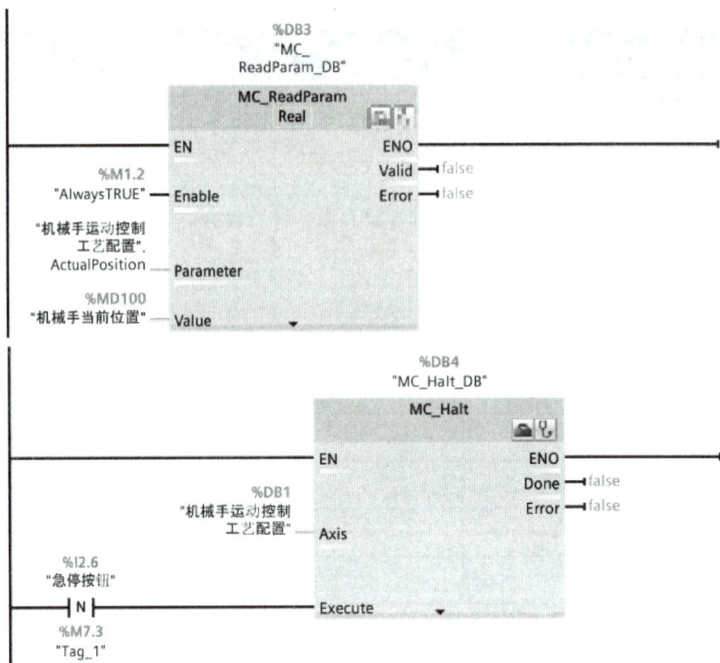

图 5-37 主程序中调用的轴运动指令块（续）

（1）初态检查复位子程序和回原点子程序　系统通电且按下复位按钮后，就调用初态检查复位子程序（见图5-38），进入初始状态检查和复位操作阶段，目的是确定系统是否准备就

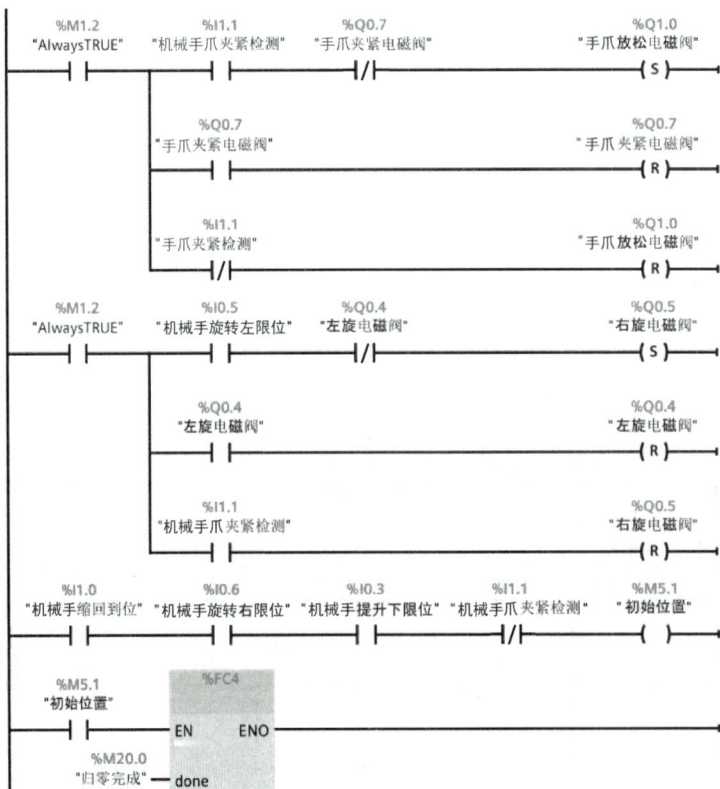

图 5-38 FC2 初态检查复位子程序

绪。若系统未准备就绪，则系统不能起动。

回原点子程序的内容是检查各气动执行元件是否处在初始位置，抓取机械手装置是否在原点位置，否则要进行相应的复位操作，直至准备就绪，如图 5-39 所示。

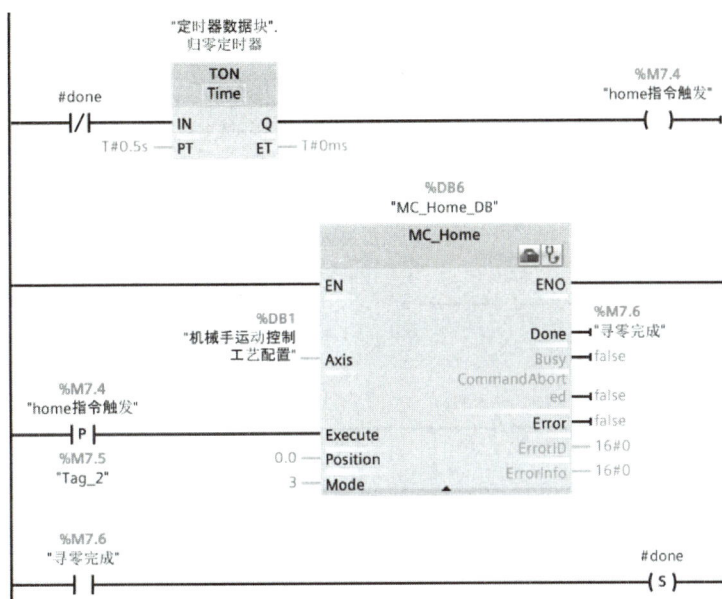

图 5-39　FC4 回原点子程序

在输送单元的整个工作过程中，抓取机械手装置返回原点的操作会频繁地进行，因此编写一个子程序供需要时调用是必要的。在其局部变量表中定义了一个 Bool 类型的 InOut 参数 done，如图 5-40 所示。当调用 FC4 子程序时，若满足 EN 端和 done 端输入都为 ON，则启动子程序调用，如图 5-40 所示。

图 5-40　FC4 子程序的局部变量表

带形式参数的子程序是西门子系列 PLC 的优异功能之一，输送单元程序中好几个子程序均使用了这种编程方法。关于带参数调用子程序的详细介绍，请参阅 S7-1200 PLC 系统手册。

（2）放料和抓料子程序　抓取工件和放下工件在输送单元运行过程中会多次使用，可以将其分别放在两个子程序中，供系统调用，如图 5-41 和图 5-42 所示。

（3）系统运行控制子程序　系统运行控制是一个单序列的步进顺序控制。在运行状态下，若主控标志 M3.0 为 ON，则调用该子程序 FC3。运行控制的步进控制流程如图 5-43 所示。

下面以机械手在加工台放下工件开始到机械手移动到装配单元结束的过程为例说明编程思路，其梯形图如图 5-44 所示。

1）在机械手执行放下工件的工作步中调用"放下工件"子程序，在执行抓取工件的工作步中调用"抓取工件"子程序。这两个子程序都带有 Bool 输出参数，当抓取或放下工作完成时，输出参数为 ON，传递给相应的"放料完成"标志 M4.1 或"抓取完成"标志 M4.0，作为

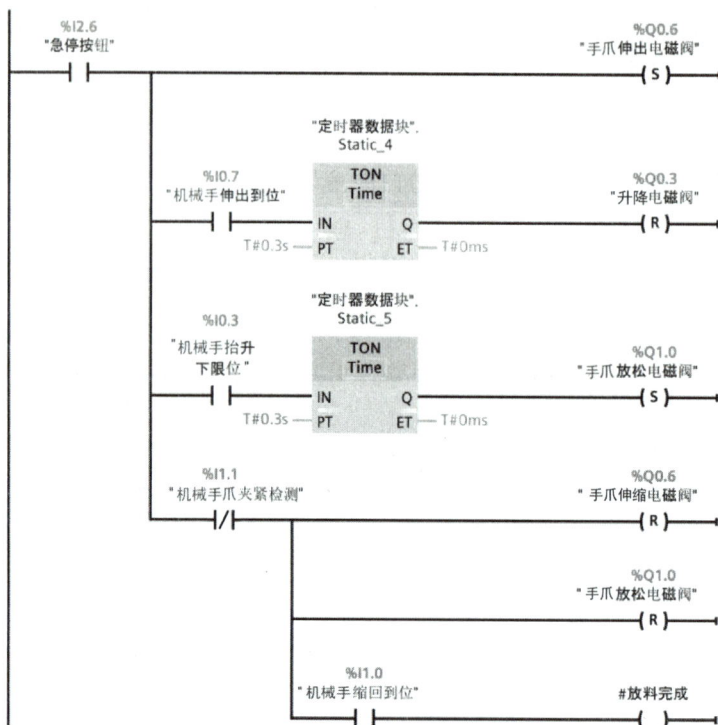

图 5-41 FC5 放料子程序

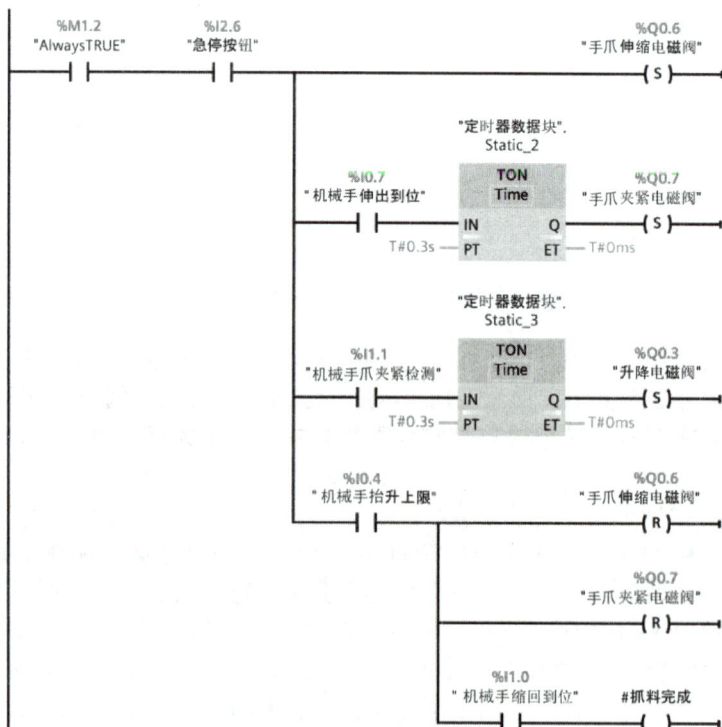

图 5-42 FC6 抓料子程序

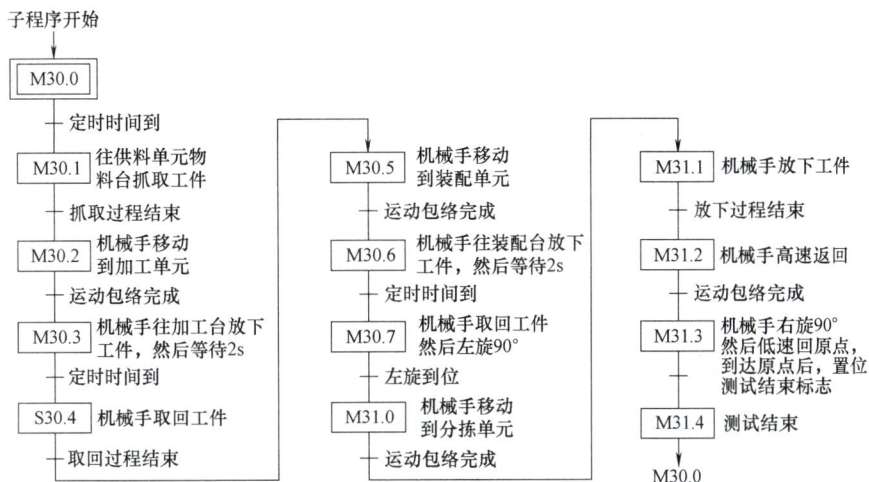

图 5-43 运行控制的步进控制流程

步进顺序控制程序中各步的转移条件。机械手在不同的阶段抓取工件或放下工件的动作顺序是相同的。抓取工件的动作顺序为：手臂伸出→手爪夹紧→提升台上升→手臂缩回。放下工件的动作顺序为：手臂伸出→提升台下降→手爪松开→手臂缩回。采用子程序调用的方法来实现抓取和放下工件的动作控制使程序编写得以简化。

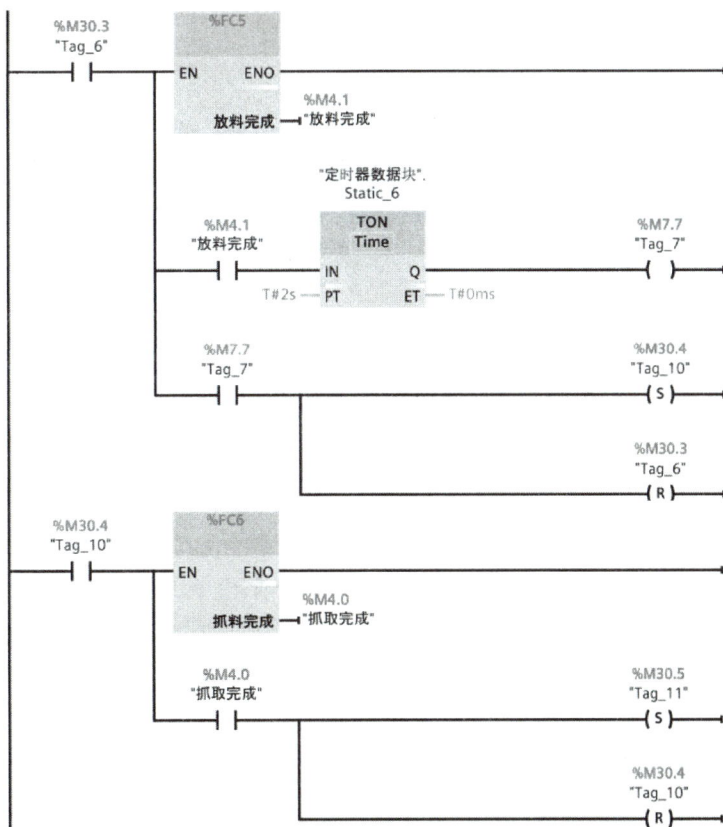

图 5-44 机械手从加工单元移动到装配单元的梯形图程序

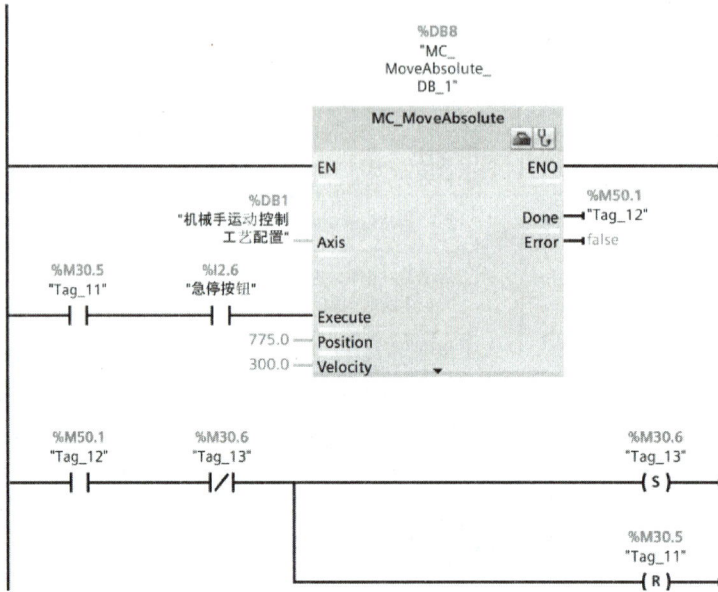

图 5-44 机械手从加工单元移动到装配单元的梯形图程序（续）

2）执行机械手装置从加工单元往装配单元绝对运动的操作过程，同样适用于机械手装置从供料单元前往加工单元和从装配单元前往分拣单元运动的情况。

实际上，其他各工作步编程中运用的思路和方法，基本与上述步骤类似，这里不再赘述。

2. 输送单元的调试与运行

调试运行之前，首先按要求设置伺服驱动器的参数，请将参数设定值填入表 5-10。

表 5-10　输送单元伺服驱动器的参数表

参数名称	设定值	参数名称	设定值
LED 初始状态		实时自动增益的机械刚性选择	
控制模式		指令脉冲旋转方向设置	
驱动禁止输入设定		指令脉冲输入方式	
惯量比		电机每旋转一转的脉冲数	
实时自动增益设置			

按照如下步骤进行调试并做好调试记录，完成调试工作单，见表 5-11 和表 5-12。

① 调整气动部分，检查气路是否正确，气压是否合理、恰当，气缸的动作速度是否合适。

② 检查磁性开关的安装位置是否到位，磁性开关工作是否正常。

③ 检查 I/O 接线是否正确。

④ 检查传感器安装是否合理，灵敏度是否合适，以保证检测的可靠性。

⑤ 放入工件，运行程序，观察输送单元的运行是否满足任务要求。

⑥ 调试各种可能出现的情况，比如突然按下急停按钮，系统也要能可靠工作。

⑦ 优化程序。

表 5-11　输送单元初态调试工作单

	调试内容	是	否	原因
1	机械手返回原点状态			
2	提升台气缸是否处于缩回状态			
3	手臂伸出气缸是否处于缩回状态			
4	手爪气缸是否处于松开状态			
5	指示灯 HL1 状态是否正常			
6	指示灯 HL2 状态是否正常			

表 5-12　输送单元运行状态调试工作单

起动按钮按下后				
	调试内容	是	否	原因
1	指示灯 HL1 是否点亮			
2	指示灯 HL2 是否常亮			
3	设备回零	机械手机构是否回零		
		直线运动机构是否回零		
4	供料单元有料时	机械手是否正常抓取工件		
		直线运动机构是否运动		
5	加工单元有料时	机械手是否正常抓取工件		
		直线运动机构是否运动		
6	装配单元有料时	机械手是否正常抓取工件		
		直线运动机构是否运动		
7	分拣单元无料时	机械手是否正常放下工件		
		直线运动机构是否运动		
8	供料单元和装配单元没有工件时,机械手是否继续工作			
停止按钮按下后				
	调试内容	是	否	原因
1	指示灯 HL1 是否常亮			
2	指示灯 HL2 是否熄灭			
3	工作状态是否正常			

5.5　总结与评价

5.5.1　输送单元知识图谱

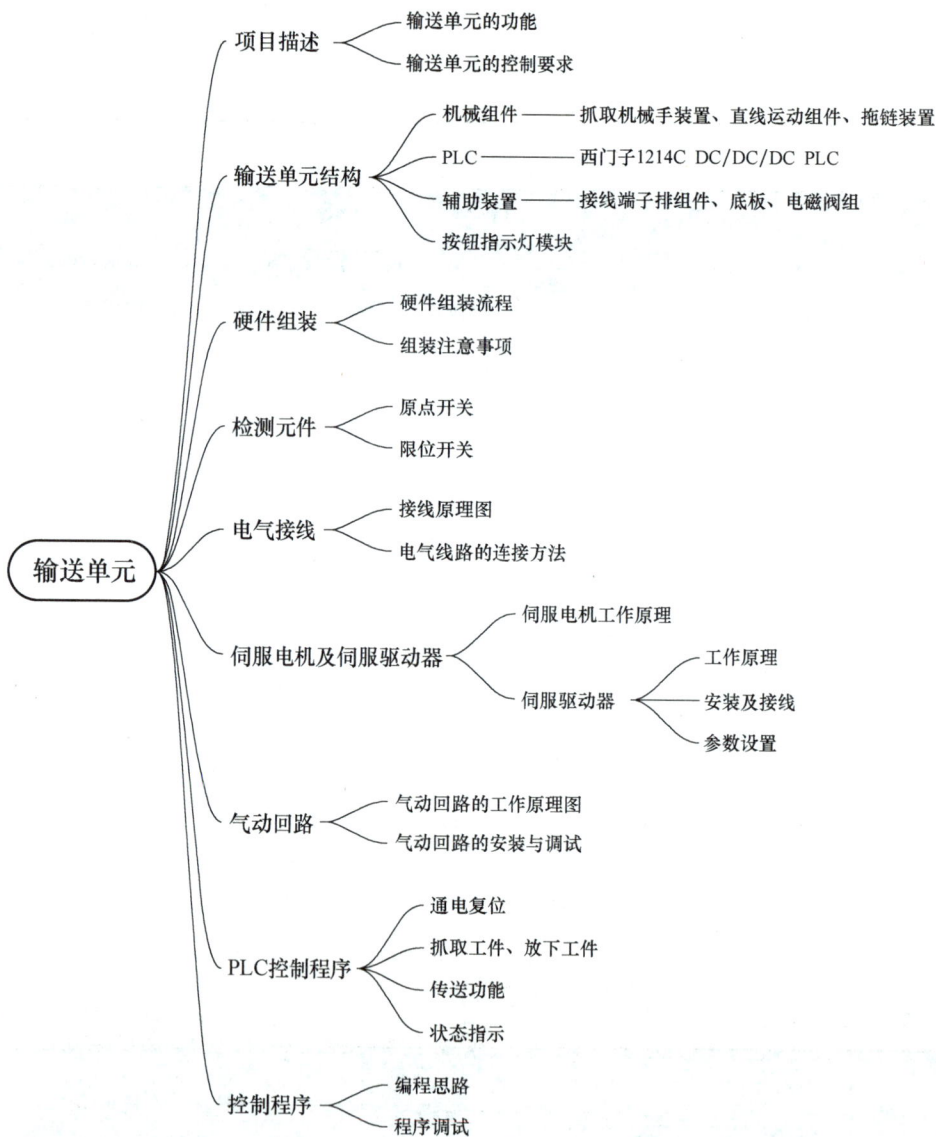

输送单元

- 项目描述
  - 输送单元的功能
  - 输送单元的控制要求
- 输送单元结构
  - 机械组件——抓取机械手装置、直线运动组件、拖链装置
  - PLC——西门子1214C DC/DC/DC PLC
  - 辅助装置——接线端子排组件、底板、电磁阀组
  - 按钮指示灯模块
- 硬件组装
  - 硬件组装流程
  - 组装注意事项
- 检测元件
  - 原点开关
  - 限位开关
- 电气接线
  - 接线原理图
  - 电气线路的连接方法
- 伺服电机及伺服驱动器
  - 伺服电机工作原理
  - 伺服驱动器
    - 工作原理
    - 安装及接线
    - 参数设置
- 气动回路
  - 气动回路的工作原理图
  - 气动回路的安装与调试
- PLC控制程序
  - 通电复位
  - 抓取工件、放下工件
  - 传送功能
  - 状态指示
- 控制程序
  - 编程思路
  - 程序调试

5.5.2　输送单元项目评价

参考表5-13中的评价指标，根据工艺和控制要求完成项目的自评、小组互评和教师评价。

表 5-13 输送单元项目评价表

	评价内容及标准	分值	得分
通电前电路检查	1. 电线金属材料外露,导线端子连接处接线松动、不牢固或外露金属过长,每处扣 1 分	2	
	2. 电路接线没有绑扎或电路接线凌乱,每处扣 1 分	2	
	3. 线槽有没盖住、翘起或未完全盖住现象,每处扣 1 分	2	
通电前气路检查	4. 气路有漏气现象,每处扣 1 分	2	
	5. 节流阀调整不当(气缸运行过程中存在爬行或者冲击现象),每处扣 1 分	2	
	6. 绑扎工艺工整美观,如有气管缠绕、绑扎变形现象,每处扣 1 分	2	
功能测试	复位测试		
	7. 通电后,按下复位按钮 SB1,执行复位操作,机械手回到原点位置	3	
	8. 复位过程中,"正常工作"指示灯 HL1 以 1Hz 频率闪烁	3	
	9. 机械手回到原点位置后,输送单元各气缸满足初始位置,"正常工作"指示灯 HL1 常亮	3	
	10. 按下起动按钮 SB2,设备起动,"设备运行"指示灯 HL2 常亮	3	
	正常功能测试		
	11. 机械手从供料单元物料台抓取工件,抓取的动作顺序:手臂伸出→手抓夹紧抓取工件→提升台上升→手臂缩回	4	
	12. 抓取完成后,机械手移动到加工单元正前方	4	
	13. 将工件放到加工单元的加工台上,放料的动作顺序:手臂伸出→提升台下降→手抓放松→手臂缩回	4	
	14. 放下工件 2s 后,机械手再次抓取工件,抓取的动作顺序同前	4	
	15. 机械手移动到装配单元正前方	3	
	16. 机械手将物料放到装配单元的装配台上,放料的动作顺序同前	3	
	17. 放料 2s 后,机械手再次执行抓取物料动作,抓取的动作顺序同前	3	
	18. 机械手手臂缩回,气动摆台逆时针旋转 90°,从装配单元向分拣单元运送工件	4	
	19. 到达分拣单元传送带上方进料口	2	
	20. 把工件放下,放料的动作顺序同前	3	
	21. 执行回原点操作,速度为 400mm/s	3	
	22. 返回 900mm 后,气动摆台顺时针旋转 90°	3	
	23. 以 100mm/s 的速度低速返回原点后停止,完成一个测试周期	3	
	24. 供料单元物料台上有工件时,再次按下 SB2 时,开始新一轮的测试	3	
	非正常运行功能测试		
	25. 若在工作过程中按下急停按钮 QS,则系统立即停止运行	4	
	26. 急停复位后,从急停前的断点开始继续运行	4	
	27. 若急停按钮按下时,机械手装置正在向某一目标点移动,则急停复位后机械手首先返回原点位置,然后再向原目标点运动	4	
	28. 在急停状态下,绿色指示灯 HL2 以 1Hz 频率闪烁	4	
	29. 急停复位后恢复正常运行时,HL2 恢复常亮	4	
职业素养	30. 小组内成员都能积极参与、相互沟通、配合默契	5	
	31. 场地清扫干净,工具、桌椅等摆放整齐	5	
合计		100	

5.6　输送单元的常见故障及其处理方法

PLC 侧故障情况及其处理方法与前几个工作单元的情况基本相同，不再赘述，这里只介绍装置侧的常见故障及其处理方法，见表 5-14。

表 5-14　输送单元装置侧的常见故障及其处理方法

常见故障	处理方法
电缆线接口接触不良	检查插针和插口情况
端子接线错误和接口接触不良	用万用表检查接口
电磁阀线圈电线接触不良	拆开接口维修
气管插口有漏气现象	重插或维修
调节阀关闭致气缸不动	调整气流量
磁性开关不检测	调整位置或检查电路
传送带不动或打滑	检查电机轴位置或调整同步轮及传送带
伺服电机不动	检查伺服驱动器接线及参数设置
机械手转动不到位	调整回转气缸的回转角度
机械手下降时振动	检查并微调 4 个光轴至平行
参考点接近开关不工作	调整位置或检查电路
伺服驱动器报警 AL380	检查左右限位行程开关或检查电路
伺服驱动器报警 AL210	检查编码器与伺服驱动器之间的插头或电路

5.7　拓展训练

如果输送单元在初始状态，则按下起动按钮 SB2，工作单元起动，进入运行状态，指示灯 HL2 常亮。输送单元的初始状态是指：输送单元已经完成初始化操作，抓取机械手各气缸均在初始位置，设备原点已经确立，且抓取机械手装置定位在原点位置，进行工件传送测试。

工件传送测试的目的是检查设备的安装质量及各工作单元的定位精度。进行传送测试时，机械手装置的运动速度应不小于 350mm/s。

工作单元进入运行状态 1s 后，就自动执行一次工件传送测试，操作步骤如下：

1）在供料单元物料台上人工放置一个工件。

2）抓取机械手到物料台抓取工件，抓取完成后向装配单元运动，把工件送到装配单元的装配台上。

3）2s 后重新取回工件向加工单元运动，到达后把工件送到加工单元的加工台上。

4）同样经 2s 重新取回工件向分拣单元运动，到达后将工件放到分拣单元进料口中心处。

5）同样经 2s 重新取回工件，机械手移动到供料单元物料台处，完成传送测试任务。

以上动作过程要求在触摸屏中有体现，界面自行设计。触摸屏中要能模拟起动按钮、指示灯状态及机械手运行的速度显示、运行的距离显示等重要指示信息。

输送单元人机画面效果图如图 5-45 所示。

触摸屏组态画面各元件对应的 PLC 地址见表 5-15。

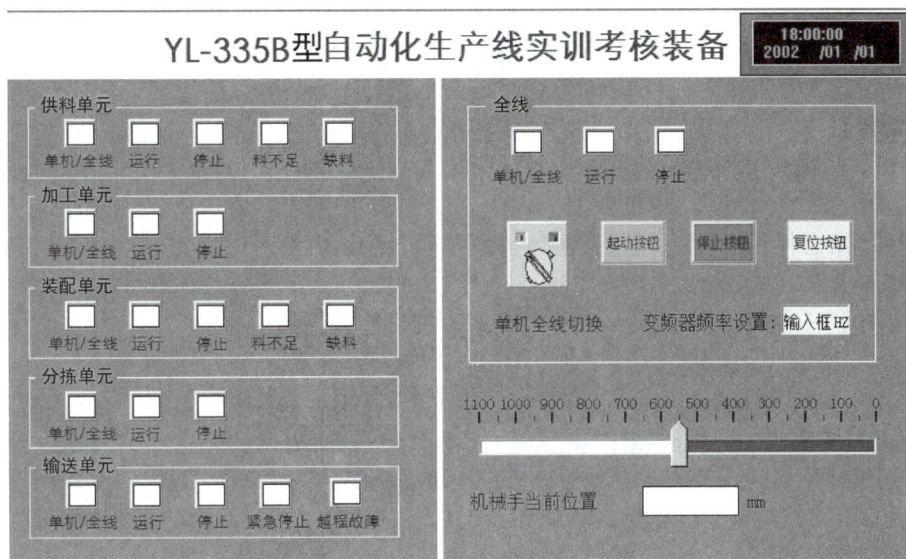

图 5-45　输送单元人机画面效果图

表 5-15　触摸屏组态画面各元件对应的 PLC 地址

序号	变量名	变量类型	通道名称	寄存器名称	数据类型	寄存器地址
1	供料单元全线模式	INTEGER	只读 I300.0	I 输入继电器	通道的第 00 位	300
2	供料单元运行	INTEGER	只读 I300.2	I 输入继电器	通道的第 02 位	300
3	物料不足	INTEGER	只读 I300.3	I 输入继电器	通道的第 03 位	300
4	物料没有	INTEGER	只读 I300.4	I 输入继电器	通道的第 04 位	300
5	加工单元全线模式	INTEGER	只读 I310.0	I 输入继电器	通道的第 00 位	310
6	加工单元运行	INTEGER	只读 I310.2	I 输入继电器	通道的第 02 位	310
7	装配单元全线模式	INTEGER	只读 I320.0	I 输入继电器	通道的第 00 位	320
8	装配单元运行	INTEGER	只读 I320.2	I 输入继电器	通道的第 02 位	320
9	芯件不足	INTEGER	只读 I320.3	I 输入继电器	通道的第 03 位	320
10	芯件没有	INTEGER	只读 I320.4	I 输入继电器	通道的第 04 位	320
11	分拣单元全线模式	INTEGER	只读 I330.0	I 输入继电器	通道的第 00 位	330
12	分拣单元运行	INTEGER	只读 I330.2	I 输入继电器	通道的第 02 位	330
13	写入变频器频率	SINGLE	读写 QWUB331	Q 输出继电器	16 位无符号二进制	331
14	输送运行	INTEGER	读写 M003.0	M 内部继电器	通道的第 00 位	3
15	输送全线模式	INTEGER	读写 M003.4	M 内部继电器	通道的第 04 位	3
16	单机全线_全线	INTEGER	读写 M003.5	M 内部继电器	通道的第 05 位	3
17	越程故障—输送	INTEGER	读写 M003.7	M 内部继电器	通道的第 07 位	3
18	全线_运行	INTEGER	读写 M005.4	M 内部继电器	通道的第 04 位	5
19	急停	INTEGER	读写 M005.5	M 内部继电器	通道的第 05 位	5
20	HMI 复位按钮	INTEGER	读写 M006.0	M 内部继电器	通道的第 00 位	6
21	HMI 停止按钮	INTEGER	读写 M006.1	M 内部继电器	通道的第 01 位	6
22	HMI 起动按钮	INTEGER	读写 M006.2	M 内部继电器	通道的第 02 位	6
23	HMI 联机转换	INTEGER	读写 M006.3	M 内部继电器	通道的第 03 位	6
24	机械手当前位置	SINGLE	读写 MDF100	M 内部继电器	32 位 浮点数	100

5.8　思考提升

一、选择题

1. 下列哪些是松下伺服驱动器的控制运行方式（　　　）。

A. 位置控制　　　　　　B. 速度控制　　　　　　C. 转矩控制　　　　　　D. 全闭环控制

2. MCGS 组态操作时，在组态"循环策略"时，默认的循环时间为（　　　）。

A. 100ms　　　　　　B. 200ms　　　　　　C. 60000ms　　　　　　D. 60000s

3. S7-1200 系列 PLC 有（　　　）个内置 PTO/PWM 发生器。

A. 1 个　　　　　　B. 2 个　　　　　　C. 3 个　　　　　　D. 4 个

4. 输出单元使用的电磁阀有（　　　）。

A. 单电控电磁阀　　　　B. 双电控电磁阀　　　　C. 多电控电磁阀　　　　D. 以上都是

5. 输送单元用于检测原点的传感器，根据它的原理应属于（　　　）。

A. 光电式传感器　　　　B. 电感式传感器　　　　C. 磁电式传感器　　　　D. 光纤传感器

二、判断题

1. 伺服电机又称执行电机，在自动控制系统中，用作执行元件，把所收到的电信号转换成电机轴上的角位移或角速度输出。（　　　）

2. 交流伺服电机的旋转方向不像感应电机那样可以通过交换三相相序来改变，必须保证驱动器上的 U、V、W、E 接线端子与电机主回路接线端子按规定的次序一一对应，否则可能造成驱动器的损坏。（　　　）

3. MC_Power 指令需在程序中一直被调用，并且在其他运动控制指令之前调用并使能。（　　　）

三、思考题

机械手在运行过程中，伺服驱动器产生报警，分析可能的原因和解决方法。

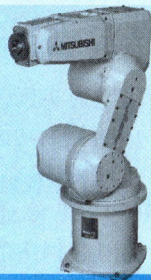

项目6

自动化生产线全线运行与设计

【课前导语】

飞鸽传书

在我国的历史记载上，信鸽主要被用于军事通信。譬如在公元1128年，南宋大将张浚视察部下曲端的军队。张浚来到军营后，竟发现空荡荡的没有人影，他非常惊奇，要曲端把他的部队召集到眼前。曲端闻言，立即把自己统帅的五个军的花名册递给张浚，请他点军。张浚指着花名册说："我要在这里看看你的第一军。"曲端领命后，不慌不忙地打开笼子放出了一只鸽子，顷刻间，第一军全体将士全副武装，飞速赶到。张浚大为震惊，又说："我要看你全部的军队。"曲端又开笼放出四只鸽子，很快，其余的四军也火速赶到。面对集合在眼前的部队，张浚大喜，对曲端更是一番夸奖。其实，曲端放出的五只鸽子，都是训练有素的信鸽，它们身上早就被绑上了调兵的文书，一旦从笼中放出，立即飞到指定的地点，把调兵的文书送到相应的部队手中。

通信是人们进行社会交往的重要手段，历史悠久。除了飞鸽传书，我国古代还有多种通信方式，如烽火传军情、鸿雁传书、鱼传尺素、青鸟传书、黄耳传书、风筝通信、竹筒传书等，你还知道哪些通信方式？

【知识目标】

➤ 掌握西门子PLC之间的PROFINET IO通信协议。
➤ 熟练掌握触摸屏及组态软件的使用方法。
➤ 掌握全线运行的编程方法和技巧。

【能力目标】

➤ 能够建立PROFINET IO通信网络。
➤ 能够编程实现各工作站的单机/全线运行。
➤ 能够下载调试程序并进行故障诊断。

【素养目标】

➤ 培养学生精益求精的工匠精神。
➤ 培养学生的团队协作意识和沟通交流能力。

6.1 项目准备

在前面的项目中，重点介绍了YL-335B的各个组成单元在作为独立设备工作时用PLC对其实现控制的基本思路，这相当于模拟了一个简单设备的控制过程。本项目将以YL-335B出厂程序为实例，介绍如何通过 PLC 实现由几个相对独立的单元组成的一个群体设备（生产线）的控制功能。

　　YL-335B 系统的控制方式：各工作单元由各自的 PLC 承担其控制任务，各 PLC 之间通过 PROFINET IO 通信实现互联的分布式控制。组建成网络后，系统中的每个工作单元也称作工作站。

　　PLC 网络的具体通信模式取决于所选厂家的 PLC 类型。YL-335B 的标准配置：若 PLC 选用 S7-1200 系列，通信方式则采用 PROFINET IO 通信协议。

　　PROFINET 是开放的、标准的、实时的工业以太网标准。PROFINET 作为基于以太网的自动化标准，它定义了跨厂商的通信、自动化系统和工程组态模式。借助 PROFINET IO 实现一种允许所有站随时访问网络的交换技术。作为 PROFINET 的一部分，PROFINET IO 是用于实现模块化、分布式应用的工业以太网标准。它可通过多个节点的并行数据传输更有效地使用网络。

　　PROFINET IO 以交换式以太网全双工操作和 100Mbit/s 带宽为基础。PROFINET IO 基于多年来 PROFIBUS DP 的成功应用经验，并将常用的用户操作与以太网技术中的新概念相结合，这可确保 PROFIBUS DP 向 PROFINET 环境的平滑移植。

　　PROFINET 的目标：

　　1）基于工业以太网建立开放式自动化以太网标准。尽管工业以太网和标准以太网组件可以一起使用，但工业以太网设备更加稳定可靠，因此更适合于工业环境（温度、抗干扰等）。

　　2）使用 TCP/IP 和 IT 标准。

　　3）实现有实时要求的自动化应用。

　　4）全集成现场总线系统。

　　PROFINET IO 由 IO 控制器、IO 设备和 IO 监视器三种主要组件构成。

　　1）PROFINET IO 控制器是指用于对连接的 IO 设备进行寻址的设备。这意味着 IO 控制器将与分配的现场设备交换输入和输出信号。IO 控制器通常是自动化程序的控制器。

　　2）PROFINET IO 设备是指分配给其中一个 IO 控制器（如远程 IO、阀终端、变频器和交换机）的分布式现场设备。

　　3）PROFINET IO 监控器是指用于调试和诊断的编程设备、PC 或 HMI 设备。

6.2　项目描述

　　自动生产线的工作目标：将供料站料仓内的工件送往加工站的加工台，加工完成后把加工好的工件送往装配站的装配台，然后把装配站料仓内的白色和黑色两种不同颜色的小圆柱零件嵌入装配台上的工件中，完成装配后的成品送往分拣站进行分拣输出。已完成加工和装配的工件如图 6-1 所示。

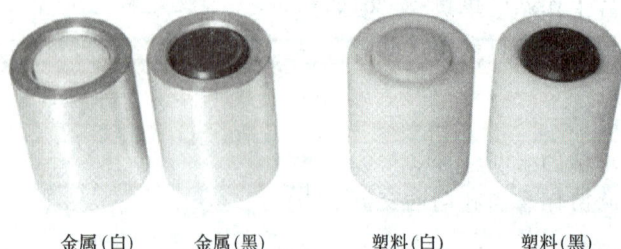

金属(白)　　金属(黑)　　　塑料(白)　　塑料(黑)

图 6-1　已完成加工和装配的工件

　　系统的工作模式可分为单站运行和全线运行模式两种。

　　从单站运行模式切换到全线运行模式的条件：各工作站均处于停止状态，各站的按钮指示灯模块上的工作方式选择开关置于全线运行模式，此时若人机界面中的选择开关切换到全线运行模式，系统将进入全线运行状态。

要从全线运行模式切换到单站运行模式，仅限当前工作周期完成后，将人机界面中的选择开关切换到单站运行模式。

在全线运行模式下，各工作站仅通过网络接收来自人机界面的主令信号，除主站急停按钮外，其他本站主令信号均无效。

1. 系统的单站运行模式测试

系统在单站运行模式下，各站工作的主令信号和工作状态显示信号均来自其 PLC 旁边的按钮指示灯模块，并且按钮指示灯模块上的工作方式选择开关 SA 应置于"单站方式"位置。各站的具体控制要求如下：

（1）供料站单站运行工作要求

1）设备通电和气源接通后，若工作站的两个气缸满足初始位置要求，且料仓内有足够的待加工工件，则"正常工作"指示灯 HL1 常亮，表示设备已准备好，否则该指示灯以 1Hz 频率闪烁。

2）若设备已准备好，按下起动按钮，工作站起动，"设备运行"指示灯 HL2 常亮。起动后，若物料台上没有工件，则应把工件推到物料台上。物料台上的工件被人工取出后，若没有停止信号，则进行下一次推出工件操作。

3）若在运行中按下停止按钮，则在完成本工作周期任务后，各工作站停止工作，指示灯 HL2 熄灭。

4）若在运行中料仓内工件不足，则工作站继续工作，但"正常工作"指示灯 HL1 以 1Hz 频率闪烁，"设备运行"指示灯 HL2 保持常亮；若料仓内没有工件，则指示灯 HL1 和 HL2 均以 2Hz 频率闪烁。工作站在完成本周期任务后停止。除非向料仓内补充足够的工件，工作站不能再起动。

（2）加工站单站运行工作要求

1）设备通电和气源接通后，若各气缸满足初始位置要求，则"正常工作"指示灯 HL1 常亮，表示设备已准备好，否则该指示灯以 1Hz 频率闪烁。

2）若设备准备好，按下起动按钮，设备起动，"设备运行"指示灯 HL2 常亮。当待加工工件送到加工台上并被检出后，设备将工件夹紧，送往加工区域冲压，完成冲压加工后再将工件送回待料位置。如果没有停止信号输入，当再有待加工工件送到加工台上时，加工单元又开始下一周期的工作。

3）在工作过程中，若按下停止按钮，加工站在完成本周期的动作后停止工作，指示灯 HL2 熄灭。

4）当待加工工件被检出而加工过程开始后，如果按下急停按钮，本站所有机构应立即停止运行，指示灯 HL2 以 1Hz 频率闪烁。急停按钮复位后，设备从急停前的断点开始继续运行。

（3）装配站单站运行工作要求

1）设备通电和气源接通后，若各气缸满足初始位置要求，料仓内已经有足够的小圆柱零件，工件装配台上没有待装配工件，则"正常工作"指示灯 HL1 常亮，表示设备已准备好，否则该指示灯以 1Hz 频率闪烁。

2）若设备已准备好，按下起动按钮，装配站起动，"设备运行"指示灯 HL2 常亮。如果回转台上的左料盘内没有小圆柱零件，就执行下料操作；如果左料盘内有零件，而右料盘内没有零件，则执行回转台回转操作。

3）如果回转台上的右料盘内有小圆柱零件且装配台上有待装配工件，装配机械手抓取小圆柱零件放入待装配工件中。

4）完成装配任务后，装配机械手应返回初始位置，等待下一次装配。

5）若在运行过程中按下停止按钮，则供料机构应立即停止供料，在装配条件满足的情况下，装配站在完成本次装配后停止工作。

6）在运行中发生"零件不足"报警时，指示灯 HL3 以 1Hz 频率闪烁，HL1 和 HL2 常亮；在运行中发生"零件没有"报警时，指示灯 HL3 以亮 1s、灭 0.5s 的方式闪烁，HL2 熄灭，HL1 常亮。

（4）分拣站单站运行工作要求

1）设备通电和气源接通后，若工作站的三个气缸满足初始位置要求，则"正常工作"指示灯 HL1 常亮，表示设备准备好，否则该指示灯以 1Hz 频率闪烁。

2）若设备已准备好，按下起动按钮，系统起动，"设备运行"指示灯 HL2 常亮。当传送带进料口人工放下已装配的工件时，变频器即起动，驱动电机以频率为 30Hz 的速度把工件带往分拣区。

3）如果金属工件上的小圆柱零件为白色，则该工件到达 1 号滑槽中间时，传送带停止，工件被推到 1 号槽中；如果塑料工件上的小圆柱零件为白色，则该工件到达 2 号滑槽中间时，传送带停止，工件被推到 2 号槽中；如果工件上的小圆柱零件为黑色，则该工件到达 3 号滑槽中间时，传送带停止，工件被推到 3 号槽中。工件被推出滑槽后，该工作站的一个工作周期结束。仅当工件被推出滑槽后，才能再次向传送带下料。

如果在运行期间按下停止按钮，该工作站在本工作周期结束后停止运行。

（5）输送站单站运行工作要求　输送站单站运行的目标是测试设备传送工件的功能。要求其他各工作站已经就位，并且在供料站的物料台上放置了工件。测试过程的具体要求如下：

1）输送站在通电后，按下复位按钮 SB1，执行复位操作，使抓取机械手装置回到原点位置。在复位过程中，"正常工作"指示灯 HL1 以 1Hz 频率闪烁。

当抓取机械手装置回到原点位置，且输送站各个气缸满足初始位置的要求，则复位完成，"正常工作"指示灯 HL1 常亮。按下起动按钮 SB2，设备起动，"设备运行"指示灯 HL2 也常亮，开始功能测试过程。

2）抓取机械手装置从供料站物料台抓取工件，抓取的动作顺序是：手臂伸出→手爪夹紧抓取工件→提升台上升→手臂缩回。

3）抓取动作完成后，伺服电机驱动机械手装置向加工站移动，移动速度不小于 300mm/s。

4）机械手装置移动到加工站加工台的正前方后，即把工件放到加工站加工台上。抓取机械手装置在加工站放下工件的动作顺序是：手臂伸出→提升台下降→手爪松开放下工件→手臂缩回。

5）放下工件动作完成 2s 后，抓取机械手装置执行抓取加工站工件的操作，抓取的动作顺序与在供料站抓取工件的动作顺序相同。

6）抓取动作完成后，伺服电机驱动机械手装置移动到装配站装配台的正前方，然后把工件放到装配站装配台上，其动作顺序与在加工站放下工件的动作顺序相同。

7）放下工件动作完成 2s 后，抓取机械手装置执行抓取装配站工件的操作，抓取的动作顺序与在供料站抓取工件的动作顺序相同。

8）机械手手臂缩回后，摆台逆时针旋转 90°，伺服电机驱动机械手装置从装配站向分拣站运送工件，到达分拣站传送带上方进料口后把工件放下，其动作顺序与在加工站放下工件的动作顺序相同。

9）放下工件动作完成后，机械手手臂缩回，然后执行返回原点的操作。伺服电机驱动机械手装置以 400mm/s 的速度返回，返回 900mm 后，摆台顺时针旋转 90°，然后以 100mm/s 的速度低速返回原点后停止。

当抓取机械手装置返回原点后，一个测试周期结束。当供料站的物料台上放置了工件时，再按一次起动按钮 SB2，开始新一轮的测试。

2. 系统正常的全线运行模式测试

全线运行模式下各工作站部件的工作顺序以及对输送站机械手装置运行速度的要求，与单站运行模式一致。全线运行测试步骤如下：

（1）起动系统　系统在通电、网络正常后开始工作。按下人机界面上的复位按钮执行复位操作，在复位过程中，绿色警示灯以 2Hz 频率闪烁，红色和黄色警示灯均熄灭。

复位过程包括使输送站机械手装置回到原点位置和检查各工作站是否处于初始状态。各工作站初始状态是指：

1）各工作站气动执行元件均处于初始位置。

2）供料站料仓内有足够的待加工工件。

3）装配站料仓内有足够的小圆柱零件。

4）输送站的急停按钮未按下。

当输送站机械手装置回到原点位置，且各工作站均处于初始状态，则复位完成，绿色警示灯常亮，表示允许起动系统。这时若按下人机界面上的起动按钮，系统起动，绿色和黄色警示灯均常亮。

（2）供料站的运行　系统起动后，若供料站物料台上没有工件，则应把工件推到物料台上，并向系统发出物料台上有工件信号。若供料站料仓内没有工件或工件不足，则向系统发出报警或预警信号。物料台上的工件被输送站机械手取出后，若系统仍然需要推出工件进行加工，则进行下一次推出工件操作。

（3）输送站运行 1　当工件推到供料站物料台后，输送站抓取机械手装置应执行抓取供料站工件的操作。动作完成后，伺服电机驱动机械手装置移动到加工站加工台的正前方，把工件放到加工站的加工台上。

（4）加工站运行　加工站加工台的工件被检出后，执行加工过程。当加工好的工件重新送回待料位置时，向系统发出冲压加工完成信号。

（5）输送站运行 2　系统接收到加工完成信号后，输送站抓取机械手装置应执行抓取已加工工件的操作。抓取动作完成后，伺服电机驱动机械手装置移动到装配站装配台的正前方，然后把工件放到装配站装配台上。

（6）装配站运行　装配站装配台的传感器检测到工件到来后，开始执行装配过程。装配动作完成后，向系统发出装配完成信号。

如果装配站的料仓或料槽内没有小圆柱零件或零件不足，应向系统发出报警或预警信号。

（7）输送站运行 3　系统接收到装配完成信号后，输送站抓取机械手装置应抓取已装配的工件，然后从装配站向分拣站运送工件，到达分拣站传送带上方进料口后把工件放下，然后执行返回原点的操作。

（8）分拣站运行　输送站机械手装置放下工件、缩回到位后，分拣站的变频器即起动，驱动电机以 80% 最高运行频率（由人机界面指定）的速度，把工件带入分拣区进行分拣，工件分拣原则与单站运行时相同。当分拣气缸活塞杆推出工件并返回后，应向系统发出分拣完成信号。

（9）系统工作结束　仅当分拣站分拣工作完成，并且输送站机械手装置回到原点，系统的一个工作周期才认为结束。如果在工作周期内没有按过停止按钮，系统在延时 1s 后开始下一周期工作。如果在工作周期内曾经按过停止按钮，系统工作结束，警示灯中的黄色灯熄灭，绿色灯仍保持常亮。系统工作结束后若再按下起动按钮，则系统又重新工作。

3. 系统的异常工作状态测试

（1）工件供给状态的信号警示　如果收到来自供料站或装配站的"工件不足"预警信号或"工件没有"报警信号，则系统动作如下：

1）如果收到"工件不足"预警信号，警示灯中的红色灯以1Hz频率闪烁，绿色和黄色灯保持常亮，系统继续工作。

2）如果收到"工件没有"报警信号，警示灯中的红色灯以亮1s、灭0.5s的方式闪烁，黄色灯熄灭，绿色灯保持常亮。

若"工件没有"报警信号来自供料站，且供料站物料台上已推出工件，则系统继续运行，直至完成该工作周期尚未完成的工作。当该工作周期的工作结束，系统将停止工作，除非"工件没有"报警信号消失，系统不能再起动。

若"工件没有"报警信号来自装配站，且装配站回转台上已落下小圆柱零件，则系统继续运行，直至完成该工作周期尚未完成的工作。当该工作周期的工作结束，系统将停止工作，除非"工件没有"报警信号消失，系统不能再起动。

（2）急停与复位　系统工作过程中按下输送站的急停按钮，则输送站立即停机。在急停复位后，应从急停前的断点开始继续运行。但若急停按钮按下时，机械手装置正在向某一目标点移动，则急停复位后输送站机械手装置应首先返回原点位置，然后再向原目标点运动。

6.3　项目计划

在学习了前面的知识后，应对自动化生产线的单站/全线运行有了全面的了解，为了有计划地完成本项目，要先做好任务分工和实施计划，见表6-1。

5人一组，组内成员要有明确分工，角色及职责安排如下：

负责人：担任小组组长，负责整个项目的统筹安排、成果汇报等工作。

调试员：负责PLC程序的设计与调试。

装配工：负责工作站的机械部分、传感器、气路的安装，并配合调试员进行调试。

接线工：负责工作站的电气接线，并配合调试员进行调试。

安全员：负责整个实施过程的操作规范及安全方面的监督，以及材料准备和资料整理。

表6-1　自动化生产线的全线运行项目的任务分工和实施计划

实施步骤	实施内容	完成人	计划完成时间	备注说明
1	根据控制要求准备材料			
2	电气线路测试			
3	气动回路测试			
4	PLC程序设计、编译及调试			
5	组态界面设计及调试			
6	成果资料整理、总结汇报			

6.4　项目实施

任务1　IP地址及传输区域设置

通信数据区规划表见表6-2。

表 6-2　通信数据区规划表

序号	IO 控制器中的地址		数据传送方向	智能设备中的地址	
1	输送站	Q300~Q309	→	供料站	I300~I309
2	输送站	I300~I309	←	供料站	Q300~Q309
3	输送站	Q310~Q319	→	加工站	I300~I309
4	输送站	I310~I319	←	加工站	Q300~Q309
5	输送站	Q320~Q329	→	装配站	I300~I309
6	输送站	I320~I329	←	装配站	Q300~Q309
7	输送站	Q330~Q339	→	分拣站	I300~I309
8	输送站	I330~I339	←	分拣站	Q300~Q309

1. 供料站的 PLC 设置

1）设置供料站 PLC 的 IP 地址，如图 6-2 所示。

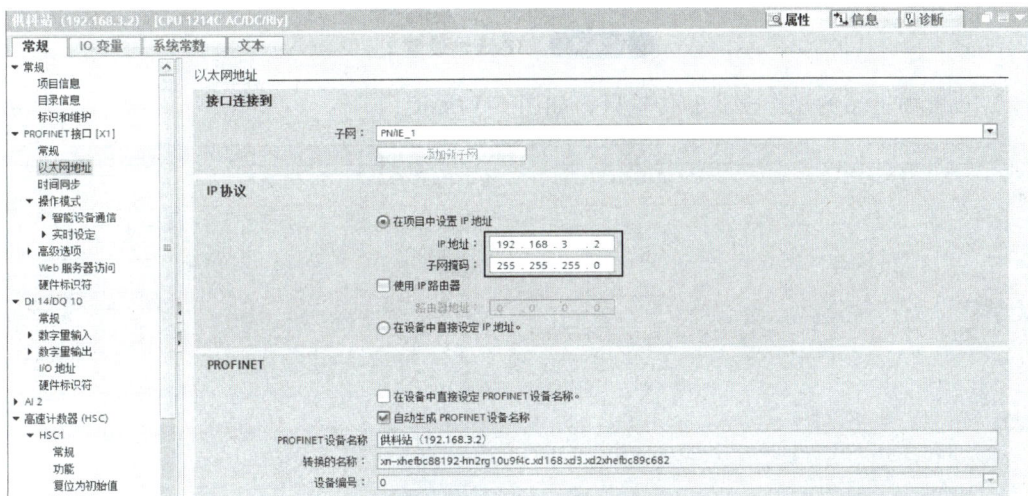

图 6-2　IP 地址设置 1

2）设置供料站的操作模式和传输区，如图 6-3 所示。

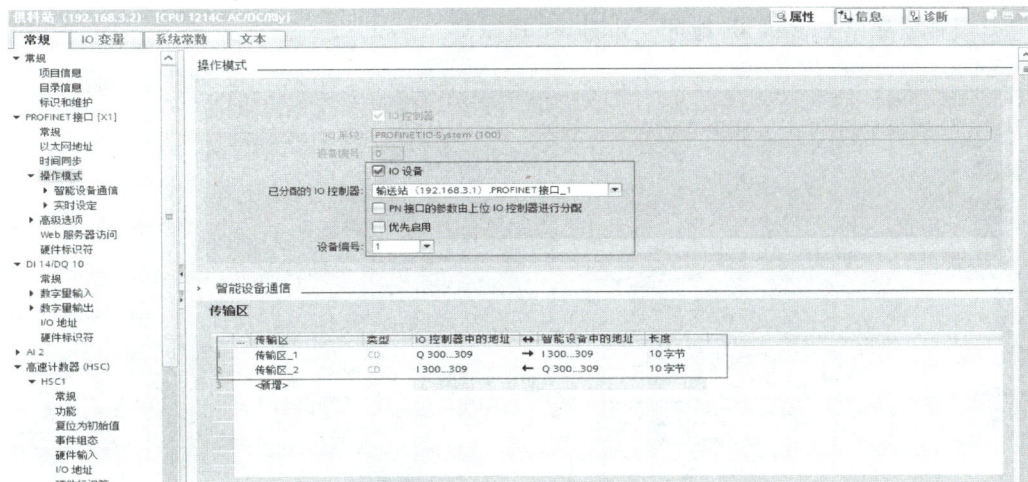

图 6-3　操作模式和传输区设置 1

2. 加工站的 PLC 设置

1）设置加工站 PLC 的 IP 地址，如图 6-4 所示。

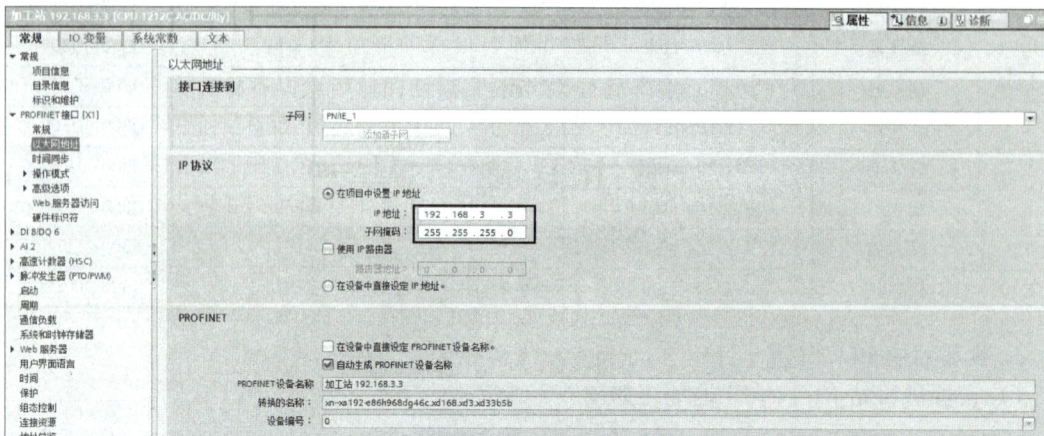

图 6-4　IP 地址设置 2

2）设置加工站的操作模式和传输区，如图 6-5 所示。

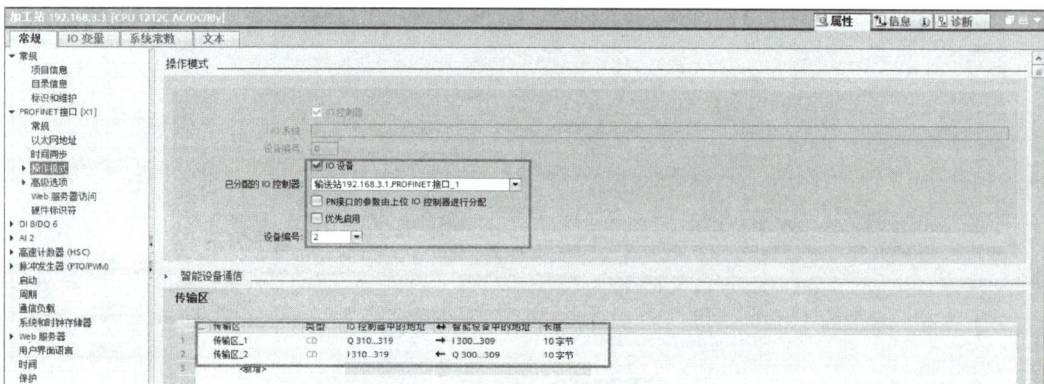

图 6-5　操作模式和传输区设置 2

3. 装配站的 PLC 设置

1）设置装配站 PLC 的 IP 地址，如图 6-6 所示。

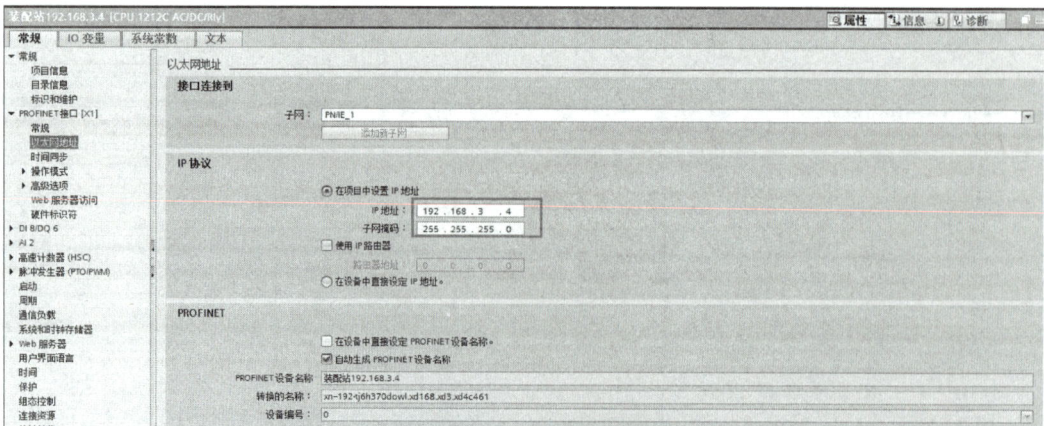

图 6-6　IP 地址设置 3

2）设置装配站的操作模式和传输区，如图 6-7 所示。

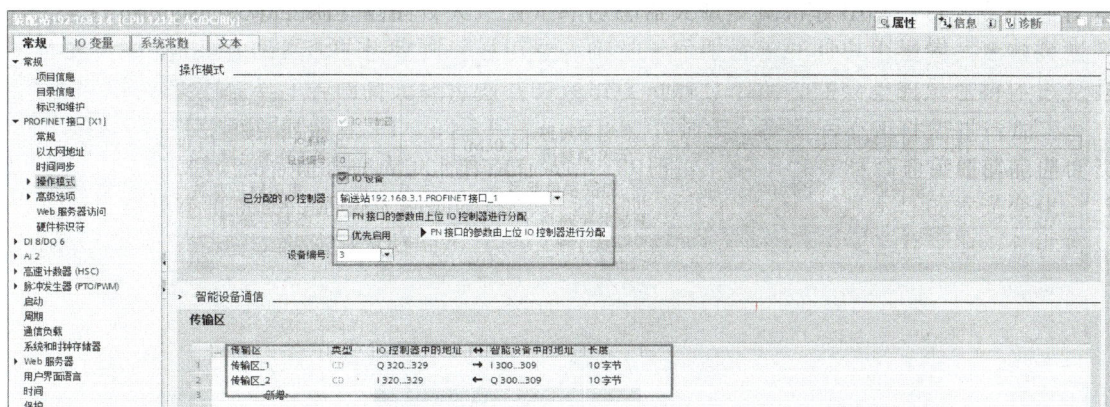

图 6-7 操作模式和传输区设置 3

4. 分拣站的 PLC 设置

1）设置分拣站 PLC 的 IP 地址，如图 6-8 所示。

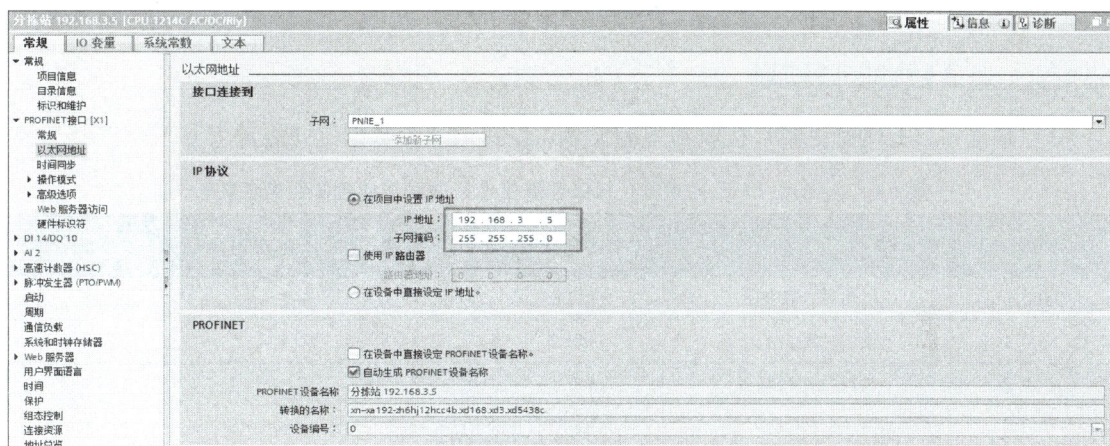

图 6-8 IP 地址设置 4

2）设置分拣站的操作模式和传输区，如图 6-9 所示。

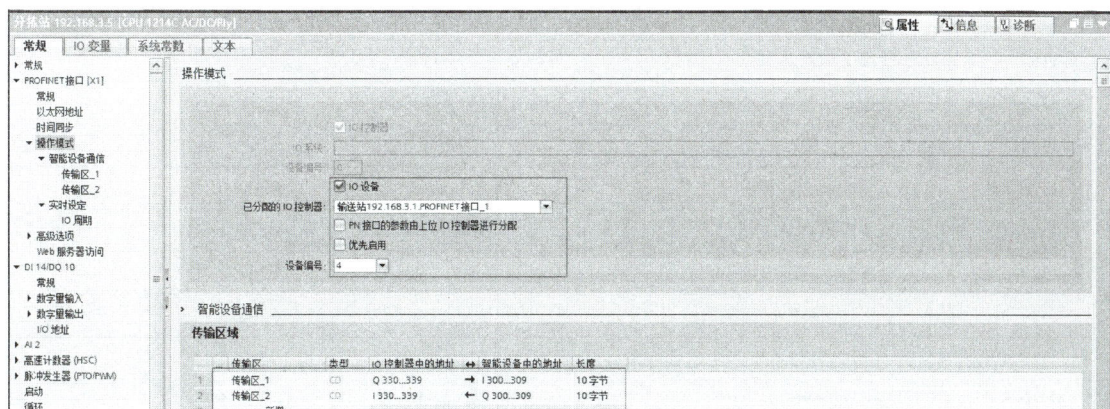

图 6-9 操作模式和传输区设置 4

5. 输送站的 PLC 设置

设置输送站 PLC 的 IP 地址，如图 6-10 所示。

图 6-10 IP 地址设置 5

任务 2　通信数据区域规划

1）输送站（I/O 控制器）接收和智能设备站发送的通信数据定义表见表 6-3。

表 6-3　输送站（I/O 控制器）接收和智能设备站发送的通信数据定义表

主站接收区地址	数据意义	供料站数据发送区地址	加工站数据发送区地址	装配站数据发送区地址	分拣站数据发送区地址
I300.0	供料站全线模式	Q300.0	×	×	×
I300.1	供料站准备就绪	Q300.1	×	×	×
I300.2	供料站运行状态	Q300.2	×	×	×
I300.3	工件不足	Q300.3	×	×	×
I300.4	工件没有	Q300.4	×	×	×
I300.5	供料完成	Q300.5	×	×	×
I300.6	金属工件	Q300.6	×	×	×
I310.0	加工站全线模式	×	Q300.0	×	×
I310.1	加工站准备就绪	×	Q300.1	×	×
I310.2	加工站运行状态	×	Q300.2	×	×
I310.3	加工完成	×	Q300.3	×	×
I320.0	装配站全线模式	×	×	Q300.0	×
I320.1	装配站准备就绪	×	×	Q300.1	×
I320.2	装配站运行状态	×	×	Q300.2	×
I320.3	芯件不足	×	×	Q300.3	×
I320.4	芯件没有	×	×	Q300.4	×
I320.5	装配完成	×	×	Q300.5	×
I320.6	装配台无工件	×	×	Q300.6	×

（续）

主站接收区地址	数据意义	供料站数据发送区地址	加工站数据发送区地址	装配站数据发送区地址	分拣站数据发送区地址
I330.0	分拣站全线模式	×	×	×	Q300.0
I330.1	分拣站准备就绪	×	×	×	Q300.1
I330.2	分拣站运行状态	×	×	×	Q300.2
I330.3	分拣站允许进料	×	×	×	Q300.3
I330.4	分拣完成	×	×	×	Q300.4

2）输送站（I/O控制器）发送和智能设备站接收的通信数据定义表见表6-4。

表 6-4 输送站（I/O控制器）发送和智能设备站接收的通信数据定义表

主站数据发送区地址	数据意义	供料站数据接收区地址	加工站数据接收区地址	装配站数据接收区地址	分拣站数据接收区地址
Q300.0	全线运行	I300.0	×	×	×
Q300.1	全线停止	I300.1	×	×	×
Q300.2	全线复位	I300.2	×	×	×
Q300.3	全线急停	I300.3	×	×	×
Q300.4	请求供料	I300.4	×	×	×
Q300.5	HMI联机	I300.5	×	×	×
Q310.0	全线运行	×	I300.0	×	×
Q310.1	全线停止	×	I300.1	×	×
Q310.2	全线复位	×	I300.2	×	×
Q310.3	全线急停	×	I300.3	×	×
Q310.4	请求加工	×	I300.4	×	×
Q310.5	HMI联机	×	I300.5	×	×
Q320.0	全线运行	×	×	I300.0	×
Q320.1	全线停止	×	×	I300.1	×
Q320.2	全线复位	×	×	I300.2	×
Q320.3	全线急停	×	×	I300.3	×
Q320.4	请求装配	×	×	I300.4	×
Q320.5	HMI联机	×	×	I300.5	×
Q320.6	系统复位中	×	×	I300.6	×
Q320.7	系统就绪	×	×	I300.7	×
Q321.0	供料站物料不足	×	×	I301.0	×
Q321.2	供料站物料没有	×	×	I301.1	×
Q330.0	全线运行	×	×	×	I300.0
Q330.1	全线停止	×	×	×	I300.1
Q330.2	全线复位	×	×	×	I300.2
Q330.3	全线急停	×	×	×	I300.3
Q330.4	请求分拣	×	×	×	I300.4
Q330.5	HMI联机	×	×	×	I300.5
QW331	变频器写入频率	×	×	×	IW301

任务3 联机程序设计

本装置是一个分布式控制的自动化生产线，在设计它的整体控制程序时，应首先从它的系统性着手，通过组建网络、规划通信数据，使系统组织起来，然后根据各工作站的工艺任务，分别编制各工作站的控制程序。

1. 从站控制程序的编制

对于各工作站在单站运行时的编程思路，在前面各项目中均作了介绍。在联机运行情况下，由工作任务书规定的各从站工艺过程是基本固定的，原单站程序中工艺控制子程序基本变动不大。在单站程序的基础上修改、编制联机运行程序，实现上并不太困难。下面首先以供料站的联机编程为例说明编程思路。

联机运行情况下的主要变动有两个：一是在运行条件上有所不同，主令信号来自系统通过网络下传的信号；二是各工作站之间通过网络不断交换信号，由此确定各站的程序流向和运行条件。

对于前者，首先必须明确工作站当前的工作模式，以此确定当前有效的主令信号。工作任务书中明确规定了工作模式切换的条件，其目的是避免误操作的发生，确保系统可靠运行。工作模式切换条件的逻辑判断应在主程序开始时进行，图 6-11 是实现这一功能的梯形图。

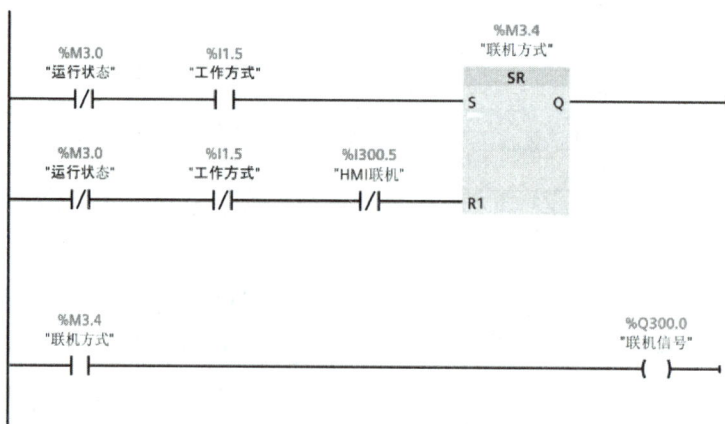

图 6-11 供料站当前工作模式判断

根据工作站当前工作模式，确定当前有效的主令信号（起动、停止等），如图 6-12 所示。

读者可把上述两段梯形图与项目 2 供料站控制系统的主程序梯形图进行比较，便不难理解这一编程思路。

在程序中处理工作站之间通过网络交换的信息的方法有两种：一是直接使用网络下传来的信号，同时在需要上传信息时立即在程序的相应位置插入上传信息，例如直接使用系统发来的全线运行指令作为联机运行的主令信号。而在需要上传信息时，例如在供料控制子程序最后工步，当一次推料完成，顶料气缸缩回到位时，即向系统发出持续 1s 的推料完成信号，然后返回初始步。系统在接收到推料完成信号后，即令输送站机械手前来抓取工件，从而实现了网络信息交换。供料控制子程序最后工步的梯形图如图 6-13 所示。

对于网络信息交换量不大的系统，上述方法是可行的。如果网络信息交换量很大，则可采用另一方法，即专门编写一个通信子程序，主程序在每一扫描周期都要调用该子程序。这种方法使程序变得更加清晰，更具有可移植性。

其他从站的编程方法与供料站基本类似，此处不再赘述。建议读者对照各工作站单站例程和联机例程，仔细加以比较和分析。

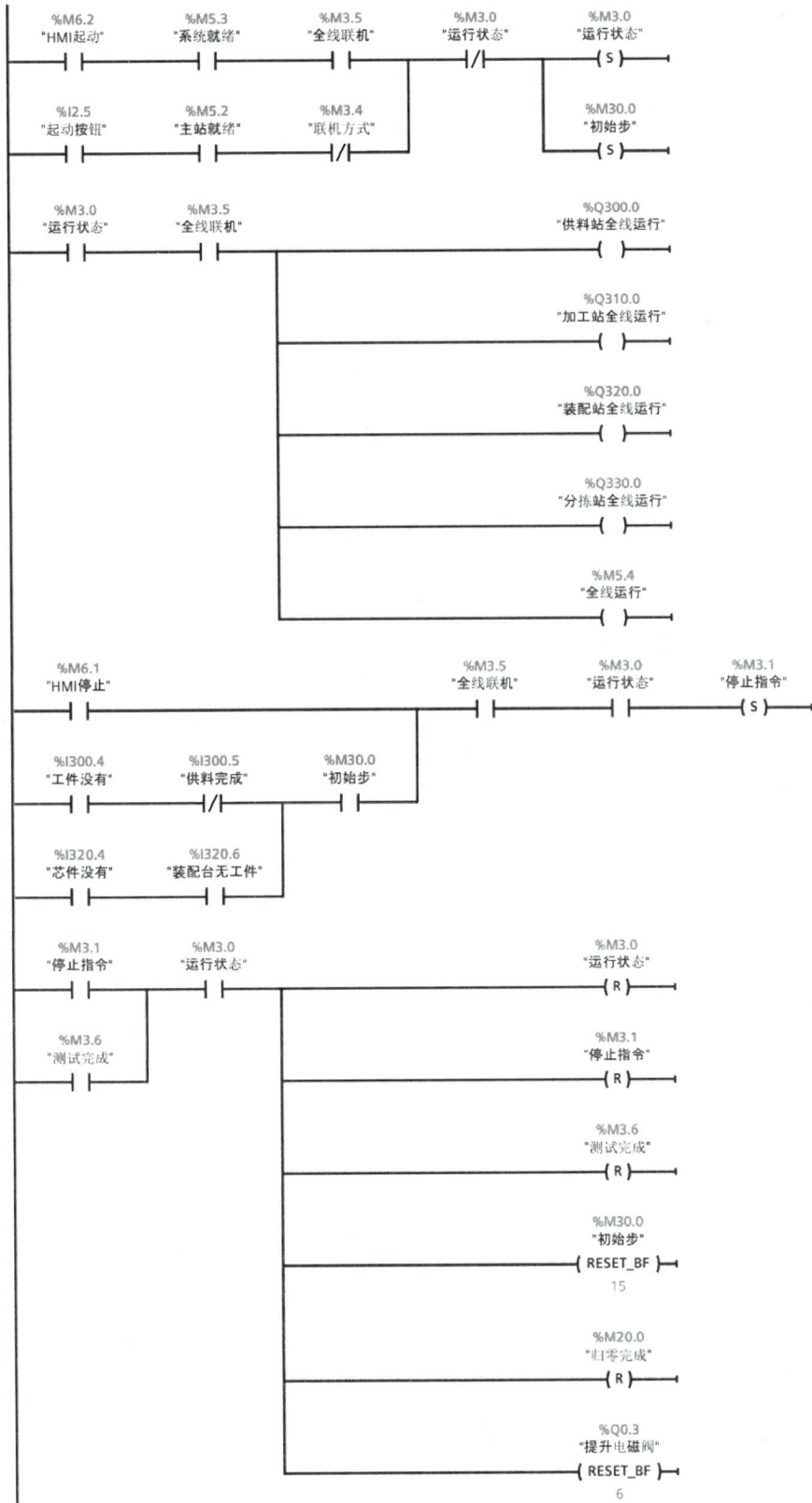

图 6-12 联机或单站方式下起动与停止控制梯形图

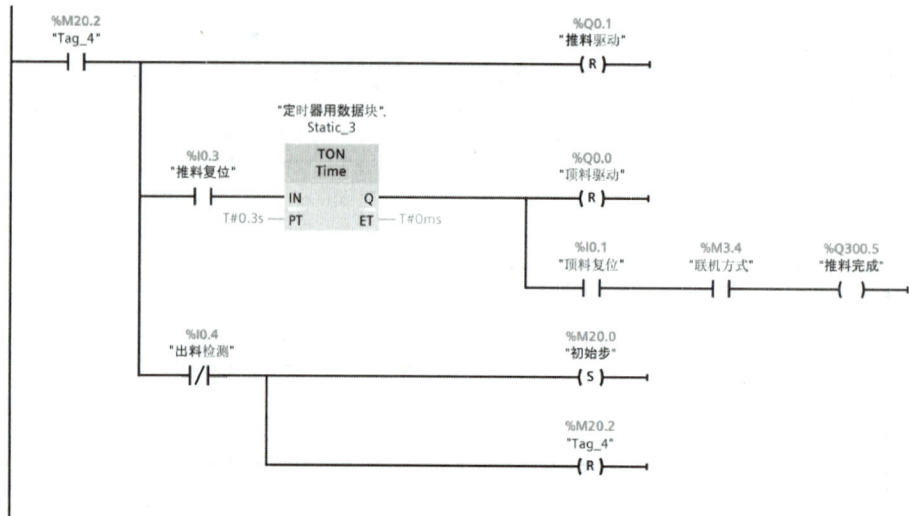

图 6-13　供料站一次推料完成梯形图

2. 主站控制程序的编制

输送站是 YL-335B 系统中最为重要、任务最为繁重的工作站。这一特点主要体现在：输送站 PLC 与触摸屏相连接，接收来自触摸屏的主令信号，同时把系统状态信息回馈到触摸屏；作为网络的主站，要进行大量的网络信息处理；需完成的本站联机方式下的工艺生产任务与单站运行时略有差异。因此，把输送站的单站控制程序修改为联机控制，工作量要大一些。下面着重讨论编程中应加以注意的问题和有关的编程思路。

（1）主程序的结构　由于输送站承担的任务较多，联机运行时，主程序有较大的变动。在完成系统工作模式的逻辑判断时，除了输送站本身要处于联机方式，所有从站也都必须处于联机方式。而在联机方式下，系统复位的主令信号由触摸屏发出。在初始状态检查中，系统应准备就绪，即除输送站本身要准备就绪外，所有从站均应准备就绪。因此，初态检查复位子程序中，除了完成输送站本站初始状态的检查和复位操作，还要通过网络读取各从站准备就绪信息。

总的来说，整体运行过程仍是按初态检查→准备就绪，等待起动→投入运行等几个阶段逐步进行，但阶段的开始或结束的条件则发生变化。

以上是主程序的编程思路，下面给出主程序清单，如图 6-14~图 6-16 所示。

（2）"运行控制"子程序的结构　输送站联机的工艺过程与单站过程略有不同，需要修改的地方并不多，主要有以下几点。

1）传送功能测试子程序在初始步就开始执行机械手往供料站物料台抓取工件，而联机方式下，初始步的操作应为：通过网络向供料站请求供料，收到供料站供料完成信号后，如果没有停止指令，则转移到下一步，即执行抓取工件。

2）单站运行时，机械手在加工站加工台放下工件，等待 2s 取回工件，而联机方式下，取回工件的条件是收到来自网络的加工完成信号。装配站的情况与此相同。

3）单站运行时，测试过程结束即退出运行状态，而联机方式下，一个工作周期完成后，返回初始步，如果没有停止指令，则开始下一工作周期。

（3）"通信"子程序　"通信"子程序的功能包括从站报警信号处理、转发（从站间、HMI）以及向 HMI 提供输送站机械手当前位置信息。主程序在每一扫描周期都调用这一子程序。

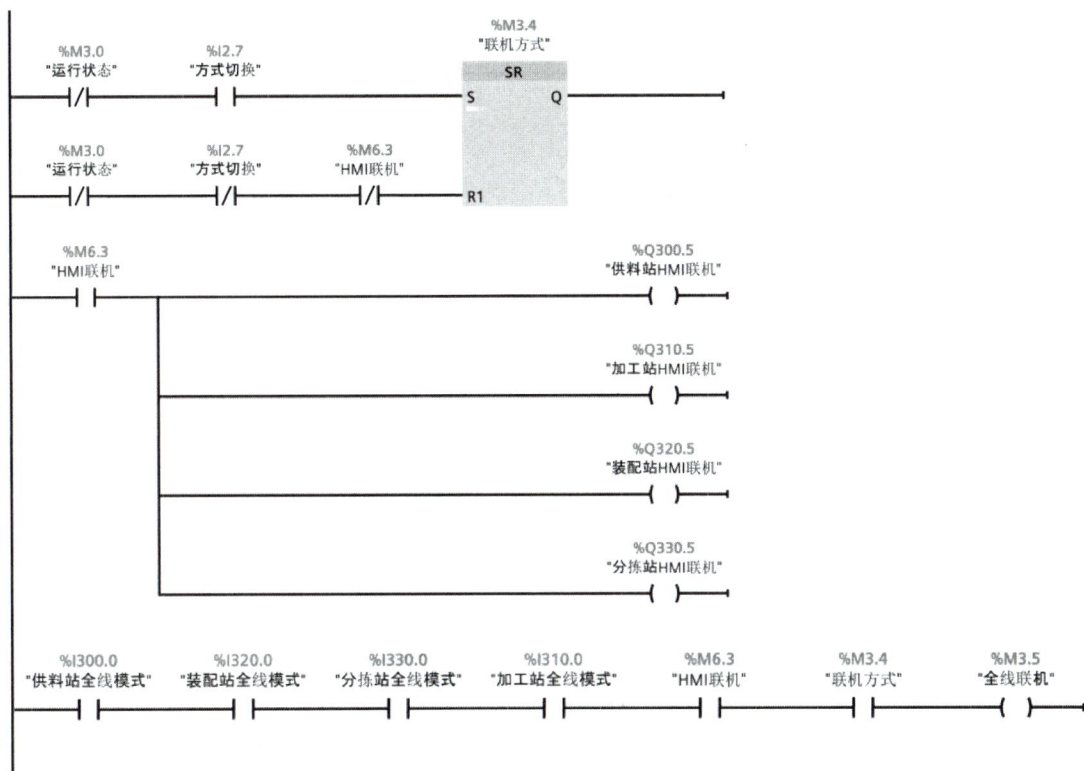

图 6-14 系统联机运行模式的确定

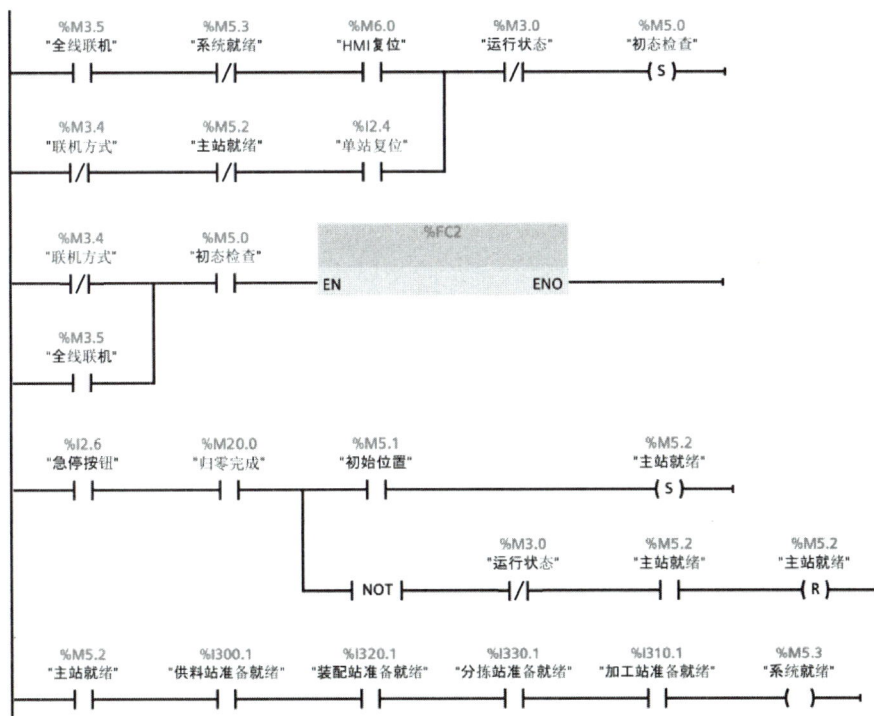

图 6-15 调用初态检查 FC3 和起停控制

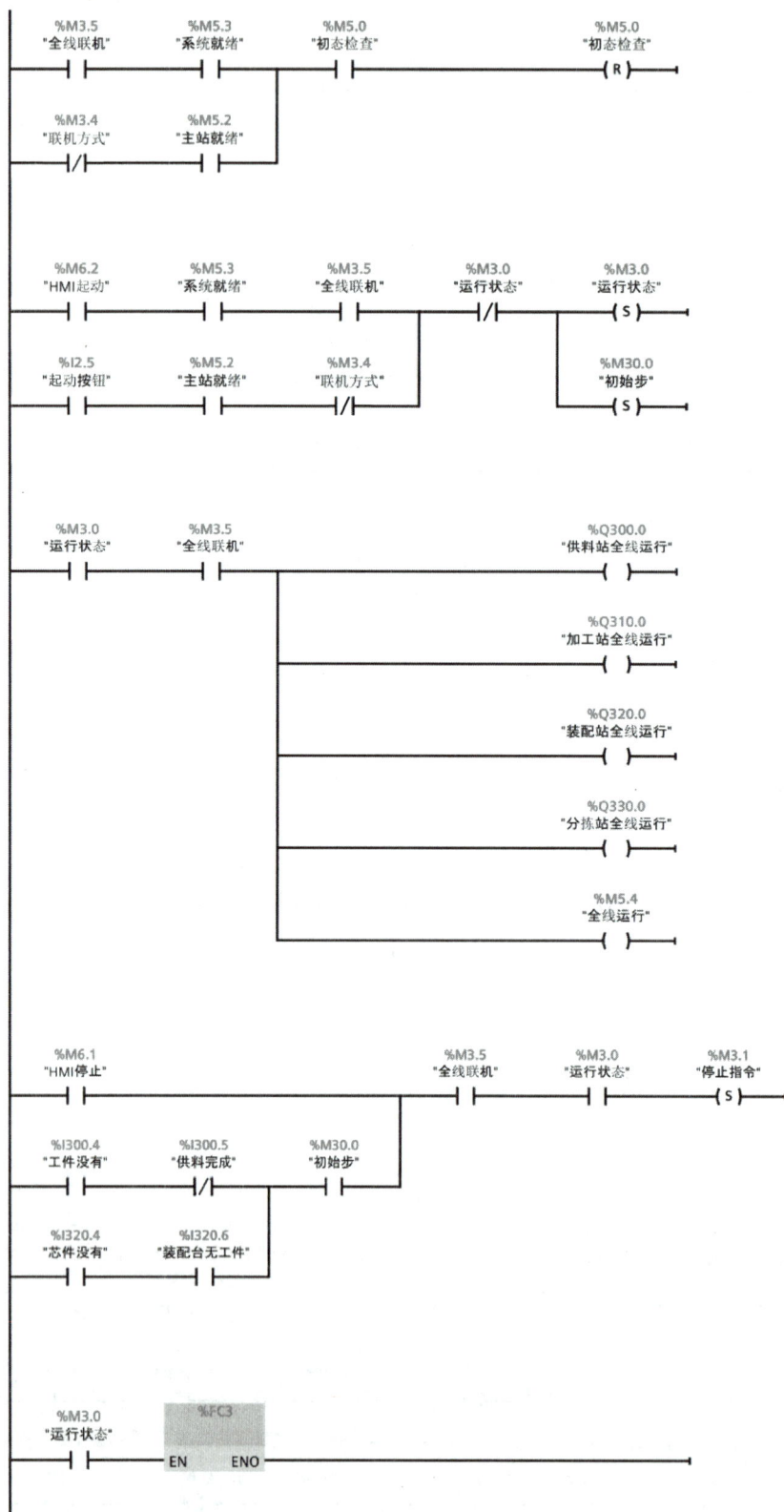

图 6-15　调用初态检查 FC3 和起停控制（续）

```
%M3.1              %M3.0                                    %M3.0
"停止指令"          "运行状态"                                "运行状态"
  ┤├                ┤├                                       (R)

%M3.6                                                       %M3.1
"测试完成"                                                   "停止指令"
  ┤├                                                         (R)

                                                           %M3.6
                                                           "测试完成"
                                                            (R)

                                                           %M30.0
                                                           "初始步"
                                                           RESET_BF
                                                              15

                                                           %M20.0
                                                           "归零完成"
                                                            (R)

                                                           %Q0.3
                                                           "提升电磁阀"
                                                           RESET_BF
                                                              6
```

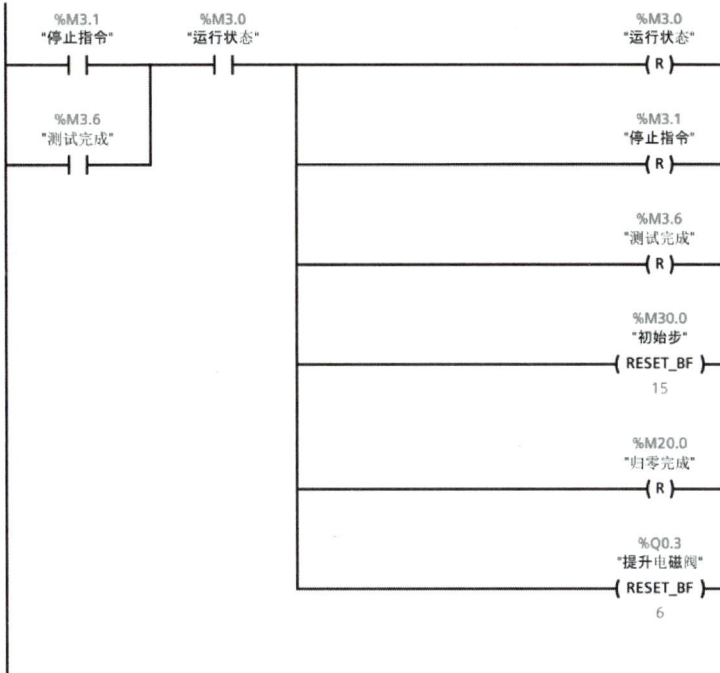

图 6-15　调用初态检查 FC3 和起停控制（续）

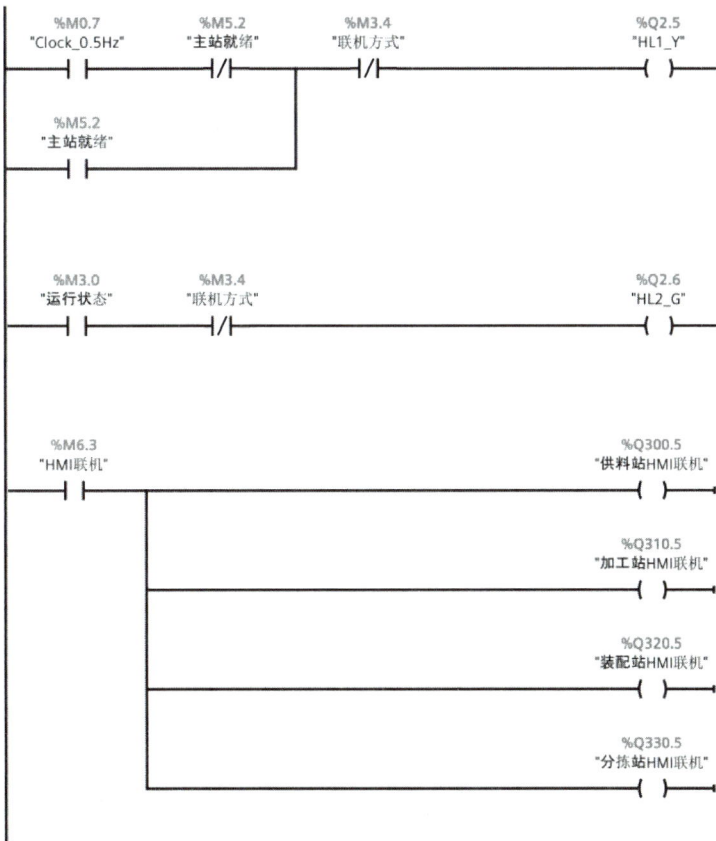

```
%M0.7            %M5.2            %M3.4                      %Q2.5
"Clock_0.5Hz"    "主站就绪"        "联机方式"                  "HL1_Y"
  ┤├              ┤/├              ┤/├                        ( )

%M5.2
"主站就绪"
  ┤├

%M3.0            %M3.4                                      %Q2.6
"运行状态"        "联机方式"                                  "HL2_G"
  ┤├              ┤/├                                         ( )

%M6.3                                                       %Q300.5
"HMI联机"                                                    "供料站HMI联机"
  ┤├                                                         ( )

                                                           %Q310.5
                                                           "加工站HMI联机"
                                                            ( )

                                                           %Q320.5
                                                           "装配站HMI联机"
                                                            ( )

                                                           %Q330.5
                                                           "分拣站HMI联机"
                                                            ( )
```

图 6-16　状态显示和急停操作

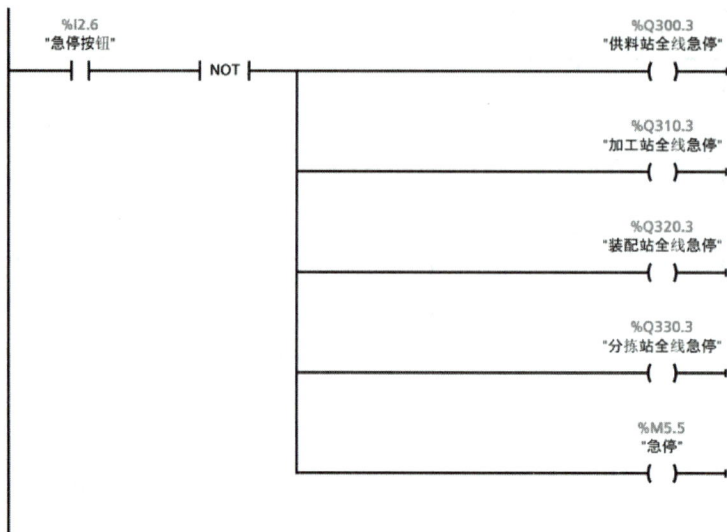

图 6-16　状态显示和急停操作（续）

报警信号处理、转发包括以下内容：

1）供料站工件不足和工件没有的报警信号转发给装配站，为警示灯工作提供信息。

2）处理供料站"工件没有"或装配站"零件没有"的报警信号。

3）向 HMI 提供网络正常/故障信息。

任务 4　整机调试及故障诊断

1. 全线运行前的准备工作

（1）供料站的手动测试　在手动工作模式下，需要在供料站侧首先把该站模式转换开关切换到单站运行模式，然后用该站的起动和停止按钮进行操作，单步执行指定的测试项目（应确保料仓中至少有三个工件）。要从单站运行方式切换到全线运行方式，必须待供料站停止运行，且供料站料仓内有至少三个以上工件才有效。同时，必须在前一项测试结束后，才能按下起动/停止按钮，进入下一项操作。顶料和推料气缸活塞的运动速度可通过节流阀进行调节。

（2）加工站的手动测试　在手动工作模式下，操作人员需要在加工站侧首先把该站模式转换开关切换到单站运行模式，然后用该站的起动和停止按钮操作，单步执行指定的测试项目。要从单站运行方式切换到全线运行方式，必须按下停止按钮，且加工台上没有工件才有效。也必须在前一项测试结束后，才能按下起动/停止按钮，进入下一项操作。气动手爪和冲压气缸活塞的运动速度可通过节流阀进行调节。

（3）装配站的手动测试　在手动工作模式下，操作人员需要在装配站侧首先把该站模式转换开关切换到单站运行模式，然后用该站的起动和停止按钮操作，单步执行指定的测试项目（应确保料仓中至少有三个以上工件）。要从单站运行方式切换到全线运行方式，必须在停止按钮按下，且装配台上没有装配完的工件才有效。必须在前一项测试结束后，才能按下起动/停止按钮，进入下一项操作。顶料和挡料气缸、气动手爪和气动摆台活塞的运动速度通过节流阀进行调节。

（4）输送站的手动测试　在手动工作模式下，操作人员需要在输送站侧首先把该站模式转换开关切换到单站运行模式，然后用该站的起动和停止按钮操作，单步执行指定的测试项目。要从单站运行方式切换到全线运行方式，必须在停止按钮按下，且供料站物料台上没有工件才有效。必须在前一项测试结束后，才能按下起动/停止按钮，进入下一项操作。气动手爪和气动摆台活塞的运动速度通过节流阀进行调节。步进电机脉冲驱动计数准确。

2. 自动化生产线全线运行调试

（1）复位过程　系统在通电、网络正常后开始工作。按下人机界面上的复位按钮，执行复位操作，在复位过程中，绿色警示灯以 2Hz 频率闪烁，红色和黄色警示灯均熄灭。

复位过程包括：使输送站机械手装置回到原点位置和检查各工作站是否处于初始状态。

各工作站初始状态是指如下状态：

① 各工作站气动执行元件均处于初始位置。

② 供料站料仓内有足够的待加工工件。

③ 装配站料仓内有足够的小圆柱零件。

④ 输送站的急停按钮未按下。

当输送站机械手装置回到原点位置，且各工作站均处于初始状态，则复位完成，绿色警示灯常亮，表示允许起动系统。这时若按下人机界面上的起动按钮，系统起动，绿色和黄色警示灯均常亮。

（2）供料站的运行　系统起动后，若供料站的物料台上没有工件，则应把工件推到物料台上，并向系统发出物料台上有工件的信号。若供料站的料仓内没有工件或工件不足，则向系统发出报警或预警信号。物料台上的工件被输送站机械手取出后，若系统仍然需要推出工件进行加工，则进行下一次推出工件的操作。

（3）输送站运行 1　当工件被推到供料站物料台上后，输送站抓取机械手装置应执行抓取供料站工件的操作。该动作完成后，伺服电机驱动机械手装置移动到加工站加工台的正前方，把工件放到加工站的加工台上。

（4）加工站运行　加工站加工台上的工件被检出后，执行加工过程。当加工好的工件被重新送回待料位置时，向系统发出加工完成信号。

（5）输送站运行 2　系统接收到加工完成信号后，输送站机械手应执行抓取已加工工件的操作。抓取动作完成后，伺服电机驱动机械手装置移动到装配站装配台的正前方，把工件放到装配站装配台上。

（6）装配站运行　装配站装配台的传感器检测到工件后，开始执行装配过程。装配动作完成后，向系统发出装配完成信号。如果装配站的料仓或料槽内没有小圆柱零件或零件不足，应向系统发出报警或预警信号。

（7）输送站运行 3　系统接收到装配完成信号后，输送站机械手应抓取已装配的工件，然后从装配站向分拣站运送工件，到达分拣站传送带上方进料口后把工件放下，然后执行返回原点的操作。

（8）分拣站运行　输送站机械手装置放下工件、缩回到位后，分拣站的变频器即起动，驱动电机以 80% 最高运行频率（由人机界面指定）的速度，把工件带入分拣区进行分拣，工件分拣原则与单站运行时相同。当分拣气缸活塞杆推出工件并返回后，应向系统发出分拣完成信号。

（9）停止指令的处理　仅当分拣站分拣工作完成，并且输送站机械手装置回到原点，系统的一个工作周期才确认结束。如果在工作周期内没有按下停止按钮，系统在延时 1s 后开始下一周期工作。如果在工作周期内按下过停止按钮，则系统工作结束，警示灯中黄色灯熄灭，绿色灯仍保持常亮。系统工作结束后若再按下起动按钮，则系统又重新开始工作。

在项目实施过程中，要自己动手、互相协作、共同努力根据任务要求完成自动化生产线全线运行的安装与调试，并填好工作单（见表6-5）及整理好归档文件。

表 6-5 生产线全线运行调试工作单

机械安装	是否返工： 是 否 存在的问题及解决方法：
电气接线	是否返工： 是 否 存在的问题及解决方法：
气路连接	是否返工： 是 否 存在的问题及解决方法：
通信网络的建立	存在的问题及解决方法：
人机界面	存在的问题及解决方法：
程序设计	存在的问题及解决方法：
调试及故障诊断	

任务 5 人机界面设计

1. 工程分析和创建

根据工作任务，对工程分析并规划如下：

（1）工程框架 有两个用户窗口，即欢迎画面和主画面，其中欢迎画面是启动界面。1个策略：循环策略。

（2）数据对象 各工作站以及全线的工作状态指示灯、单机全线切换旋钮、起动按钮、停止按钮、复位按钮、变频器输入频率设定、机械手当前位置等。

（3）图形制作

1）欢迎画面窗口。

① 图片通过位图装载实现。

② 文字通过标签构件实现。

③ 按钮由对象元件库引入。

2）主画面窗口。

① 文字通过标签构件实现。

② 各工作站以及全线的工作状态指示灯、时钟由对象元件库引入。

③ 单机全线切换旋钮、起动按钮、停止按钮、复位按钮由对象元件库引入。

④ 输入频率设定通过输入框构件实现。

⑤ 机械手当前位置通过标签构件和滑动输入器实现。

（4）流程控制 通过循环策略中的脚本程序策略块实现。

　　进行上述规划后，就可以创建工程，然后进行组态。操作步骤是：在"用户窗口"中单击"新建窗口"按钮，建立"窗口0"和"窗口1"，然后分别设置两个窗口的属性。

2. 欢迎画面组态

（1）建立欢迎画面　选中"窗口0"，单击"窗口属性"，进入用户窗口属性设置。

1）窗口名称改为"欢迎画面"。

2）窗口标题改为"欢迎画面"。

3）在"用户窗口"中选中"欢迎"，右击，选择快捷菜单中的"设置为起动窗口"选项，将该窗口设置为运行时自动加载的窗口。

（2）"欢迎画面"组态

1）编辑欢迎画面。选中"欢迎画面"窗口图标，单击"动画组态"，进入动画组态窗口开始编辑画面。

　①装载位图。选择"工具箱"内的"位图"按钮 ，鼠标的光标呈"十"字形，在窗口左上角位置拖拽鼠标，拉出一个矩形，使其填充整个窗口。

　在位图上右击，选择"装载位图"，找到要装载的位图，单击选择该位图，如图6-17所示，然后单击"打开"按钮，则图片装载到了窗口。

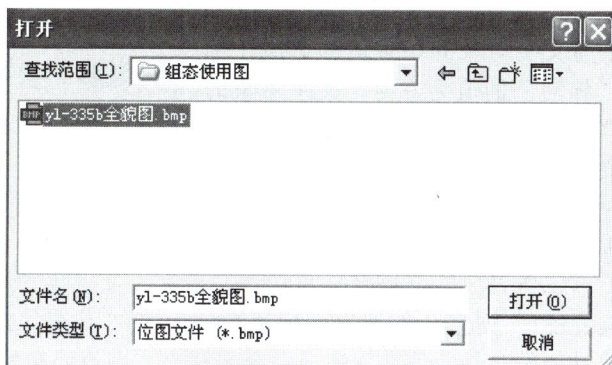

图 6-17　装载位图

　②制作按钮。单击绘图工具箱中的" "图标，在窗口中拖出一个大小合适的按钮，双击按钮，出现图6-18所示的属性设置窗口。在"可见度属性"选项卡中选择"按钮不可

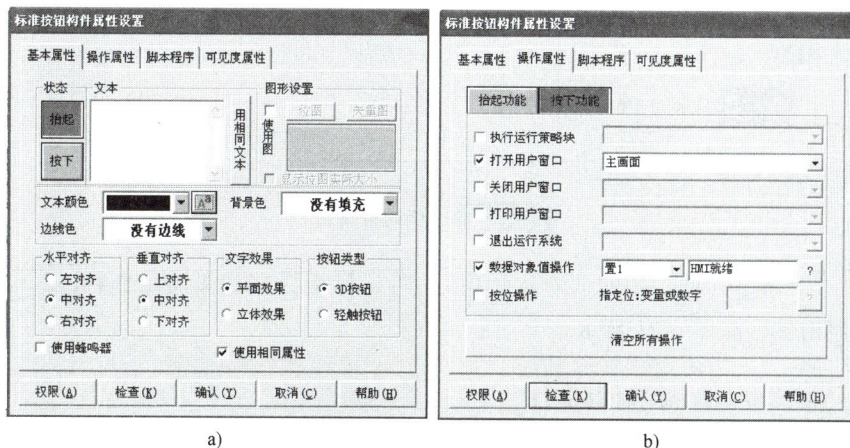

a)　　　　　　　　　　　　　　　　　　b)

图 6-18　按钮属性设置窗口

a）基本属性页　b）操作属性页

见"；在"操作属性"选项卡中单击"按下功能"按钮，在"打开用户窗口"右侧选择"主画面"，在"数据对象值操作"右侧选择"置1"和"HMI就绪"。

③ 制作循环移动的文字框。选择"工具箱"内的"标签"按钮 **A**，拖拽到窗口上方中心位置，根据需要拉出一个大小适合的矩形。在鼠标光标闪烁位置输入文字"欢迎使用 YL-335B 型自动化生产线实训考核装备！"，按〈Enter〉键或在窗口任意位置单击，完成文字输入。

静态属性设置如下：文字框的背景颜色为没有填充；文字框的边线颜色为没有边线；文本颜色为艳粉色；文字字体为华文细黑，字型为粗体，字号为二号。

为了使文字循环移动，在"位置动画连接"中勾选"水平移动"，这时在对话框上端增添了一个"水平移动"标签。"水平移动"选项卡的设置如图6-19所示。

设置说明如下：

为了实现"水平移动"动画连接，首先要确定对应连接对象的表达式，然后再定义表达式的值所对应的位置偏移量。图6-19中，定义一个内部数据对象"移动"作为表达式，它是一个与文字对象的位置偏移量成比例的增量值。当表达式"移动"的值为0时，文字对象的位置向右移动0点（即不动）；当表达式"移动"的值

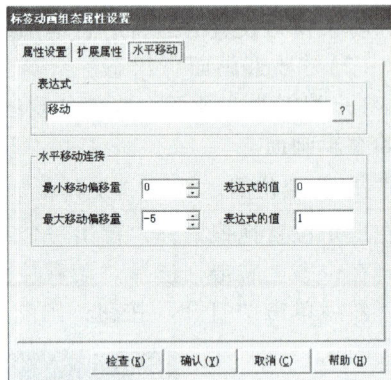

图 6-19　"水平移动"选项卡的设置

为1时，文字对象的位置向左移动5点（-5），这就是说"移动"变量与文字对象的位置之间的关系是一个斜率为-5的线性关系。

触摸屏图形对象所在的水平位置定义为：以左上角为坐标原点，单位为像素，向左为负方向，向右为正方向。TPC7062KS的分辨率是800×480像素，文字串"欢迎使用 YL-335B 型自动化生产线实训考核装备！"向左全部移出的偏移量约为-700像素，故表达式"移动"的值为+140。文字循环移动的策略是，若文字串向左全部移出，则返回初始位置重新移动。

2）组态"循环策略"。

● 在"运行策略"中，双击"循环策略"进入策略组态窗口。

● 双击图标 **■:■** 进入"策略属性设置"，将循环时间设为100ms，单击"确认"。

● 在策略组态窗口中，单击工具条中的"新增策略行"图标 **□□**，增加一策略行，如图6-20所示。

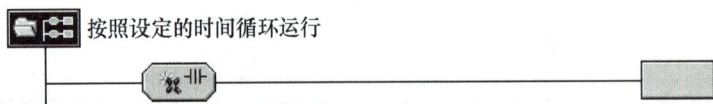

图 6-20　新增策略行

● 单击"策略工具箱"中的"脚本程序"，将鼠标指针移到策略块图标 □□ 上并单击，添加脚本程序构件，如图6-21所示。

图 6-21　添加脚本程序构件

- 双击 进入策略条件设置，在表达式中输入 1，即始终满足条件。
- 双击 进入脚本程序编辑环境，输入下面的程序：

if 移动 <= 140 then

移动 = 移动 +1

else

移动 = -140

endif

- 单击"确认"，脚本程序编写完毕。

3. 主画面组态

（1）建立主画面

1）选中"窗口1"，单击"窗口属性"，进入用户窗口属性设置。

2）将窗口名称改为主画面窗口，标题改为主画面，在"窗口背景"中选择所需要的颜色。

（2）定义数据对象和连接设备

1）定义数据对象。各工作站以及全线的工作状态指示灯、单机全线切换旋钮、起动按钮、停止按钮、复位按钮、变频器输入频率设定、机械手当前位置等，都需要与 PLC 相连接，定义信息交换的数据对象。定义数据对象的步骤如下：

① 单击工作台中的"实时数据库"窗口标签，进入实时数据库窗口页。

② 单击"新增对象"按钮，在窗口数据对象列表中，增加新的数据对象。

③ 选中对象，单击"对象属性"按钮，或双击选中的对象，则打开"数据对象属性设置"窗口，然后编辑属性，最后加以确定。表 6-6 列出了全部与 PLC 连接的数据对象。

表 6-6　连接 PLC 的数据对象

序号	对象名称	类型	序号	对象名称	类型
1	供料站全线模式	开关型	13	写入变频器频率	数值型
2	供料站运行	开关型	14	输送站运行	开关型
3	供料不足	开关型	15	输送站全线模式	开关型
4	供料没有	开关型	16	单机全线_全线	开关型
5	加工站全线模式	开关型	17	越程故障—输送	开关型
6	加工站运行	开关型	18	全线_运行	开关型
7	装配站全线模式	开关型	19	急停	开关型
8	装配站运行	开关型	20	HMI 复位按钮	开关型
9	芯件不足	开关型	21	HMI 停止按钮	开关型
10	芯件没有	开关型	22	HMI 起动按钮	开关型
11	分拣站全线模式	开关型	23	HMI 联机转换	开关型
12	分拣站运行	开关型	24	机械手当前位置	数值型

2）设备连接。使定义好的数据对象和 PLC 内部变量进行连接。具体操作步骤如下：

① 打开"设备工具箱"，在可选设备列表中双击"Siemens_1200 以太网"设备。如果找不到以上设备，可以通过"设备工具箱"中的"设备管理"→"PLC"→"西门子"，将其添加

到"设备管理"列表中。

② 双击设备进入设备编辑窗口，设置本地 IP 地址和远端 IP 地址，如图 6-22 所示。

③ 如图 6-22 所示，参照表 6-3 和表 6-4 中的内容，根据需要增加设备通道。

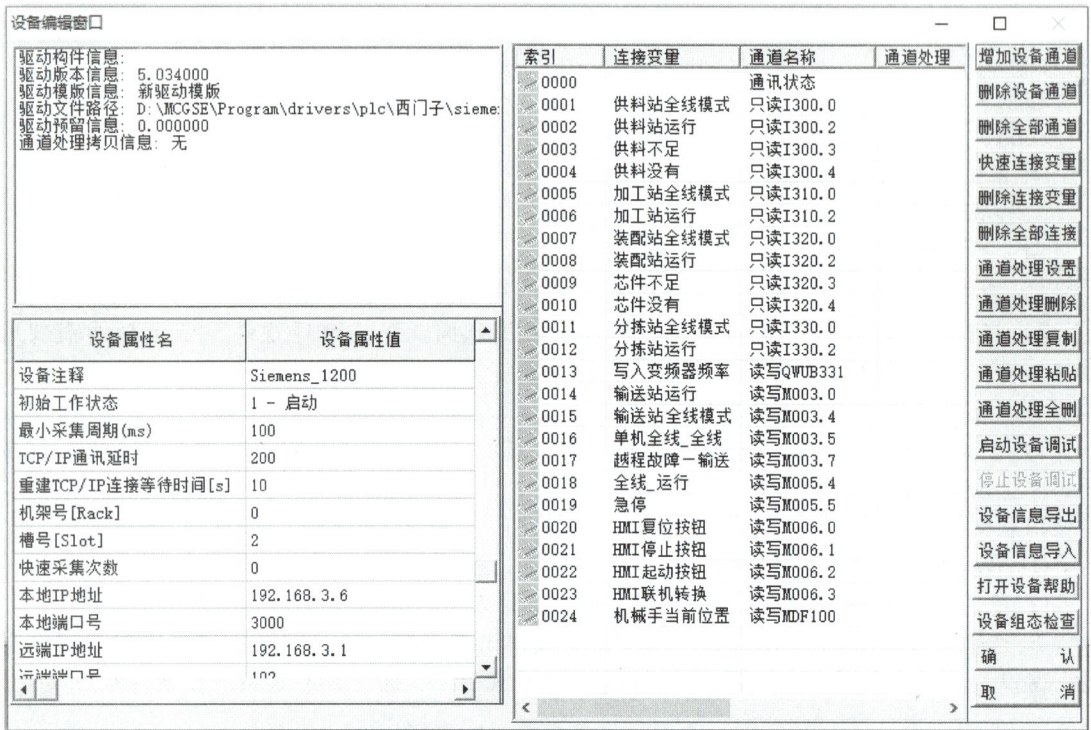

设备编辑窗口

驱动构件信息：
驱动版本信息：5.034000
驱动模版信息：新驱动模版
驱动文件路径：D:\MCGSE\Program\drivers\plc\西门子\sieme:
驱动预留信息：0.000000
通道处理拷贝信息：无

设备属性名	设备属性值
设备注释	Siemens_1200
初始工作状态	1 - 启动
最小采集周期(ms)	100
TCP/IP通讯延时	200
重建TCP/IP连接等待时间[s]	10
机架号[Rack]	0
槽号[Slot]	2
快速采集次数	0
本地IP地址	192.168.3.6
本地端口号	3000
远端IP地址	192.168.3.1
远端端口号	102

索引	连接变量	通道名称	通道处理
0000		通讯状态	
0001	供料站全线模式	只读I300.0	
0002	供料站运行	只读I300.2	
0003	供料不足	只读I300.3	
0004	供料没有	只读I300.4	
0005	加工站全线模式	只读I310.0	
0006	加工站运行	只读I310.2	
0007	装配站全线模式	只读I320.0	
0008	装配站运行	只读I320.2	
0009	芯件不足	只读I320.3	
0010	芯件没有	只读I320.4	
0011	分拣站全线模式	只读I330.0	
0012	分拣站运行	只读I330.2	
0013	写入变频器频率	读写QWUB331	
0014	输送站运行	读写M003.0	
0015	输送站全线模式	读写M003.4	
0016	单机全线_全线	读写M003.5	
0017	越程故障—输送	读写M005.4	
0018	全线_运行	读写M005.4	
0019	急停	读写M005.5	
0020	HMI复位按钮	读写M006.0	
0021	HMI停止按钮	读写M006.1	
0022	HMI起动按钮	读写M006.2	
0023	HMI联机转换	读写M006.3	
0024	机械手当前位置	读写MDF100	

增加设备通道　删除设备通道　删除全部通道　快速连接变量　删除连接变量　删除全部连接　通道处理设置　通道处理删除　通道处理复制　通道处理粘贴　通道处理全删　启动设备调试　停止设备调试　设备信息导出　设备信息导入　打开设备帮助　设备组态检查　确认　取消

图 6-22 触摸屏设备编辑窗口设置

6.5　总结与评价

6.5.1　全线运行知识图谱

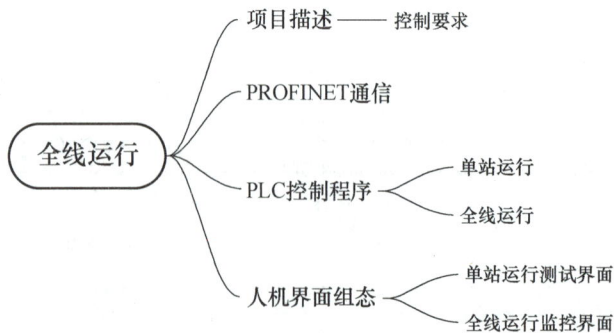

全线运行
- 项目描述 —— 控制要求
- PROFINET通信
- PLC控制程序
  - 单站运行
  - 全线运行
- 人机界面组态
  - 单站运行测试界面
  - 全线运行监控界面

6.5.2　全线运行项目评价

参考表 6-7 中的评价指标，根据工艺和控制要求完成项目的自评、小组互评和教师评价。

表 6-7　全线运行项目评价表

评价内容及标准		分值	得分
全线运行功能测试（SA 置于"全线方式"位置）			
正常工作状态测试	1. 系统通电,网络通信正常后开始工作。按下人机界面上的复位按钮,执行复位操作,在复位过程中,绿色警示灯以 2Hz 频率闪烁,红色和黄色警示灯均熄灭	3	
	2. 在复位过程中,使输送站机械手装置回到原点位置,并检查各工作站是否处于初始状态	3	
	3. 当输送站机械手装置回到原点位置,且各工作站均处于初始状态,则复位完成,绿色警示灯常亮,表示允许起动系统	3	
	4. 按下人机界面上的起动按钮,系统起动,绿色和黄色警示灯均常亮	3	
	5. 系统起动后,若供料站的物料台上没有工件,则应把工件推到物料台上,并向系统发出物料台上有工件信号	3	
	6. 若供料站的料仓内没有工件或工件不足,则向系统发出报警或预警信号	3	
	7. 物料台上的工件被输送站机械手取出后,若系统仍然需要推出工件进行加工,则进行下一次推出工件操作	3	
	8. 当工件被推到供料站物料台上后,输送站抓取机械手装置应执行抓取供料站工件的操作	3	
	9. 伺服电机驱动机械手装置移动到加工站加工台的正前方,把工件放到加工站的加工台上	3	
	10. 加工站加工台上的工件被检出后,执行加工过程。当加工好的工件被重新送回待料位置时,向系统发出加工完成信号	3	
	11. 系统接收到加工完成信号后,输送站机械手应执行抓取已加工工件的操作	3	
	12. 抓取动作完成后,伺服电机驱动机械手装置移动到装配站装配台的正前方,把工件放到装配站装配台上	3	
	13. 装配站装配台的传感器检测到工件到来后,开始执行装配过程。装入动作完成后,向系统发出装配完成信号	3	
	14. 若装配站的料仓或料槽内没有小圆柱零件或零件不足,应向系统发出报警或预警信号	3	
	15. 系统接收到装配完成信号后,输送站机械手应抓取已装配的工件,然后从装配站向分拣站运送工件	3	
	16. 到达分拣站传送带上方进料口后把工件放下,然后执行返回原点的操作	3	
	17. 输送站机械手装置放下工件、缩回到位后,分拣站的变频器即启动,驱动电机以 80% 最高运行频率（由人机界面指定）的速度,把工件带入分拣区进行分拣	3	
	18. 工件分拣原则与单站运行时相同。当分拣气缸活塞杆推出工件并返回后,应向系统发出分拣完成信号	3	
	19. 仅当分拣站分拣工作完成,并且输送站机械手装置回到原点,系统的一个工作周期才确认结束。如果在工作周期内没有按下停止按钮,系统在延时 1s 后开始下一周期工作	3	
	20. 如果在工作周期内按下过停止按钮,则系统工作结束,警示灯中的黄色灯熄灭,绿色灯仍保持常亮	3	
	21. 系统工作结束后若再按下起动按钮,则系统又重新开始工作	3	
异常工作状态测试	22. 如果收到来自供料站或装配站的"工件不足"预警信号,警示灯中的红色灯以 1Hz 频率闪烁,绿色和黄色灯保持常亮,系统继续工作	3	
	23. 如果收到来自供料站或装配站的"工件没有"报警信号,警示灯中的红色灯以亮 1s、灭 0.5s 的方式闪烁,黄色灯熄灭,绿色灯保持常亮	3	
	24. 若"工件没有"报警信号来自供料站,且供料站物料台上已推出工件,则系统继续运行,直至完成该工作周期尚未完成的工作	3	
	25. 当该工作周期的工作结束,系统将停止工作,除非"工件没有"报警信号消失,系统不能再起动	3	
	26. 若"工件没有"报警信号来自装配站,且装配站回转台上已落下小圆柱零件,则系统继续运行,直至完成该工作周期尚未完成的工作	3	

（续）

评价内容及标准		分值	得分
全线运行功能测试（SA 置于"全线方式"位置）			
异常工作状态测试	27. 当该工作周期的工作结束,系统将停止工作,除非"工件没有"报警信号消失,系统不能再起动	3	
	28. 系统工作过程中按下输送站的急停按钮,则输送站立即停机	3	
	29. 在急停复位后,应从急停前的断点开始继续运行	3	
	30. 若急停按钮按下时,机械手装置正在向某一目标点移动,则急停复位后输送站机械手装置应首先返回原点位置,然后再向原目标点运动	3	
职业素养测评			
职业素养	31. 小组内成员都能积极参与、相互沟通、配合默契	5	
	32. 场地清扫干净,工具、桌椅等摆放整齐	5	
合计		100	

6.6 思考提升

一、选择题

1. 触摸屏中绘制的起动按钮,其操作属性中"数据对象值操作"使用的是 (   )

A. 置 1   B. 按 1 松 0   C. 清零   D. 按 0 松 1

2. PROFINET IO 由 (   ) 三种主要部件构成。

A. IO 信号模块 B. IO 控制器 C. IO 设备 D. IO 监视器

二、判断题

1. 在组态软件中组态设置连接时,在设备编辑窗口中的"本地 IP 地址"指的是本地计算机的 IP 地址,"远端 IP 地址"指的是触摸屏的 IP 地址。(   )

2. 自动化生产线实训装配中五个工作站的 PLC 之间通信采用的是 PPI 点对点通信方式。(   )

3. 在通信数据中,若输送站的线圈 Q310.4 得电,则在加工单元中采集到此信号的触点是 I300.4。(   )

三、思考题

1. 触摸屏主界面中的标题如何在左右两个边界之间往返移动?

2. 在进行全线联网通信程序调试时,若供料单元已经供料完成,但机械手却未执行抓取工件的操作,请分析可能存在的原因。

项目7

实战项目演练

学习完前面的内容，应该已经掌握了自动化生产线的各项技能，下面以实战方式完成全国技能大赛赛题的要求，以巩固、提高我们对自动化生产线各项技能的综合应用。

7.1 项 目 描 述

1. 设备及工艺过程描述

YL-335B 型自动化生产线由供料、输送、装配、加工和分拣 5 个工作单元组成，各工作单元均设置一台 PLC 承担其控制任务，各 PLC 之间通过 PROFINET IO 通信方式实现互联，构成分布式控制系统。系统主令信号由连接到输送单元 PLC 的触摸屏提供，整个系统的主要工作状态除了在触摸屏上显示，还需要由安装在装配单元的警示灯显示起动、停止、报警等状态。

2. 工作过程概述

本自动化生产线构成一个成品自动分拣生产线，其工作过程概述如下：

1）将来自供料单元的尚未进行芯件装配的非成品工件先送往装配单元进行芯件装配，然后再送往加工单元进行压紧操作。

2）将已经嵌入白色或黑色芯件的白色、黑色和金属成品工件送往分拣单元，按一定的套件关系进行成品分拣。成品工件及其构成的两种套件如图 7-1 所示。

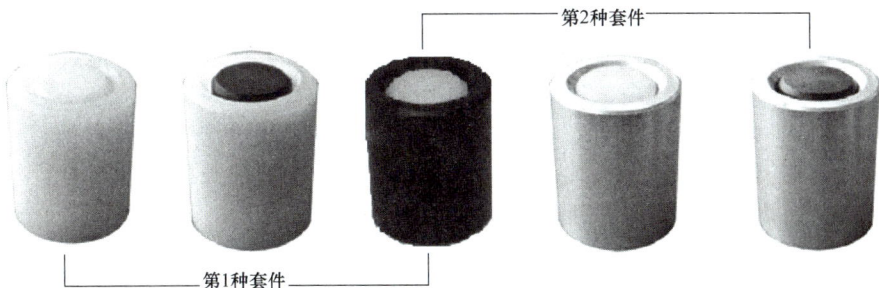

图 7-1 成品工件及其构成的两种套件

3）从分拣单元工位一或工位二输出的两种套件由连接到输送单元的触摸屏进行设定，当两种套件数目达到指定数量时，系统停止工作。

3. 待完成的工作任务

（1）自动化生产线的设备部件安装、气路连接及调整 根据供料状况和工作目标要求，YL-335B 型自动化生产线各工作单元在工作台面上的布局如图 7-2 所示。首先完成生产线各工作单元的部分装配工作，然后把这些工作单元安装在 YL-335B 的工作桌面上，长度单位为

mm，要求安装误差不大于1mm。安装时应注意，输送单元直线运动机构的参考点位置在原点开关中心线处，这一位置也称为系统原点。各工作单元装置侧部分的装配要求如下：

1）根据图7-3和图7-4（供料单元与分拣单元装配图）完成供料和分拣两单元装置侧部件的安装和调整以及工作单元在工作台面上的定位，然后根据两单元的工艺要求完成它们的气路连接，并调整气路，确保各气缸运行顺畅和平稳。

2）输送单元直线导轨底板已经安装在工作台面上，根据图7-5（输送单元装配图）继续完成装置侧部分的机械部件安装和调整工作，再根据该单元的工艺要求完成其气路连接并进行调整，确保各气缸运行顺畅和平稳。其中，抓取机械手各气缸的初始位置为：提升气缸处于下降状态，手臂伸缩气缸处于缩回状态，手臂摆动气缸处于右摆位置，气爪处于松开状态。

3）装配单元和加工单元的装置侧部分机械部件安装、气路连接工作已经完成，应将这两个工作单元安装到工作台面上，然后进一步加以校核并调整气路，确保各气缸运行顺畅和平稳。

（2）电路设计和电路连接

1）加工单元和装配单元的电气接线已经完成，应根据实际接线核查并确定各工作单元PLC的I/O分配，以此作为程序编写的依据。

2）设计分拣单元的电气控制电路，电路连接完成后应根据运行要求设定变频器有关参数，并将参数记录在指定位置。

3）完成供料和输送单元的电气接线，电路连接完成后应根据运行要求设定伺服驱动器有关参数，并将参数记录在指定位置。

4）设计注意事项：

① 所设计的电路应满足工作任务要求。

② 电气制图图形符号和文字符号的使用应满足《机床电气图用图形符号》（JB/T 2739—2015）和《机床电气设备及系统　电路图、图解和表的绘制》（JB/T 2740—2015）的要求。

③ 设备安装、气路连接、电路接线应符合"自动化生产线安装与调试赛项安装技术规范"的要求。

（3）部分设备的故障检查及排除　虽然本自动化生产线的装配单元是已经完成安装和单站模式编程的工作单元，但是依然可能存在硬件和软件故障等问题，因此要仔细检查并排除这些故障，使其能按工作要求正常运行。此时需要注意以下两点：

1）如果在竞赛开始2h后仍未能排除硬件故障，允许放弃此项工作，由技术支持人员排除故障，但参赛人员将失去这项工作的得分。

2）当完成软件故障排除工作后，必须在指定位置填写故障现象和处理措施，作为软件故障排除的评分依据。如果参赛人员无法排除该软件故障，可清除故障程序，自行按工作要求编制控制程序，但也将失去这项工作的得分。

（4）各站PLC的网络连接　本系统的PLC网络指定输送单元作为系统主站，根据所选用的PLC类型，选择合适的网络通信方式并完成网络连接。

（5）连接触摸屏并组态用户界面　触摸屏应连接到系统中主站PLC的相应接口。在TPC7062K触摸屏上组态画面，要求用户窗口包括引导界面、输送单元传送功能测试界面（以下简称测试界面）和全线运行界面（以下简称运行界面）三个窗口。

1）为生产安全起见，系统应设置操作员组和技师组两个用户组别。具有操作员组以上权限（操作员组或技师组）的用户才能起动系统。触摸屏通电并进行权限检查后，进入引导界面，如图7-6所示。

① 图7-6中的工位号填写操作者所在的工位号，PLC类型填写所使用的PLC类型。

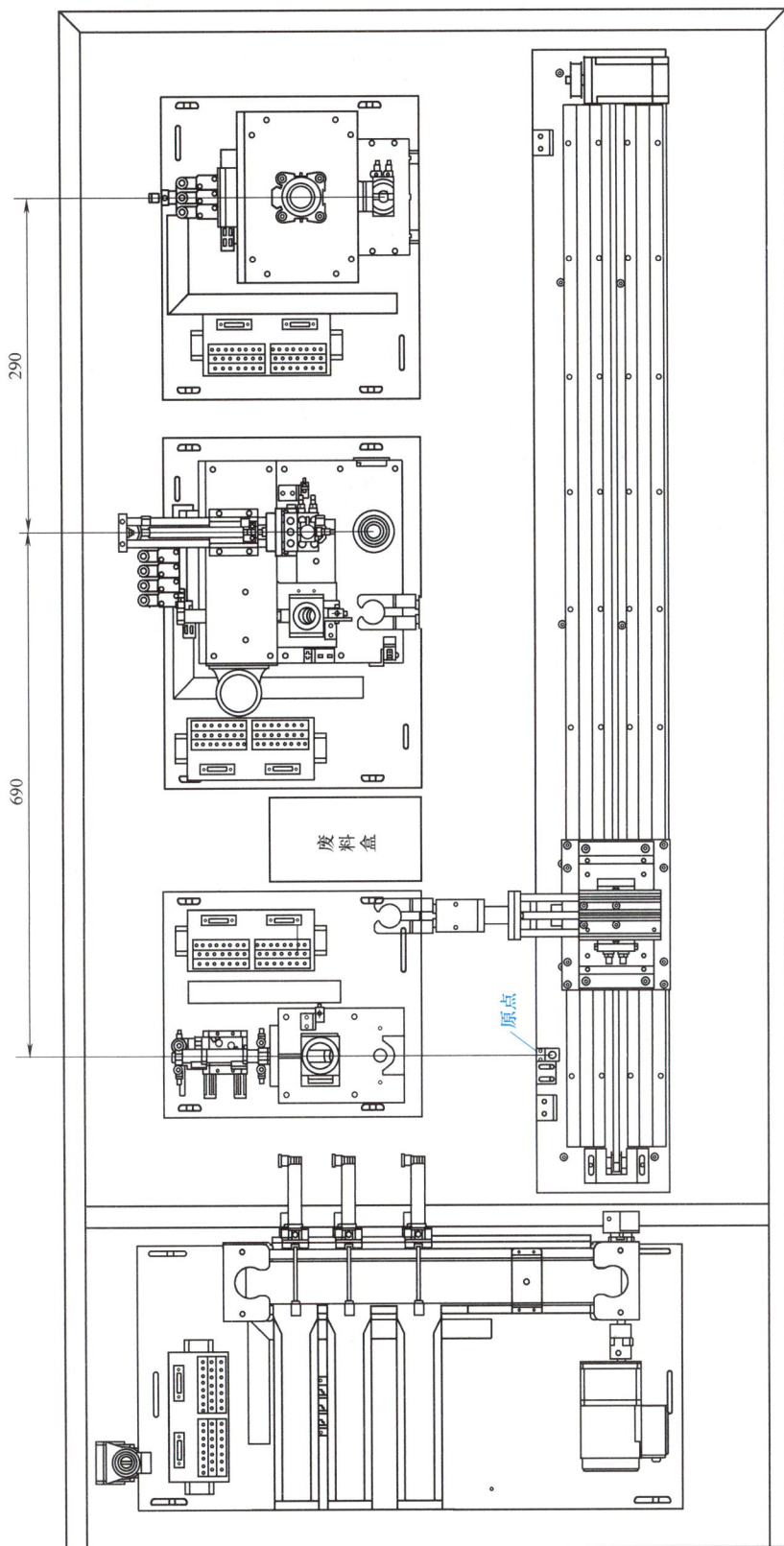

废料盒

原点

290

690

图 7-2 YL-335B 型自动化生产线各工作单元在工作台面上的布局

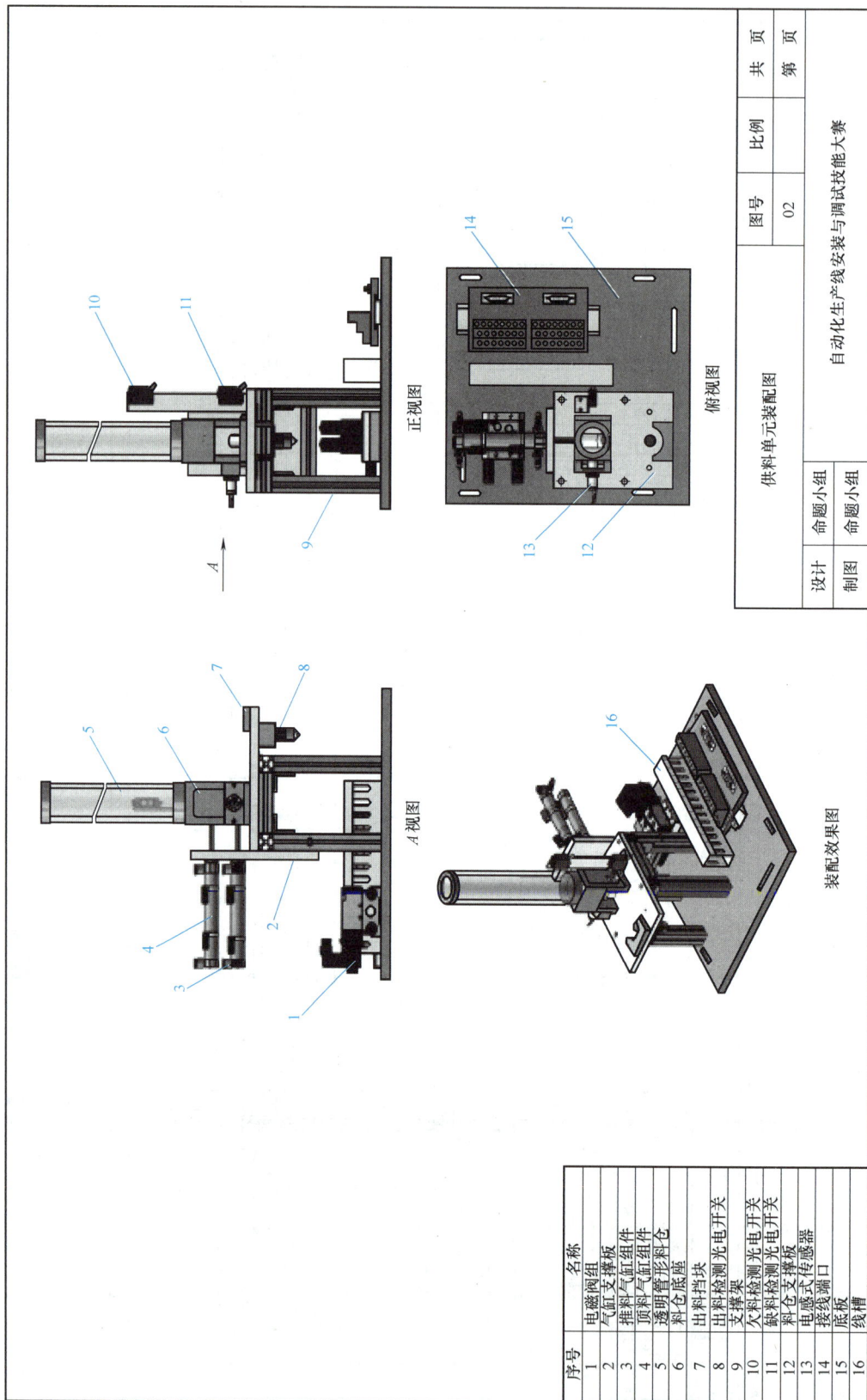

图7-3 供料单元装配图

正视图

俯视图

A视图

装配效果图

供料单元装配图

自动化生产线安装与调试技能大赛

	命题小组	命题小组		图号	02	比例	
设计						共 页	
制图						第 页	

序号	名称
1	电磁阀组
2	气缸支撑板
3	推料气缸组件
4	顶料气缸组件
5	透明管形料仓
6	料仓底座
7	出料档块
8	出料检测光电开关
9	支撑架
10	欠料检测光电开关
11	缺料检测光电开关
12	料仓支撑板
13	电感式传感器
14	接线端口
15	底板
16	线槽

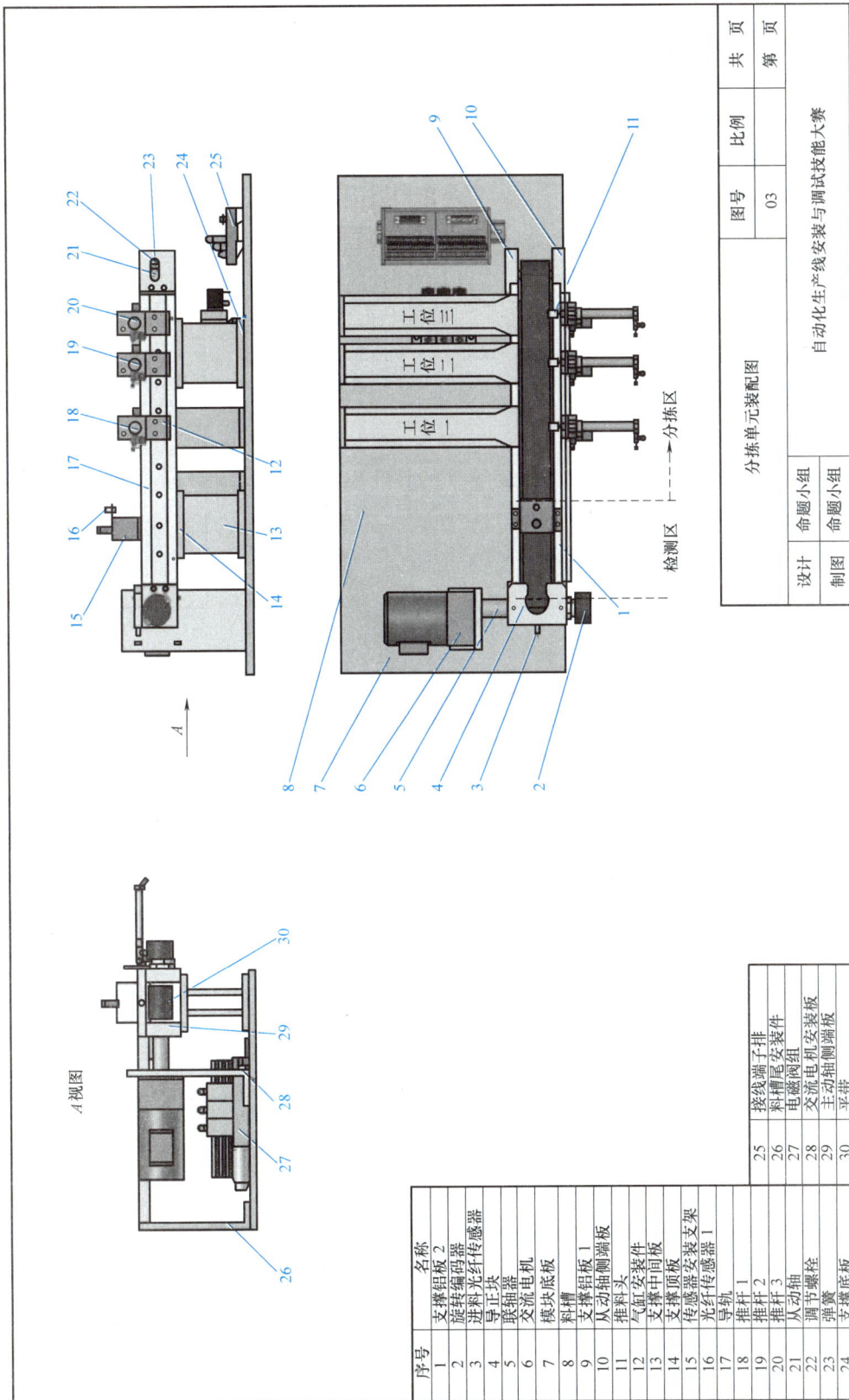

图 7-4 分拣单元装配图

序号	名称
1	支撑铝板 2
2	旋转编码传感器
3	进料光纤传感器
4	导正块
5	联轴器
6	交流电机
7	模块底板
8	料槽
9	支撑铝板 1
10	从动轴侧端板
11	推料头
12	气缸安装件
13	支撑中间板
14	支撑顶板
15	传感器安装支架
16	光纤传感器 1
17	导轨
18	推杆 1
19	推杆 2
20	推杆 3
21	从动轴
22	调节螺栓
23	弹簧
24	支撑底板
25	接线端子排
26	料槽尾安装件
27	电磁阀组
28	交流电机安装板
29	主动轴侧端板
30	平排

		分拣单元装配图	图号	03
			比例	
设计	命题小组		共 页	
制图	命题小组	自动化生产线安装与调试技能大赛	第 页	

185

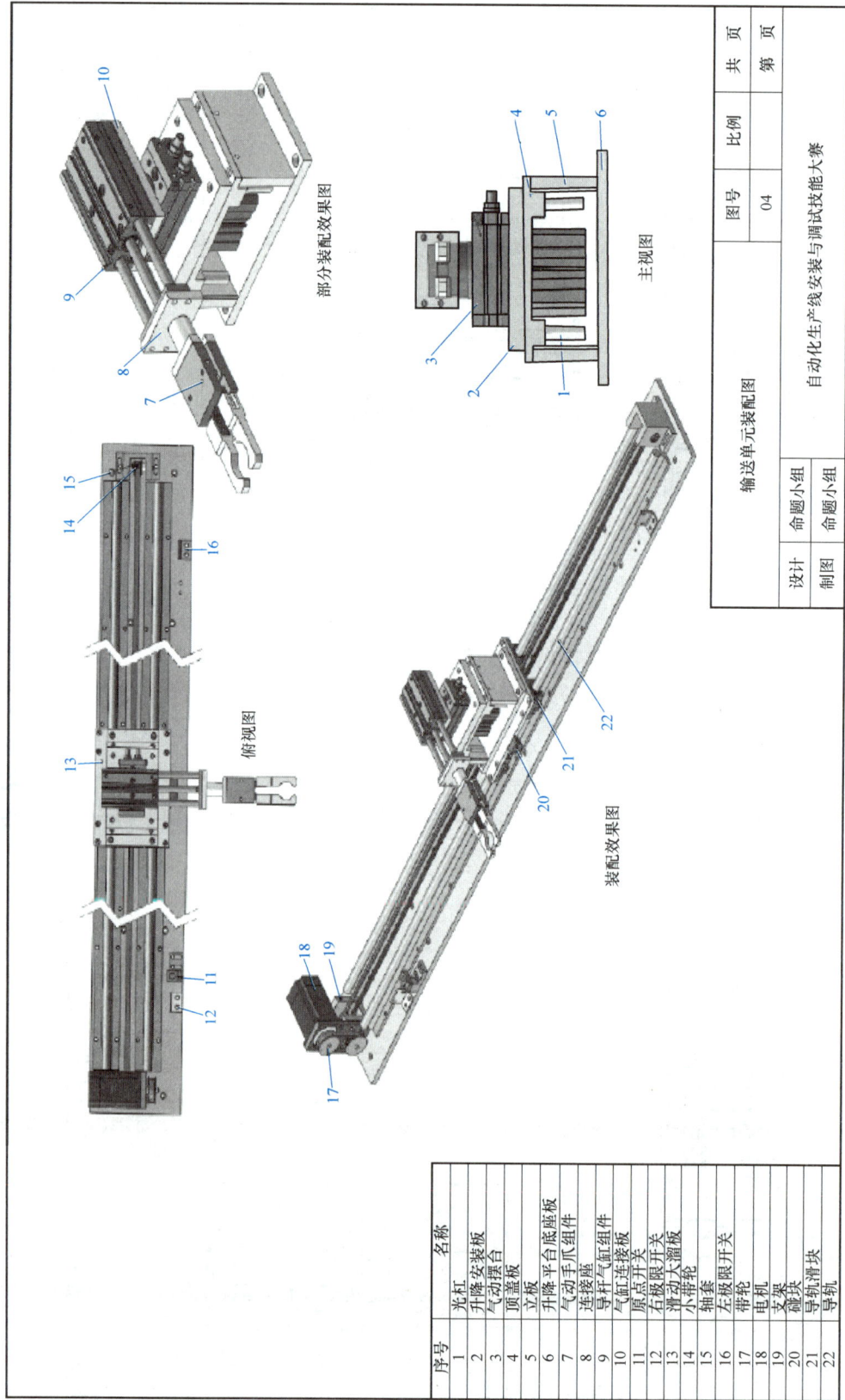

图7-5　输送单元装配图

序号	名称
1	光杠
2	升降安装板
3	气动摆台
4	顶盖板
5	立板
6	升降平台底板组件
7	气动手爪组件
8	连接螺柱
9	导杆气缸组件
10	气缸连接板
11	原点开关
12	右极限开关
13	滑动大溜板
14	小带轮
15	轴套
16	左极限开关
17	带轮
18	电机
19	支架
20	槽块
21	导轨滑块
22	导轨

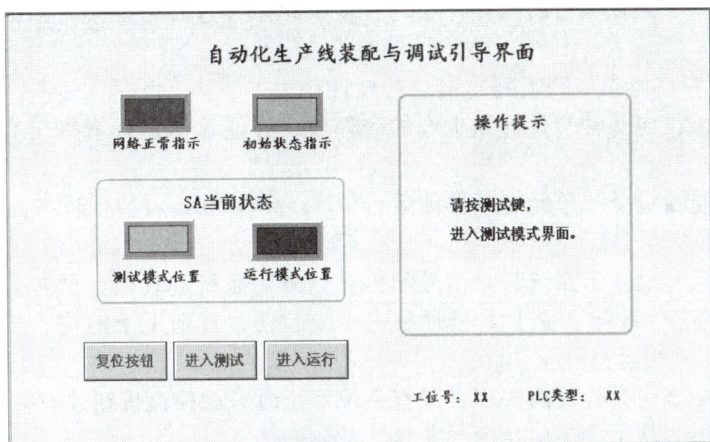

图7-6 引导界面

② 设备通电后，PLC将传送有关网络状态是否正常、本站设备是否处于初始位置、本站按钮指示灯模块中的模式选择开关SA所处位置等信息到触摸屏。界面上的4个指示灯应显示相应的状态。

③ 界面上操作提示区中所提示的操作信息及操作要求如下：

当SA选择测试模式时，若本站设备尚未处于初始位置，提示"设备尚未处于初始状态，请执行复位操作！"。这时可触摸"复位按钮"按钮或按下按钮指示灯模块中的SB2按钮，PLC将执行设备复位程序，使设备返回初始状态。

当SA选择测试模式时，若本站设备已处于初始状态，提示"请按测试键，进入测试模式界面"。此时可触摸界面上的"进入测试"按钮，切换到测试模式界面。

当SA选择运行模式时，若存在网络故障或本站设备尚未处于初始状态，提示"网络故障或设备尚未处于初始状态，不能进入运行状态"。此时触摸"进入运行"按钮无效。

当SA选择运行模式时，若网络正常且本站设备已在初始状态，提示"请按运行键，进入运行模式界面"。这时，具有技师组权限的用户可触摸"进入运行"按钮，在权限检查通过后切换到运行模式界面。若操作者无此权限，操作提示区将提示"您没有操作权限！"，触摸提示文字，该项提示消失。

2）输送单元传送测试界面用以测试抓取机械手从某一起始单元传送工件到某一目标单元的功能，主要包括供料到装配、装配到加工、加工到分拣、分拣到废料盒等4个项目的测试。该界面的组态应按下列功能自行设计：

① 界面上应设置4个测试项目的选择标签。项目未被选择时，标签的文字和边框均呈黑色，触摸该标签，测试项目被选择，标签的文字和边框均呈红色。如果该测试尚未开始，再次触摸该标签，项目选择将复位。

② 界面上应设置起动测试的按钮，某一测试项目被唯一选择后，触摸"测试起动"按钮或按下按钮指示灯模块中的SB1按钮，该项目开始测试。此时该选择标签旁的指示灯将被点亮，表示该项目测试在进行中。测试过程中，界面上应显示抓取机械手装置的当前位置坐标值。测试完成后，标签旁的指示灯熄灭。

③ 如果触摸了两个或两个以上的项目选择标签，将发生"多1报警"，界面上的"多1报警"指示灯将快速闪烁。此时应复位测试尚未开始的选择标签，使报警消除。

④ 界面上应设置抓取机械手装置越程故障报警指示灯。发生左右极限越程故障时，报警指示灯快速闪烁，直至故障被复位。

⑤ 若界面上 5 个测试项目的选择标签均在复位状态，这时可触摸"返回引导界面"按钮返回到引导界面。

3）运行界面窗口组态应按下列功能自行设计：

① 界面上应能设定每种套件计划生产的套件数，并能显示每种套件已完成数量和已检测出来的废料数量。

② 界面上应能设定分拣单元变频器的运行频率（20~40Hz），并能实时显示变频器起动后的输出频率（精确到 0.1Hz）。

③ 提供全线运行模式下系统起动信号和停止信号。系统起动时，两种套件之中的其中一个套件计划生产的套件数量不少于 1 套时系统才能起动，否则不予响应。当计划生产任务完成后，系统将停止全线运行。

④ 提供能切换到引导界面的按钮。只有系统停止时，触摸该按钮才有效。

⑤ 指示网络中各从站的通信状况（正常、故障）。

⑥ 指示各工作单元的运行、故障状态。其中，故障状态包括供料单元的供料不足状态和缺料状态、装配单元的供料不足状态和缺料状态、输送单元抓取机械手装置的越程故障（左或右极限开关动作）。发生上述故障时，有关的报警指示灯以闪烁方式报警。

（6）程序编制及调试

1）单站测试模式。

① 供料单元单站测试要求。

a. 设备通电和气源接通后，若工作单元的两个气缸满足初始位置要求，且料仓内有足够的待加工工件，物料台上没有工件，则"正常工作"指示灯 HL1 常亮，表示设备准备好，否则该指示灯以 1Hz 频率闪烁。

b. 若设备已准备好，按下起动按钮 SB1，工作单元将处于运行状态。这时按一下推料按钮 SB2，表示有供料请求，设备应执行把工件推到物料台上的操作。每当工件被推到物料台上时，"推料完成"指示灯 HL2 亮，直到物料台上的工件被人工取出后熄灭。工件被人工取出后，再按下 SB2 按钮，设备将再次执行推料操作。若在运行过程中再次按下 SB1 按钮，设备在本次推料操作完成后停止。

c. 若在运行中料仓内工件不足，则工作单元继续工作，但"正常工作"指示灯 HL1 以 1Hz 频率闪烁。若料仓内没有工件，则指示灯 HL1 和 HL2 均以 2Hz 频率闪烁，设备在本次推料操作完成后停止，除非向料仓补充足够的工件，工作单元不能再起动。

② 装配单元单站测试要求。

a. 设备通电和气源接通后，若各气缸满足初始位置要求，料仓上已经有足够的小圆柱零件，装配台上没有待装配工件，则"正常工作"指示灯 HL1 常亮，表示设备准备好，否则该指示灯以 1Hz 频率闪烁。

b. 若设备已准备好，按下起动按钮，装配单元起动，"设备运行"指示灯 HL2 常亮。如果回转台上的左料盘内没有小圆柱零件，就执行下料操作；如果左料盘内有零件，而右料盘内没有零件，回转台执行回转操作。

c. 如果回转台上的右料盘内有小圆柱零件且装配台上有待装配工件，装配机械手抓取小圆柱零件放入待装配工件中。

d. 完成装配任务后，装配机械手应返回初始位置，等待下一次装配。

e. 若在运行过程中按下停止按钮，则供料机构应立即停止供料，在装配条件满足的情况下，装配单元在完成本次装配后停止工作。

f. 在运行中发生"零件不足"报警时，指示灯 HL3 以 1Hz 频率闪烁，HL1 和 HL2 常亮；在运行中发生"零件没有"报警时，指示灯 HL3 以亮 1s、灭 0.5s 的方式闪烁，HL2 熄灭，

HL1 常亮，工作站在完成本周期任务后停止，除非向料仓补充足够的工件，工作单元不能再起动。

③ 加工单元单站测试要求。

a. 通电和气源接通后，若各气缸满足初始位置要求，则"正常工作"指示灯 HL1 常亮，表示设备准备好，否则该指示灯以 1Hz 频率闪烁。

b. 若设备准备好，按下起动按钮，设备起动，"设备运行"指示灯 HL2 常亮。当待加工工件送到加工台上并被检出后，设备将工件夹紧，送往加工区域冲压，完成冲压加工后再将工件送回待料位置。如果没有停止信号输入，当再有待加工工件送到加工台上时，加工单元又开始下一周期工作。

c. 在工作过程中，若按下停止按钮，加工单元在完成本周期的动作后停止工作，指示灯 HL2 熄灭。

④ 分拣单元单站测试要求。

a. 设备通电和气源接通后，若工作单元的三个气缸满足初始位置要求，则"正常工作"指示灯 HL1 常亮，表示设备准备好，否则该指示灯以 1Hz 频率闪烁。

b. 若设备已准备好，按下起动按钮，系统起动，"设备运行"指示灯 HL2 常亮。当在传送带进料口处人工放下已装配的工件时，变频器即起动，驱动电机以频率为 30Hz 的速度把工件带往分拣区（变频器的上下坡时间不小于 1s）。

c. 满足第一种套件关系的工件（一个白芯塑料白工件、一个黑芯塑料白工件和一个白芯塑料黑工件搭配组合成一组套件，不考虑三个工件的排列顺序）到达 1 号滑槽时，传送带停止，推料气缸 1 动作把工件推出；满足第二种套件关系的工件（一个白芯金属工件、一个黑芯金属工件和一个白芯塑料黑工件搭配组合成一组套件，不考虑三个工件的排列顺序）到达 2 号滑槽时，传送带停止，推料气缸 2 动作把工件推出。黑芯塑料黑工件视为废料，检测到该工件时，传送带反转把该工件送往进料口后停止，并人工取走放到废料盒。不满足套件关系也不是废料的工件到达 3 号滑槽时，传送带停止，推料气缸 3 动作把工件推出，并人工取走放到供料单元料仓内。工件被推出滑槽或人工取走废料后，该工作单元的一个工作周期结束。仅当工件被推出滑槽或人工取走废料后，才能再次向传送带下料，开始下一个工作周期。如果每种套件均被推出 1 套，则测试完成。在最后一个工作周期结束后，设备退出运行状态，指示灯 HL2 熄灭。

说明：每当一套套件在分拣单元被推到相应的出料槽后，即被后序的打包工艺设备取出，打包工艺设备受本生产线控制。

⑤ 输送单元单站测试。

a. 抓取机械手装置从某一起始单元传送工件到某一目标单元的功能测试。当触摸屏处于测试界面，且在界面上选择测试项目后，PLC 程序应根据所选项目，按表 7-1 要求，使相应指示灯点亮或熄灭，以提示现场操作人员进行相关操作。

表 7-1　各测试项目的指示灯状态

项目名称	供料至装配	装配至加工	加工至分拣	分拣至废料盒
指示灯状态	HL1 常亮	HL2 常亮	HL3 常亮	HL1、HL2 常亮

现场操作人员根据所选项目，在项目起始单元工作台放置一个工件，然后触摸"测试起动"按钮或按下按钮指示灯模块中的 SB1 按钮，该项测试开始。测试动作顺序如下：

第 1 步：抓取机械手装置移动到起始单元工作台正前方，然后从工作台抓取工件。

第 2 步：抓取动作完成后，机械手装置向目标单元移动，到达目标单元工作台的正前方后，把工件放到工作台上，然后机械手各气缸返回初始位置，项目测试完成。

第3步：项目测试完成后，除非在人机界面上复位该项测试选择，否则测试仍可按上述步骤再次进行。

注意：抓取机械手装置的移动速度指定为400mm/s；抓取机械手抓取和放下工件的步骤请自行确定；某项测试开始后，若发生"多1报警"，PLC将向触摸屏发出报警信号，但该项测试仍然继续。

b. 运行的安全及可靠性测试。

紧急停机处理：如果在测试过程中出现异常情况，可按下急停按钮，装置应立即停止工作。急停复位后，装置应从急停前的断点开始继续运行。

越程故障处理：发生左或右限位开关动作的越程故障时，伺服电机应立即停机，并且必须在断开伺服驱动器电源再通电后故障才有可能复位。若判断越程故障为限位开关误动作，则应在驱动器重新通电故障复位后，按下输送单元按钮指示灯模块上的SB2按钮，人工确认该越程故障为误动作，系统将继续运行。若误动作发生在机械手装置移动期间，应采取必要的措施保证继续运行的精确度。

2）系统正常的运行模式。

① 触摸屏切换到运行界面窗口后，输送单元PLC程序应首先检查供料、装配、加工和分拣等工作单元是否处于初始状态。初始状态是指如下状态：

a. 各工作单元气动执行元件均处于初始位置。

b. 输送单元抓取机械手装置在初始位置且已返回参考点停止。

c. 供料单元和装配单元料仓内有足够的待加工工件。

d. 各站处于准备就绪状态。

若上述条件中任一条件不满足，则安装在装配单元上的绿色警示灯以0.5Hz频率闪烁，红色和黄色警示灯均熄灭，这时系统不能起动。

如果上述各工作单元均处于初始状态，绿色警示灯常亮，且触摸屏中设定的计划生产套件总数大于零，则允许系统起动。这时若触摸起动按钮，系统起动，绿色和黄色警示灯均常亮，并且供料单元、输送单元、加工单元、装配单元和分拣单元的指示灯HL3常亮，表示系统在全线方式下运行。

注意：若系统起动前供料、装配、加工单元工作台上留有工件，且本次全线运行是通电后直接进入或进行单站测试以后切换而来，应人工清除留有的工件后再起动系统。

② 计划生产套件总数的设定只能在系统未起动或处于停止状态时进行，套件数量一旦指定且系统进入运行状态后，在该批工作完成前，修改套件数量是无效的。

③ 正常运行过程：

a. 系统起动后，若装配单元装配台、加工单元加工台、分拣单元进料口没有工件，相应从站就向主站发出进料请求，主站则根据其抓取机械手装置是否空闲以及各从站进料条件是否满足给予响应。

b. 若装配单元有进料请求，且输送单元抓取机械手装置在空闲等待中，则主站应向供料单元发出供料指令，同时抓取机械手装置立即前往原点。抓取机械手装置到达原点后执行抓取供料单元物料台上工件的操作。动作完成后，伺服电机驱动机械手装置以不小于400mm/s的速度移动到装配单元装配台的正前方，把工件放到装配单元的装配台上。机械手装置缩回到位且接收到装配单元发来的"工件收到"通知后，恢复空闲状态。

c. 若加工单元有进料请求，且输送单元抓取机械手装置在空闲等待中，则主站接收到装配完成信号后，抓取机械手装置应立即前往装配单元装配台抓取已装配的工件，然后从装配单元向加工单元运送工件，到达加工单元加工台正前方后，把工件放到加工台上。机械手装置的运动速度要求与过程 b 相同。机械手装置缩回到位后，恢复空闲状态。

d. 若分拣单元有进料请求，且输送单元抓取机械手装置在空闲等待中，则主站接收到加工完成信号后，输送单元抓取机械手装置应立即前往加工单元抓取已压紧工件。抓取动作完成后，机械手臂逆时针旋转 90° 后从加工单元向分拣单元运送工件，到达分拣单元后执行放下工件的操作，操作完成并缩回到位后，顺时针旋转 90°，恢复空闲状态。

e. 若分拣单元检测出废料，请求主站将这个废料送往废料盒，且输送单元抓取机械手装置在空闲等待中，输送单元抓取机械手装置的手臂逆时针旋转 90° 后立即前往分拣单元进行抓取废料的操作。抓取完成后，从分拣单元向废料盒运送工件，到达废料盒正前方后，机械手臂顺时针旋转 90° 后执行放下工件操作，操作完成并缩回到位后，恢复空闲状态。

f. 若分拣单元的进料条件和装配单元的进料条件同时被满足或分拣单元检测出废料，则主站优先响应分拣单元的请求。

g. 装配和加工单元的工作过程与单站时相同，但必须在主站机械手在相应工作台放置工件完成、手臂缩回到位后工作过程才能开始。

h. 分拣单元在系统起动时，应使所记录的已推入各工位的套件数清零。进料口传感器检测到工件且输送单元机械手已缩回到位后，变频器以触摸屏中所指定的频率驱动电机运转，把工件分送到触摸屏指定的工位中，分送原则与单站时相同。

④ 系统的正常停止。上述操作完成后，各工作单元的指示灯 HL3 均熄灭，警示灯中的黄色灯熄灭，绿色灯仍保持常亮，系统处于停止状态。这时可触摸界面上的返回按钮返回到引导界面。此外，也可在输送单元的按钮指示灯模块上切换 SA1 开关到单站模式，3s 后触摸屏应能自动返回到引导界面。如果各工作单元重新进行单站测试，所保留的供料完成、装配完成、加工完成信号应予以清除。

⑤ 停止后的再起动。在运行窗口界面下再次触摸起动按钮，系统又重新进入运行状态。再次投入运行后，系统应根据前次运行结束时，供料单元物料台、装配单元装配台、加工单元加工台或分拣单元物料台上是否有工件存在，确定系统的工作流程。

3）异常工作状态测试。

① 工件供给状态的信号警示。如果收到来自供料单元或装配单元的"工件不足"预警信号或"工件没有"报警信号，则系统动作如下：

a. 如果收到"工件不足"预警信号，警示灯中的红色灯以 1Hz 频率闪烁，绿色和黄色灯保持常亮，系统继续工作。

b. 如果收到"工件没有"报警信号，警示灯中的红色灯以亮 1s、灭 0.5s 的方式闪烁，黄色灯熄灭，绿色灯保持常亮。

若"工件没有"报警信号来自供料单元，且供料单元物料台上已推出工件，系统继续运行，直至完成该工作周期尚未完成的工作。当该工作周期工作结束，系统将停止工作，除非"工件没有"报警信号消失，系统不能再起动。

若"工件没有"报警信号来自装配单元，且装配单元回转台上已落下工件，系统继续运行，直至完成该工作周期尚未完成的工作。当该工作周期工作结束，系统将停止工作，除非"工件没有"报警信号消失，系统不能再起动。

② 废料的统计。需要统计分拣单元检测到的废料数量，并在输送单元运行界面上显示。

4. 注意事项

1）选手应在规定位置完成各工作单元的电气控制电路设计，可参考图 7-2~图 7-5。

2）选手提交最终 PLC 程序时，应将其存储在"D：\自动线\XX"文件夹下（XX 为工位号）。选手的试卷用工位号标识，不得写上姓名或与身份有关的信息。

3）比赛中如出现下列情况时另行扣分：

① 调试过程中由于撞击而造成抓取机械手不能正常工作，扣 15 分。

② 选手认定器件有故障可提出更换，经裁判测定器件完好时每次扣 3 分，若器件确实损坏，每更换一次补时 3min。

4）由于错误接线等原因引起 PLC、伺服电机及驱动器、变频器和直流电源损坏，取消竞赛资格。

7.2 项目计划

1. 项目实施计划

项目实施计划见表 7-2。

表 7-2 项目实施计划

实施步骤	实施内容	计划完成时间	实际完成时间	备注说明
1	根据控制要求准备材料			
2	机械、气路安装			
3	电气线路设计及连接			
4	PLC 程序编译及调试			
5	组态画面绘制与网络连接			
6	文件整理			

2. 相关参数

按照控制要求在规定时间内完成项目并填写相关表格，见表 7-3~表 7-5。

表 7-3 变频器参数设置

序号	参数	设置值	序号	参数	设置值
1			13		
2			14		
3			15		
4			16		
5			17		
6			18		
7			19		
8			20		
9			21		
10			22		
11			23		
12			24		

表 7-4　伺服驱动器参数设置

序 号	参数	设置值	序 号	参数	设置值
1			13		
2			14		
3			15		
4			16		
5			17		
6			18		
7			19		
8			20		
9			21		
10			22		
11			23		
12			24		

表 7-5　伺服驱动器故障记录

序号	故障现象	故障原因	解决措施

说明：答题纸中若表格行数不足，可自行追加表格填写。

7.3　项 目 实 施

任务 1　电缆和气管的绑扎

绑扎工艺技术规范见表 7-6。

表 7-6　绑扎工艺技术规范

项目	技术要求	正确做法	不正确做法
电缆和气管的绑扎	电缆和气管应分开绑扎		 　不在同一移动模块上的电缆和气管不能绑扎在一起

（续）

项目	技术要求	正确做法	不正确做法
电缆和气管的绑扎	允许电缆、光纤电缆和气管绑扎在一起（当它们都来自同一个移动模块时）		不在同一移动模块上的电缆和气管不能绑扎在一起
	绑扎带切割时不能留余太长，必须小于1mm且不割伤手指		
	两个绑扎带之间的距离应不超过50mm		
	两个线夹之间的距离应不超过120mm		

（续）

项目	技术要求	正确做法	不正确做法
电缆和气管的绑扎	电缆、电线、气管应固定在线夹上	单根电缆、电线、气管用绑扎带固定在线夹上 	单根电缆、电线、气管没有紧固在线夹上
	第一根绑扎带离电磁阀组气管接头连接处 60mm±5mm		
	运动所有的执行元件和工件时应确保无碰撞		评估时在电缆、执行元件或工件之间有碰撞

任务 2 电路连接

电路连接技术规范见表 7-7。

表 7-7　电路连接技术规范

项目	技术要求	正确做法	不正确做法
导线与接线端子的连接	电线连接时必须用冷压端子,电线金属材料不宜外露		
	冷压端子金属部分不外露		
	传感器护套线的护套层应放在线槽内,只有线芯从线槽出线孔内穿出		绝缘没有完全剥离
	线槽与接线端子排之间的导线不能交叉		

（续）

项目	技术要求	正确做法	不正确做法
导线束	传感器不用芯线时应将其剪掉,并用热塑管套住或用绝缘胶带包裹在护套绝缘层的根部,不可裸露		
	不要损伤电线绝缘部分		
	传感器芯线进入线槽时应与线槽垂直,且不交叉		
	允许把光纤和电缆绑扎在一起		

（续）

项目	技术要求	正确做法	不正确做法
导线束	光纤传感器上的光纤,弯曲时的曲率直径应不小于100mm		
	电缆与电线不允许缠绕		
变频器主电路布线	变频器主电路布线与控制电路之间应有足够的距离,交流电机的电源线不能放入信号线的线槽		

（续）

项目	技术要求	正确做法	不正确做法
导线束进入线槽	未进入线槽而露在安装台台面的导线,应使用线夹子固定在台面上或部件的支架上,不能直接塞入铝合金型材的安装槽内		
	电缆在线槽里最少保留 10cm;如果是一根短接线,在同一个线槽里没有此要求		
	线槽应盖住,没有翘起和未完全盖住现象		

（续）

项目	技术要求	正确做法	不正确做法
导线束进入线槽	没有多余的走线孔		

任务3　气动部分安装

气动部分安装技术规范见表7-8。

表7-8　气动部分安装技术规范

项目	技术要求	正确做法	不正确做法
引入安装台的气管	引入安装台的气管,应先固定在台面上,然后与气源组件的进气接口连接		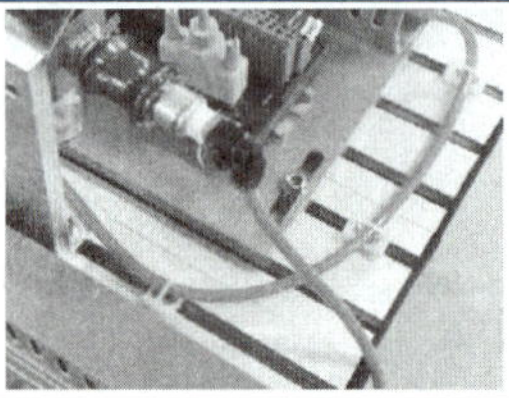
从气源组件引出的气管	气源组件与电磁阀组之间的连接气管,应使用线夹子固定在安装台台面上	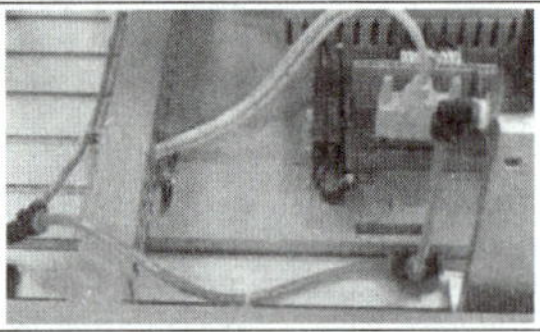	
气管束绑扎	无气管缠绕和绑扎变形现象		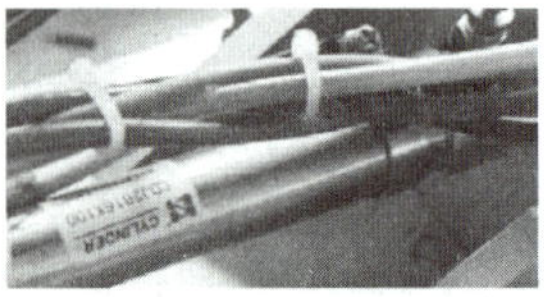
	线槽里不走气管	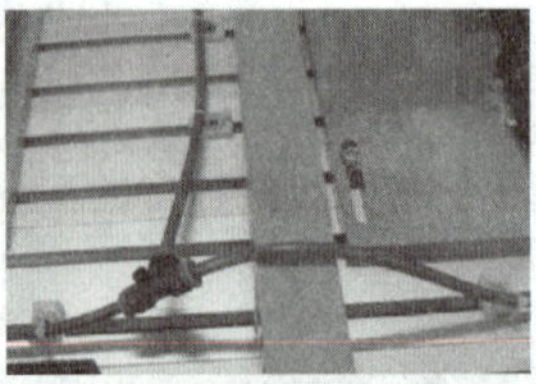 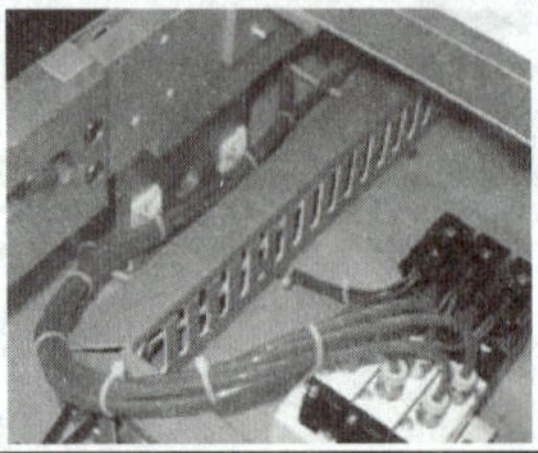	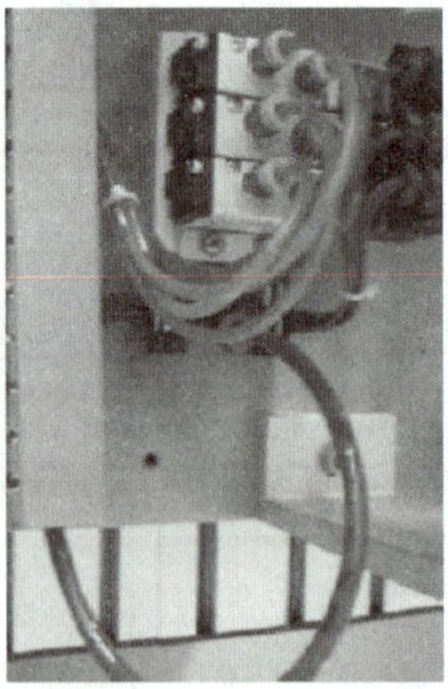

7.4 项目评价

本项目检查评分标准见表7-9。

表7-9 自动化生产线安装与调试项目技能大赛评分标准

工位号：_____   总分：_____

评分内容		配分/分	评分标准	扣分/分	得分/分	备注
机械安装及其装配工艺	分拣单元装配	6	装配未完成或装配错误导致传送机构不能运行，扣6分			累计扣分后，最高扣15分（传感器安装调整不正确导致工作不正常合并到编程扣分）
			驱动电机或联轴器安装及调整不正确，每处扣1.5分			
			传送带打滑或运行时抖动、偏移过大，每处扣1分			
			推出工件不顺畅或有卡住现象，每处扣1分			
			有紧固件松动现象，每处扣0.5分			
	输送单元装配	7	直线运动组件装配、调整不当导致无法运行扣4分，运行不顺畅酌情扣分，最多扣2分			
			抓取机械手装置装配未完成或装配错误导致不能运行，扣3分；装配不当导致部分动作不能实现，每个动作扣1分			
			拖链机构安装不当或松脱妨碍机构正常运行，扣1.5分			
			摆动气缸摆角调整不恰当，扣1分			
			紧固件有松动现象，每处扣0.5分			
	工作单元安装	2	工作单元安装定位与要求不符，每处扣0.5分，最多扣1.5分；紧固件有松动现象，每处扣0.5分			
气路连接及工艺		5	气路连接未完成或有错误，每处扣2分			
			气路连接后有漏气现象，每处扣1分			
			气缸节流阀调整不当，每处扣1分			
			气管没有绑扎或气路连接凌乱，扣2分			
电路设计		8	制图草率或手工画图，扣4分			累计扣分后，最高扣8分
			电路图符号不规范，每处扣0.5分，最多扣2分			
			不能实现要求的功能，可能造成设备或元器件损坏，或者漏画元器件，每处扣1分，最多扣4分			
			漏画必要的限位保护、接地保护等，每处扣1分，最多扣3分			
			提供的设计图样缺少编码器脉冲当量测量表或伺服电机参数设置表，每处扣1分，表格数据不符合要求，每处扣0.5分，最多扣2分			
电路连接及工艺		7	伺服驱动器及电机接线错误导致不能运行，扣2分			累计扣分后，最高扣7分
			变频器及驱动电机接线错误导致不能运行，扣2分，没有接地扣1分			
			必要的限位保护未接线或接线错误，扣1.5分			
			端子连接、插针压接不牢或超过两根导线，每处扣0.5分；端子连接处没有线号，每处扣0.5分；两项最多扣3分			
			电路接线没有绑扎或电路接线凌乱，扣1.5分			

（续）

评分内容		配分/分	评分标准	扣分/分	得分/分	备注
供料单元单站运行		3.5	不能按照控制要求正确执行推出工件操作,扣1分			
			推料气缸活塞杆返回时被卡住,扣1分			
			不能按照控制要求处理"工件不足"和"工件没有"故障,每处扣0.5分			
			指示灯亮灭状态不满足控制要求,每处扣0.5分			
加工单元单站运行		3	工件加工操作不符合控制要求,扣1.5分			
			不能按照控制要求执行急停处理,扣1分			
			指示灯亮灭状态不满足控制要求,每处扣0.5分			
装配单元单站运行		5	缺少初始状态检查,扣1分			
			料仓中零件供出操作不满足控制要求,扣1分			
			回转台不能把小圆柱零件转移到装配机械手手爪下,扣1分;能实现回转,但定位不准确,扣0.5分			
			装配操作动作不正确或未完成,每处扣0.5分,最多扣2.5分			
			不能按照控制要求处理"零件不足"和"零件没有"故障,每处扣0.5分			
			指示灯亮灭状态不满足控制要求,每处扣0.5分			
分拣单元单站运行		6.5	变频器起动时间或运行频率不满足控制要求,每处扣1分			
			不能按照控制要求正确分拣工件,每处扣1分;推出工件时偏离滑槽中心过大,每处扣0.5~1分			
			指示灯亮灭状态不满足控制要求,每处扣0.5分			
输送单元单站运行	系统复位过程	1.5	通电后,抓取机械手装置不能自动复位回原点,或返回时右限位开关动作,扣1.5分			
			定位误差过大,影响机械手抓取工作,酌情扣分,最多扣1分;不能确定复位完成信号,扣1分			
	机械手抓取和放下工件	3	由于机械或电气接线等原因,不能完成机械手抓取或放下工件操作,扣3分			
			抓取工件操作逻辑不合理,导致抓取或放下过程不顺畅,每处扣0.5分,最多扣1.5分			
	等待时间	1	机械手在加工或装配单元的等待时间不满足控制要求,每处扣0.5分			
	机械手前进到目标单元	3	不能完成移动操作,扣3分;能完成移动操作,但定位误差过大,影响机械手放下工件的工作,酌情扣分,最多扣1.5分;移动速度不满足要求,扣1.5分			
	机械手返回原点	1.5	在手爪伸出状态下移动机械手,扣1分,但不重复扣分			累计扣分后,最高扣1.5分
			返回过程缺少高速段,扣1.5分			
			返回时右限位开关动作,扣1.5分			
			定位误差过大,影响下一次机械手抓取工作,酌情扣分,最多扣1分			
	指示灯状态	1	指示灯亮灭状态不满足控制要求,每处扣0.5分,最多扣1分			

（续）

评分内容		配分/分	评分标准	扣分/分	得分/分	备注
人机界面组态		8	人机界面不能与PLC通信,扣5分			累计扣分后,最高扣8分
			不能按要求绘制界面或漏绘构件,每处扣0.5分,最多扣2分			
			欢迎界面不满足控制要求,每处扣1分,最多扣2.5分			
			主界面指示灯、按钮和切换开关等不满足控制要求,每处扣0.5分,最多扣3.5分			
			不能按要求指定变频器运行频率,扣0.5~1分			
			不能按要求显示输送单元机械手当前位置,扣1分			
联机正常运行工作	网络组建及连接	0.5	不能组建、连接指定网络,导致无法联机运行,扣0.5分			累计扣分后,最高扣10分,与单站运行相同项目不重复扣分
	联机确认	1	在联机方式下不能避免误操作错误,扣1分			
	系统初始状态检查和复位	1.5	运行过程缺少初始状态检查,扣1.5分;初始状态检查项目不全,每项扣0.5分			
	从站运行	3	不能执行系统通过网络发出的主令信号(复位、起动、停止以及频率指令等),每项扣1分;不能通过网络反馈本站状态信息,每项扣0.5分。本栏目最多扣3分			
	主站运行	3	不能接收从站状态信息或完成控制本站机械手在各从站抓取和放下工件的操作,每项扣0.5分,最多扣3分			
	系统正常停止	1	触摸停止按钮,系统应在当前工作周期结束后停止,否则扣0.5分;系统停止后不能再起动,扣0.5分			
系统非正常工作过程	"物料不足"预警	1.5	系统不能继续运行,扣1.5分			累计扣分后,最高扣3.5分
	供料单元"物料没有"	1.5	若物料已经推出,系统应继续运行,直到当前周期结束系统停止运行。不满足上述要求,扣1.5分			
	装配单元"物料没有"	1.5	若小圆柱零件已经落下,系统应继续运行,直到当前周期结束系统停止运行。不满足上述要求,扣1.5分			
			停止运行后,若报警复位,按起动按钮不能继续运行,扣0.5分			
	紧急停止	3.5	按下急停按钮,输送单元应立即停止工作,急停复位后,应从断点开始继续,否则扣1分;急停前正在移动的机械手应先回原点,否则扣2分;复位后重新定位不准确,每处扣1分。本栏目最多扣3.5分			
职业素养与安全意识		10	现场操作安全保护符合安全操作规程;工具摆放、包装物品、导线线头等的处理符合职业岗位的要求;团队既有分工又有合作,配合紧密,遵守赛场纪律,尊重赛场工作人员,爱惜赛场的设备和器材,保持工位的整洁			

附录

配套资源小程序码清单

页码	素材名称	小程序码	页码	素材名称	小程序码
2	自动化生产线介绍		9	执行元件的分类	
4	自动化生产线实训装置		9	单作用气缸的工作原理	
4	供料单元的结构		10	双作用气缸的工作原理	
5	光电开关的工作原理		10	压力控制阀	
7	磁性开关的工作原理		11	流量控制阀	
8	气动系统的组成		12	方向控制阀	
9	气源装置		14	电磁阀组的装配	
9	气源处理组件		14	供料单元的功能	

（续）

页码	素材名称	小程序码	页码	素材名称	小程序码
14	供料单元的控制要求		35	加工单元的控制要求	
17	供料单元的机械安装		47	加工单元常见故障与处理方法	
18	光电式传感器的安装调试		50	装配单元的结构	
18	磁性开关的安装调试		50	光纤传感器	
19	供料单元的气动回路工作原理		53	装配单元的功能	
19	电磁阀上气管的安装与调试		53	装配单元的控制要求	
19	气缸运动速度的调节		68	装配单元常见故障与处理方法	
19	供料单元气路安装的注意事项		73	电感式接近开关	
32	加工单元的结构		74	旋转编码器	
35	加工单元的功能		76	西门子 MM420 变频器	

（续）

页码	素材名称	小程序码	页码	素材名称	小程序码
79	MM420 变频器恢复出厂设置操作		117	输送单元的结构	
79	变频器的"快速调试"		117	伺服电动机及伺服驱动器	
99	分拣单元的功能		121	伺服驱动器的参数设置	
99	分拣单元的控制要求		132	输送单元的功能	
111	分拣单元人机界面设计		132	输送单元的控制要求	
113	分拣单元常见故障及其处理方法				